数据通信技术

主　编 ◎ 毛诗伟　郑毛祥

副主编 ◎ 匡　红　吴振国

西南交通大学出版社
·成　都·

内容概述

全书共分为 6 个项目：项目 1 主要介绍数据传输方式、交换方式、差错控制技术；项目 2 介绍组建局域网络使用的交换技术；项目 3 介绍实现网络互联的路由技术；项目 4 介绍网络扩展功能 VRRP、DHCP、ACL、NAT 的部署方式；项目 5 主要介绍铁路数据网架构、广域网技术、VPN 技术；项目 6 主要介绍网络排障方法、铁路数据网维护标准以及网络安全基础知识。

本书可作为高职院校轨道交通通信信号技术、通信技术、计算机网络技术、移动通信技术等专业群的教材，可作为铁路通信工和信息通信网络运行管理员培训教材，也可作为网络运维人员及网络专业相关考证的参考书籍。

图书在版编目（ＣＩＰ）数据

数据通信技术 / 毛诗伟，郑毛祥主编. -- 成都：
西南交通大学出版社，2023.10
ISBN 978-7-5643-9476-9

Ⅰ. ①数… Ⅱ. ①毛… ②郑… Ⅲ. ①数据通信 – 通
信技术 Ⅳ. ①TN919

中国国家版本馆 CIP 数据核字（2023）第 169903 号

Shuju Tongxin Jishu
数据通信技术

主 编 / 毛诗伟 郑毛祥

责任编辑 / 梁志敏
封面设计 / GT 工作室

西南交通大学出版社出版发行
（四川省成都市金牛区二环路北一段 111 号西南交通大学创新大厦 21 楼 610031）
发行部电话：028-87600564 028-87600533
网址：http://www.xnjdcbs.com
印刷：四川玖艺呈现印刷有限公司

成品尺寸 185 mm × 260 mm
印张 16.75 字数 398 千
版次 2023 年 10 月第 1 版 印次 2023 年 10 月第 1 次

书号 ISBN 978-7-5643-9476-9
定价 49.00 元

课件咨询电话：028-81435775

前言

党的二十大报告提出要建设现代化产业体系，推进新型工业化，加快建设制造强国、质量强国、航天强国、交通强国、网络强国、数字中国。数据通信网络作为"大数据""云计算""人工智能"等领域的底层信息通信基础设施，是网络强国建设的重要内容。在政务、金融、能源、交通等行业，大量的数据通信设备被部署落地，给数据通信网络的运维带来新的机遇和挑战。同时，数据通信产业的人才的需求量也在逐渐增加。为了培养从事数据通信设备维护、数据通信网络工程施工等高素质技能型人才，满足现代职业教育对职业技能型人才的培养要求，编写此书。

编写团队立足于培养学生职业素养和岗位技能，坚持教材编写与课程开发一体化、教材内容与数字化资源建设一体化，实现教材、教法的深度融合。本教材体例新颖、特色鲜明，具体如下：

1. 本书的编写依照《国务院关于印发国家职业教育改革实施方案的通知》精神，依托校企合作，将教材内容与职业标准对接，提炼典型岗位（群）职业能力要求，以铁路通信工、信息通信网络运行管理员岗位的实际工作过程及典型工作任务为知识载体整合教学内容，以工作手册的形式组织编写，以活页形式装订。

2. 本书遵循职业教育规律，采用"工学结合"的思路，以项目和任务构建课堂教学内容，将数据通信技术知识点按照项目模块进行重构，每个项目分解为若干任务，每个任务中又包含相关知识点及实操案例。书中案例配图全面、操作步骤详尽，配合 ENSP 虚拟实践环境，可以提高学习效率。

3. 本书理论知识以必需、够用为原则；实训内容突出应用性、实践性和可操作性。书中所有案例均来自真实生产环境，案例中的配置命令均能在真实设备中验证并用于生产实践。本书紧密联系生产实际，具有解决实际问题的"工作手册"功能。

4. 本书的编写适应相关专业群"宽口径、双线融合"人才培养模式的需求，按照专业群与产业链对接的要求，聚焦行业发展，吸收计算机、通信专业新技术、新工艺、新规范等产业先进元素。同时注重铁路特色，融入铁路数据网应用案例分析、铁路数据网维护标准等内容。

5. 本书配套建设有丰富的数字化资源，包括教学微课、教学课件、案例素材、配置代码，配置图例，能够优化学习者学习体验，方便教师教学。每个任务后均附有相关数字资源的二维码链接，通过手机扫码能够方便的获取任务对应的微课资源，方便学生开展自主学习。

6. 本书的编写依托武汉铁路职业技术学院"双高计划"建设项目，与《数据通信系统》课程资源库建设同步进行，以国家课程标准为指导，创设立体化的教学情境，打造精品在线开放课程，丰富数字化教学资源，利用"智慧职教"平台服务不同层次学习者及教师。

本书项目 1 由武汉铁路职业技术学院郑毛祥教授编写，项目 2、3 由武汉铁路职业技术学院毛诗伟老师编写，项目 4、5、6 由武汉铁路职业技术学院匡红、吴振国老师编写。全书由中国铁路集团总公司电务处专家闫永利审定。感谢中国铁路集团总公司对本书编写提出的宝贵意见，同时感谢西南交通大学出版社对本书出版提供的支持和帮助。

由于数据通信技术发展迅速，加之作者水平有限，书中难免存在一些不足与疏漏之处，恳请广大读者批评指正，提出宝贵意见。

编　者

2023 年 8 月

数字资源目录

序号	资源名称	资源类型	页码	资源位置
20	微课：路由与路由表	视频	133	项目 3
21	微课：路由来源	视频	134	
22	微课：单臂路由配置	视频	141	
23	微课：三层交换配置	视频	149	
24	微课：配置静态路由实现网络互联	视频	154	
25	微课：浮动静态路由配置	视频	159	
26	微课：静态黑洞路由基本配置	视频	163	
27	微课：RIP 协议基本原理	视频	167	
28	微课：RIPv2 基本配置	视频	170	
29	微课：OSPF 协议基本原理	视频	177	
30	微课：OSPF 多区域配置	视频	181	
31	微课：VRRP 协议基本原理	视频	188	项目 4
32	微课：VRRP 基本配置	视频	191	
33	微课：DHCP 协议基本原理	视频	195	
34	微课：DHCP 基本配置	视频	199	
35	微课：ACL 基本原理	视频	204	
36	微课：部署 ACL 实现访问控制	视频	207	
37	微课：NAT 技术基本原理	视频	211	
38	微课：NAT 基本配置	视频	215	
39	微课：铁路数据网简介	视频	232	项目 5
40	微课：故障分析与检测	视频	243	项目 6

目录

项目 1 数据通信基础认知

项目介绍

　　本项目主要介绍数据通信的基本概念，同时重点分析了数据通信过程中涉及的数据传输、数据交换、差错控制、通信接口等主要技术问题，最后通过项目案例详细介绍了网络仿真环境的搭建方法。通过项目学习，读者能够理清计算机通信、计算机网络、数据通信、数据通信网络四者的关系，为后续项目的学习提供支撑。

知识框架

项目1 数据通信基础认知

- 任务1.1 数据通信基本概念
  - 1.1.1 信息、数据和信号
  - 1.1.2 数据通信系统及数据通信网
  - 1.1.3 数据通信网络性能指标
  - 1.1.4 数据通信过程中涉及的主要技术问题
- 任务1.2 数据传输方式
  - 1.2.1 基带、频带和宽带传输
  - 1.2.2 并行和串行传输
  - 1.2.3 异步传输和同步传输
  - 1.2.4 单工、半双工和全双工
- 任务1.3 数据交换技术
  - 1.3.1 电路交换
  - 1.3.2 报文交换
  - 1.3.3 分组交换
- 任务1.4 差错控制技术
  - 1.4.1 差错控制方法
  - 1.4.2 常用的检错控制编码
- 任务1.5 认识基本数据通信接口
  - 1.5.1 以太网接口
  - 1.5.2 EIA RS-232C接口
  - 1.5.3 EIA RS-449/v.35接口
  - 1.5.4 ETA RS-485接口
  - 1.5.5 USB（Universal Serial Bus）
- 任务1.6 实训:搭建网络仿真环境
  - 1.6.1 华为企业网络仿真平台 eNSP简介
  - 1.6.2 ~1.6.5 任务实施

任务 1.1　数据通信基本概念

任务简介

　　本任务从通信的载体出发，介绍了信息、信号、数据的概念，分析了数据通信、数据通信网、IP 信息网络三者的关系，简要介绍了数据通信过程中涉及的关键问题。本任务的学习能够使读者了解通信的载体是什么，了解通信过程中需要解决的三个关键问题，理解数据通信与数据通信网之间的关系。

任务目标

　　（1）描述信息、信号、数据的概念。
　　（2）描述数据通信与数据通信网之间的关系。
　　（3）描述数据通信过程中需要解决的关键问题。

1.1.1　信息、数据和信号

　　通信的目的是交换信息，信息一般指数据、消息中所包含的意义。信息的载体可以是语音、音乐、图形、图像、文字和数据等多种媒体。计算机的终端产生的信息一般是字母、数字和符号的组合。为了传送这些信息，首先要将每一个字母、数字或符号用二进制代码表示。目前常用的二进制代码有国际 5 号码、EBCDIC 码和 ASCII 码等。

　　ASCII 码是美国信息交换标准代码，ASCII 码用 7 位二进制数来表示一个字母、数字或符号。任何文字，比如一段新闻信息，都可以用一串二进制 ASCII 码来表示。对于数据通信过程，只需要保证被传输的二进制码在传输过程中不出现错误，而不需要理解传输的二进制代码所表示的信息内容。被传输的二进制代码称为数据（Data）。

　　信号是数据在传输过程中的表示形式。在通信系统中，数据以模拟信号或数字信号的形式由一端传输到另一端。模拟信号和数字信号如图 1-1 所示。模拟信号是一种波形连续变化的电信号，它的取值可以是无限个，比如话音信号；而数字信号是一种离散信号，它的取值是有限的，在实际应用中通常以数字"1"和"0"表示两个离散的状态。计算机、数字电话和数字电视等处理的都是数字信号。

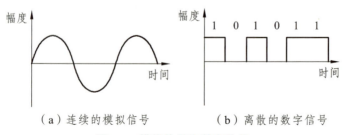

（a）连续的模拟信号　　　（b）离散的数字信号

图 1-1　模拟信号和数字信号

1.1.2　**数据通信系统及数据通信网**

1. 数据通信系统

数据通信是计算机与计算机或计算机与终端之间的通信。它传送数据的目的不仅是为了交换数据，更主要是为了利用计算机来处理数据。可以说它是一种将快速传输数据的通信技术和处理、加工及存储数据的计算机技术相结合的技术，而实现这种通信技术的系统就是数据通信系统。自从有了数据通信系统，不仅解决了大量数据的传输、转接、处理等问题，而且显著扩大了计算机的应用范围，提高了计算机的利用率。

2. 数据通信网

传输交换数据的通信网络称为数据通信网络。数据通信网传输交换的信息用"0""1"表示，传输交换的数据单元是数据包，在不同的数据通信网络中，数据包又被称为报文、分组、数据帧、信元等。

电报网络是最早的数据通信网络，在计算机网络出现之前，电报网络也用于传输计算机数据。电报使用 5 bit 的二进制编码代表一个英文字母或阿拉伯数字，而我国用4 个阿拉伯数字代表一个汉字。初期的电报通信是点对点的通信，在发明电报交换机之后，建立了自动电报交换网络。电报网络传输交换的数据单元是数据块，这些数据块被称为"报文"，报文由报头和数据两部分组成。

ARPNET 采用了分组交换技术，分组交换网传输交换的数据单元是"分组"。分组是比报文更短的数据块。每个分组由头部和数据两部分组成。如我国早期采用的X.25 分组交换网、FR 帧中继网等都属于分组交换网。

随着因特网的数据量剧增，分组交换网远不能满足要求，于是带宽更宽、时延更小的 ATM 交换网络投入运行。ATM 网络传输交换的数据单元叫"信元"，每个信元有5 字节的头部，48 字节的数据。但 ATM 太复杂，而且传输效率低、造价高，如今已被淘汰。

现在的数据通信网直接运行 IP 协议，传输交换的数据单元是"IP 报文"，IP 报文由报文头部和数据组成。由于 IP 协议是因特网的支撑协议，因此使用 IP 协议的数据通信网络能与因特网无缝连接。

3. IP 信息网络

早期的数据通信网络的节点交换机采用存储转发方式，转发时延大，链路带宽小，因此只能用于非实时的数据传输。随着光纤链路以及高速路由器应用于数据通信网，我国现在的广域数据通信网的带宽已经达到单链路 40 Gb/s。广域网的交换节点采用线速路由器。现在广域数据通信网不但用于传输交换计算机数据，还用于传输交换 IP 电话数据和 IPTV 视频数据。电信公司已经不再分别建设电话网络和数据网络，而是只建设一个统一的 IP 信息网络，用于传输交换各种信息。现在局域网的带宽已经达到10 Gb/s，一些企业、学校利用以太网技术建立私有的局域数据通信网络，并在该网络上传输计算机数据、IP 电话数据、IPTV 视频数据及其他信息，为自己服务。

现在的数据通信网（广域网、城域网）使用高速路由器作为交换设备，直接运行

IP 协议，传输交换 IP 数据报，用 IP 数据报承载各种信息。局域网虽不直接运行 IP 协议，但能很好的支持 IP 协议，IP 数据报被封装在局域网的数据帧中传输、交换。数据通信网络的各个数据终端，将计算机数据、语音数据、视频数据及其他数据封装为 IP 数据报交给网络处理。像这样运行 IP 协议、传输交换 IP 数据报的数据通信网称为 IP 信息网络，如图 1-2 所示。

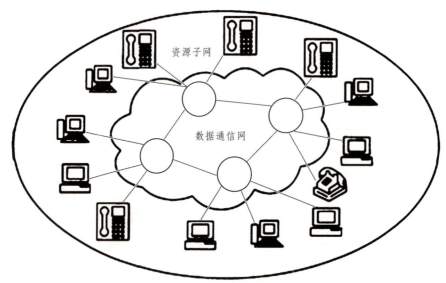

图 1-2　传输多种信息的 IP 信息网络

1.1.3　数据通信网络性能指标

数据通信网络性能指标主要是衡量网络性能优劣的参数，主要的性能指标有两种：① 带宽；② 时延。

1. 带　　宽

带宽是指信号所具有的频率范围，单位为赫兹。一般用来描述模拟信号的频谱，比如人声的带宽大约为 300 ~ 3 400 Hz。

由奈奎斯特准则可知，数字数据的最大传输速率与信道的带宽成正关系。因此，带宽也能描述数字信号的传输速率，单位是比特每秒。家庭办理宽带的时候就是用速率来描述带宽的，例如在电信办理 500 M 的宽带，指的就是租用一条传输速率为 500 Mb/s 的上网线路。

过小的带宽会使传输效率变低，给用户带来下载慢、视频加载时间长等不好的体验。

2. 时　　延

数据包在网络中传输，从源站点到达目标站点所耗费的时间就称为时延或者延迟。网络时延与电信号在导体中的传播速度有关，还与通信节点对数据的处理时间有关。前者叫作传播时延，后者叫节点时延，网络的总时延是由传播时延和节点时延共同组成，节点时延占主导地位。

网络时延越大网络反应就越慢，给用户带来网课卡顿、游戏掉线、抢红包慢半拍等不好的体验。

作为数据网维护人员，不仅要知道衡量网络性能的参数，还应掌握测试网络性能的方法和手段，具体可以参照以下微课，这里就不具体展开了。

微课：数据通信网络性能测试

1.1.4 数据通信过程中涉及的主要技术问题

在数据通信系统中，必须解决以下几个基本问题。

1. 数据传输方式

数据在计算机中是以二进制形式的数字信号表示的，但在数据通信过程中，是以数字信号表示还是以模拟信号表示？是采用串行传输方式还是并行传输方式？是采用单工传输方式还是采用半双工传输方式？是采用同步传输方式还是异步传输方式？

2. 数据交换技术

数据通过通信子网的交换方式，是数据通信的过程中要解决的另一个问题。当我们设计一个网络系统时，是采用电路交换方式还是选择存储转发技术？是采用报文交换还是分组交换？是采用数据报方式还是虚电路方式？

3. 差错控制技术

我们都知道，实际的通信信道是有噪声的，为了达到网络规定的可靠性要求，必须采用差错控制。差错控制的主要内容包括差错检测和差错纠正两个方面，通过这两方面的技术处理来达到数据准确、可靠传输的通信目的。

以上问题我们将在后面的任务中逐一介绍。

课后思考题

1. 数据通信过程中涉及的主要技术问题有哪些？
2. 简述计算机网络与数据通信网络的关系。
3. 简述数据的概念。

任务 1.2 数据传输方式

任务简介

本任务主要介绍数据传输方式。按被传输的数据信号特点可分为基带传输、频带传输和宽带传输；按数据代码传输的顺序可分为并行传输和串行传输；按数据传输的同步方式可分为同步传输和异步传输；按数据传输的方向和时间关系可分为单工、半双工和全双工传输。学习完本任务能使读者了解数据在信道上传送所采用的方式。

（1）描述数据传输方式的分类。

（2）描述各双工方式的区别。

（3）描述串行传输与并行传输的区别。

1.2.1 基带、频带和宽带传输

1.2.1.1 基带传输和数字数据编码

在数据通信中，由计算机、终端等直接发出的信号是二进制数字信号。这些二进制信号是典型的矩形电脉冲信号，由"0"和"1"组成。其频谱包含直流、低频和高频等多种成分，我们把数字信号频谱中，从直流（零频）开始到能量集中的一段频率范围称为基本频带，简称为"基带"。因此，数字信号也被称为"数字基带信号"，简称为"基带信号"。如果在线路上直接传输基带信号，我们称为"数字信号基带传输"，简称为"基带传输"。

基带传输是一种最简单、最基本的传输方式。比如近距离的局域网中都采用基带传输。在基带传输中需要解决的基本问题是，基带信号的编码和收发双方的同步问题。

基带传输中数据信号的编码方式主要有几种，不归零码、曼彻斯特编码、差分曼彻斯特编码和 mB/nB 编码。图 1-3 显示了前 3 种编码的波形。

1. 不归零编码（Non-Return to Zero，NRZ）

NRZ 编码分别采用两种高低不同的电平来表示二进制的"0"和"1"。通常，用高电平表示"1"，低电平表示"0"，如图 1-3（a）所示。

NRZ 编码实现简单，但其抗干扰能力较差。另外，由于接收方不能准确地判断位的开始与结束，从而收发双方不能保持同步，需要采取另外的措施来保证发送时钟与接收时钟的同步。

2. 曼彻斯特编码（Manchester）

曼彻斯特编码是目前应用最广泛的编码方法之一，它将每比特的信号周期 T 分为前 $T/2$ 和后 $T/2$。用前 $T/2$ 传送比特的反（原）码，用后 $T/2$ 传送该比特的原（反）码。因此，在这种编码方式中，每一位波形信号的中点（即 $T/2$ 处）都存在一个电平跳变，如图 1-3（b）所示。

由于任何两次电平跳变的时间间隔是 $T/2$ 或 T，因此提取电平跳变信号就可作为收发双方的同步信号，而不需要另外的同步信号，故曼彻斯特编码又被称为自含时钟编码。

3. 差分曼彻斯特编码（Difference Manchester）

差分曼彻斯特编码是对曼彻斯特编码的改进。其特点是每一位二进制信号的跳变依然提供收发端之间的同步，但每位二进制数据的取值要根据其开始边界是否发生跳变来决定。若一个比特开始处存在跳变则表示"0"，无跳变则表示"1"，如图 1-3（c）

所示。之所以采用位边界的跳变方式来决定二进制的取值是因为跳变更易于检测。

两种曼彻斯特编码都是将时钟和数据包含在数据流中，在传输代码信息的同时，也将时钟同步信号一起传输到对方，因此具有自同步能力和良好的抗干扰性能。但每一个码元都被调成两个电平，所以数据传输速率只有调制速率的 1/2。

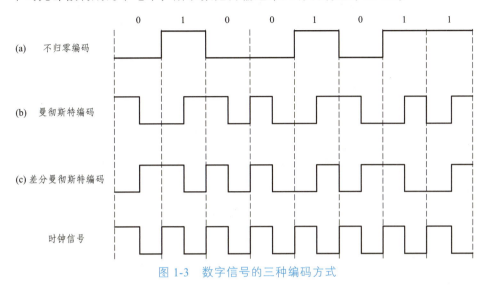

图 1-3　数字信号的三种编码方式

4. mB/nB 编码

为了提高编码效率，在高速局域网络中常采用 4B/5B、6B/8B、10B/8B 及 64B/66B 等编码方式。如 4B/5B 编码是将 4 位二进制代码组进行编码，转换成 5 位二进制代码组，在 5 位二进制代码组中有 32 种组合，其中 16 种组合用于数据，另外 16 种组合用于开销。这个冗余使差错检测更可靠，可以提供独立的数据和控制字，并且能够对抗较差的信道情况。

1.2.1.2　频带传输与模拟数据编码

在实现远距离通信时，经常要借助于电话线路，此时需利用频带传输方式。所谓频带传输是指将数字信号调制成音频信号后再进行发送和传输，到达接收端时再把音频信号解调成原来的数字信号。可见，在采用频带传输方式时，要求发送端和接收端都要安装调制器和解调器。利用频带传输，不仅实现了利用电话系统传输数字信号，而且可以实现多路复用，以提高传输信道的利用率。

模拟信号传输的基础是载波，载波具有三大要素：幅度、频率和相位，数字信号可以针对载波的不同要素或它们的组合进行调制。

将数字信号调制成电话线上可以传输的信号有三种基本方式：振幅键控（Amplitude Shift Keying，ASK）、频移键控（Frequency Shift Keying，FSK）和相移键控（Phase Shift Keying，PSK）。

1. 振幅键控（ASK）

在 ASK 方式下，用载波的两种不同幅度来表示二进制的两种状态，如载波存在时，表示二进制"1"；载波不存在时，表示二进制"0"，如图 1-4（a）所示。采用

ASK 技术比较简单，但抗干扰能力差，容易受增益变化的影响，是一种低效的调制技术。

2. 频移键控（FSK）

在 FSK 方式下，用载波频率附近的两种不同频率来表示二进制的两种状态，如载波频率为高频时，表示二进制"1"；载波频率为低频时，表示二进制"0"，如图 1-4（b）所示。FSK 技术的抗干扰能力优于 ASK 技术，但所占的频带较宽。

3. 相移键控（PSK）

在 PSK 方式下，用载波信号的相位移动来表示数据，如载波不产生相移时，表示二进制"0"；载波有 180°相移时，表示二进制"1"，如图 1-4（c）所示。对于只有 0°或 180°相位变化的方式称为二相调制，而在实际应用中还有四相调制、八相调制、十六相调制等。PSK 方式的抗干扰性能好，数据传输率高于 ASK 和 FSK。

另外，还可以将 PSK 和 ASK 技术相结合，成为相位幅度调制法（Amplitude Phase Shift Keying，APSK）。采用这种调制方法可以大大提高数据的传输速率。

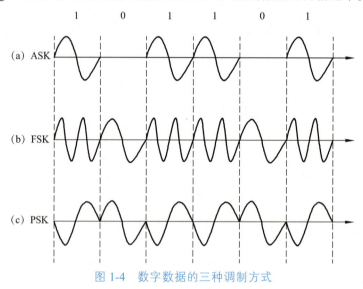

图 1-4　数字数据的三种调制方式

1.2.1.3　宽带传输

宽带传输指在传输时将整个带宽划分为若干个子频带，分别用这些子频带来传送音频信号、视频信号以及数字信号。宽带传输常采用 75 Ω的电视同轴电缆或光纤作为传输媒体，带宽为 300 MHz。宽带同轴电缆原是用来传输电视信号的，当用它来传输数字信号时，需要利用电缆调制解调器（Cable Modem）把数字信号变换成频率为几十兆赫到几百兆赫的模拟信号。

因此，可利用宽带传输系统来实现声音、文字和图像的一体化传输，这也就是通常所说的"三网融合"，即语音网、数据网和电视网合一。另外，使用 Cable Modem 上网就是基于宽带传输技术实现的。

宽带传输的优点是传输距离远，可达几十公里，且同时提供了多个信道。但它的技术较复杂，其传输系统的建设成本也相对较高。

1.2.2 并行和串行传输

1. 并行传输

并行传输可以一次同时传输若干比特的数据，从发送端到接收端的信道也就需要使用相应数目的传输线。常用的并行方式是将构成一个字符的代码的若干位分别通过同样多的并行信道同时传输。例如，计算机的并行口常用于连接打印机，一个字符分为 8 位，因此每次并行传输 8 bit 信号，如图 1-5 所示。在并行传输中，所有的数据位都需要在同一时间到达接收端。在长距离传输中，由于信号传播延迟等原因，很难保证所有的数据位都能精确同步到达。因此并行传输方式不适合长距离通信。

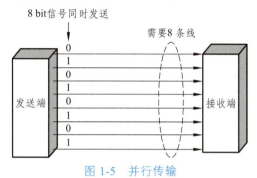

图 1-5　并行传输

2. 串行传输

串行传输是指构成字符的二进制代码序列在一条数据线上以位为单位，按时间顺序逐位传输的方式。该方式易于实现，同样需要解决收发双方同步的问题，否则接收端不能正确区分所传的字符。串行传输较并行传输效率低，但只需一条信道，可以节省传输通道，因而是当前计算机网络中普遍采用的传输方式，如图 1-6 所示。

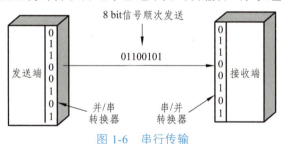

图 1-6　串行传输

应当指出，由于计算机内部操作多采用并行处理方式，因此，在实际中采用串行传输时，发送端需要使用并/串转换装置，将计算机输出的二进制并行数据流变为串行数据流，然后，送到信道上传输。在接收端，则需要通过串/并转换装置，还原成并行数据流。

微课：并行和串行传输

1.2.3 异步传输和同步传输

在数据通信中，为了保证传输数据的正确性，收发两端必须保持同步。所谓同步就是接收端要按发送端所发送的每个码元的重复率和起止时间接收数据。数据传输的同步方式有两种：异步传输和同步传输。

1. 异步传输

异步传输又称为起止方式。每次只传输 1 个字符。每个字符用 1 位起始位引导、1 位或 2 位停止位结束，如图 1-7 所示。在没有数据发送时，发送端可发送连续的停止位。接收端根据"1"到"0"的跳变来判断一个新字符的开始，然后接收字符中的所有位。

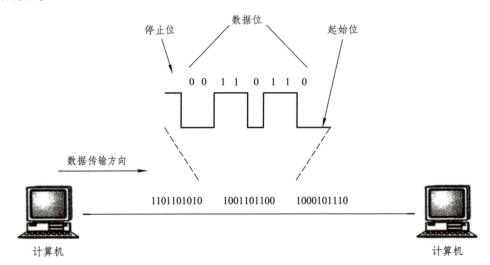

图 1-7　异步通信方式

在异步传输中，由于不需要发送端和接收端之间另外传输定时信号，因而实现起来比较简单。但是每个字符有 2 或 3 位额外开销，降低了传输效率，同时由于收发双方时钟的差异，传输速率不能太高。

2. 同步传输

通常，同步传输方式的信息格式是一组字符或一个二进制位组成的数据块（帧）。对这些数据不需要附加起始位和停止位，而是在发送一组字符或数据块之前先发送一个同步字节（01111110），用于接收方进行同步检测，从而使收发双方进入同步状态。在同步字符或字节之后，可以连续发送任意多个字符或数据块，发送数据完毕后，再使用同步字符或字节来标识整个发送过程的结束，如图 1-8 所示。

图 1-8　同步通信方式

在同步传送时，由于发送方和接收方将整个字符组作为一个单位传送，且附加位又非常少，从而提高了数据传输的效率。这种方法一般用在高速传输数据的系统中，比如，计算机之间的数据通信。

另外，在同步通信中，要求收发双方之间的时钟严格同步，而使用同步字符或同步字节只能同步接收数据帧，要保证接收端接收的每一个比特都与发送端保持一致，这就要使用位同步的方法。对于位同步，可以使用一个额外的专用信道发送同步时钟来保持双方同步，也可以使用编码技术将时钟编码到数据中，在接收端接收数据的同时就获取到同步时钟，两种方法相比，后者的效率更高，使用得更为广泛。

微课：异步和同步传输

1.2.4 单工、半双工和全双工

数据传输通常需要双向通信，能否实现双向传输是信道的一个重要特征。按照信号传送方向与时间的关系，数据传输可以分为三种：单工、半双工和全双工（见图1-9）。

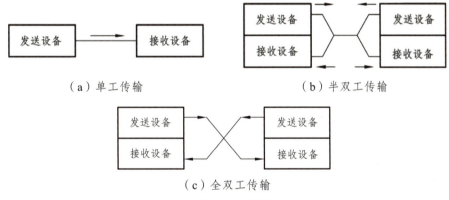

（a）单工传输　　　　　　　　　（b）半双工传输

（c）全双工传输

图1-9　单工、半双工和全双工通信方式

1. 单工传输

单工传输是指通信信道是单向信道，数据信号仅沿一个方向传输，发送方只能发送不能接收，而接收方只能接收不能发送，任何时候都不能改变信号传送方向，如图1-9（a）所示。例如，无线电广播和闭路电视都属于单工传输。

2. 半双工传输

半双工传输是指信号可以沿两个方向传送，但同一时刻一个信道只允许单方向传送，即两个方向的传输只能交替进行，而不能同时进行。当改变传输方向时，要通过开关装置进行切换，如图1-9（b）所示。半双工信道适用于会话式通信。例如，公安系统使用的"对讲机"和军队使用的"步话机"。半双工方式在计算机网络系统中适用于终端与终端之间的会话式通信。

3. 全双工传输

全双工传输是指数据可以同时沿相反的两个方向进行双向传输，如图1-9（c）所示。例如，电话通信就是全双工传输。

微课：单工、半双工和全双工

课后思考题

1. 什么是基带传输和频带传输？它们分别要解决什么样的关键问题？
2. 何谓单工、半双工和全双工传输？请举例说明它们的应用场景。
3. 在串行传输过程中需解决什么问题？采用什么方法解决？
4. 在基带传输中常用哪几种编码方法？试用这几种方法对数据"01001001"进行编码（画出编码图）。

任务 1.3　数据交换技术

任务简介

本任务主要介绍了实现数据寻址的交换技术，数据交换技术有三种：电路交换、报文交换和分组交换。根据采用的交换技术的不同，网络为用户提供的通信服务有面向连接的服务和无连接的服务。学习完本任务能使读者了解数据交换的三种技术和每种技术的特点及应用。

任务目标

（1）描述实现数据交换的三种技术。
（2）描述各交换技术的特点。
（3）描述面向连接与无连接的区别。

1.3.1　电路交换

1.3.1.1　电路交换原理

电路交换（Circuit Switching）也称为线路交换，它是一种直接的交换方式，为一对需要进行通信的节点之间提供一条临时的专用通道，这条通道是由节点内部电路通过对传输路径进行适当选择、连接而完成的。电路交换在源和目的之间建立一条物理电路，为通信双方提供数据的传输信道。

最早的电路交换是电话交换系统，电话交换系统的主要设备是程控电话交换机。程控电话交换机能根据用户的拨号信令，在主、被叫用户间建立一条端到端的通信电路；双方利用已经建立的通信电路进行双向通话；当通话完毕单方或双方挂机，则会拆除建立的物理电路。电话交换系统如图 1-10 所示。

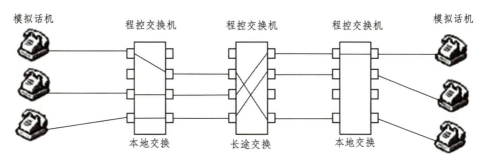

图 1-10　面向连接的电话交换网

1.3.1.2　电路交换的数据传输

1. 模拟电话网实现数据的电路交换

电话网络的用户线和用户电路是模拟的，想要利用电话交换网络传输、交换数字数据，就需要在数据终端与电话网络之间使用调制解调器，调制解调器支持的数据传输速率与所采用的接入技术有关。通过电话网实现数据交换，如图 1-11 所示。

图 1-11　通过电话网实现数据传输

2. 综合业务数字网（ISDN）实现数据的电路交换

综合业务数字网（Integrated Service Digital Network，ISDN）综合了电话业务和数据通信业务，能传输交换语音，也能传输交换数据。ISDN 网络提供模拟电话接口，也提供数字接口，如图 1-12 所示。数字接口有基本速率接口 2B＋D 和基群速率接口 30B＋D。2B＋D 数字接口中每个 B 信道带宽为 64 kb/s，用户终端可用 1 个或 2 个 B 信道传输数据或电话，D 信道带宽为 16 kb/s，用于传输信令和控制信息，2B＋D 的带宽为 144 kb/s。30B＋D 接口的 B 信道速率为 64 kb/s，D 信道速率为 64 kb/s，30B＋D 的带宽为 2.048 Mb/s，也就是我们常说的 E1 线。

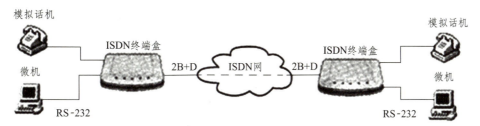

图 1-12　通过 ISDN 网络实现数据传输

1.3.1.3　电路交换的特点

（1）电路交换技术提供面向连接的通信服务。以电路交换方式传输数据，必须有建立连接、维持连接、拆除连接三个阶段。

（2）电路交换方式传输延迟小但建立连接的时间长，建立连接后，可连续传输数据。

（3）电路交换方式独占信道。建立连接期间，通信双方独占信道，信道利用率低。

（4）电路交换方式无纠错机制。电路交换网络为通信双方提供透明的传输通道，对数据传输过程中产生的差错不作处理。数据的差错控制、同步方式和传输控制都由终端自己协调完成。

（5）电路传输带宽固定，不适用于突发的数据传输。

1.3.2 报文交换

1. 报文交换原理

报文交换又称为消息交换。在报文交换中，数据是以报文为单位传输，报文可以是一份电报、一个文件、一份电子邮件等。报文的长度不定，它可以有不同的格式，但每个报文除传输的数据外，还必须附加报头信息，报头中包含有源地址和目的地址。

报文交换采用存储转发技术。报文在传输过程中，每个节点都要对报文进行暂存，一旦线路空闲，接收方不忙，就向目的方向传送数据，直至到达目的站。节点根据报头中的目的地址为报文选择路径，并且对收发的报文进行相应的处理，例如差错控制、流量控制，甚至可以进行编码方式的转换等，所以，报文交换是在两个节点间的链路上逐段寻址的，不需要在两个主机间建立多个节点组成的电路通道。图 1-13 所示为报文交换网络结构。

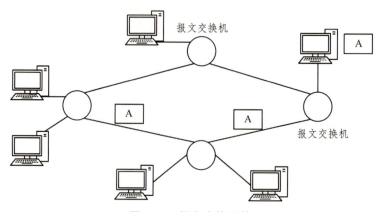

图 1-13　报文交换网络

早期的报文交换机由逻辑电路组成，在有了计算机之后，报文交换机采用了计算机技术。报文交换机实际上是一台专用的计算机，由 CPU、内存、总线，以及众多接口组成，如图 1-14 所示，内部存放有路由表，路由表是转发报文的依据。为了提供更大的存储空间，早期的报文交换机使用外存储器，以存储较大的报文。

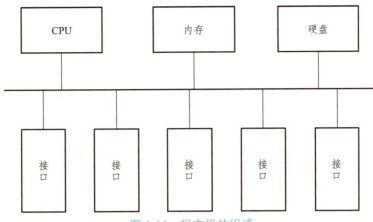

图 1-14　报文机的组成

2. 报文交换的特点

与电路交换方式相比，报文交换方式不要求交换网为通信双方预先建立一条专用的数据通路，因此就不存在建立电路和拆除电路的过程。同时由于报文交换系统能对报文进行缓存，可以使许多报文分时共享一条通信介质，也可以将一个报文同时发送至多个目的站，所以报文交换的线路利用率高。

但是由于采用了对完整报文的存储和转发，每个节点都要将报文完整地接收、存储、检错、纠错、转发，这就必然会产生节点延迟，而且报文交换对报文长度没有限制，报文可以很长，这样就有可能使报文长时间占用某两个节点之间的链路，因此报文交换不适用于对时延有要求的交互式通信场景，如电话通信。

1.3.3　分组交换

分组交换（Packet Switching）即所谓的包交换，是针对报文交换的缺点而提出的一种改进方式。分组交换也属于存储-转发交换方式，但它不像报文交换那样以报文为单位进行寻址，而是以更短的、标准的"报文分组"（Packet）为单位进行数据的交换和传输。分组是一组按照规定格式排列的二进制数，它包含载荷数据、呼叫控制信息和差错控制信息。源数据站把这些分组发送到第一个交换节点，分组交换机为分组选择路由，并转发分组至下一个节点，像这样一段一段传下去直到将分组转发到目的终端，完成整个通信过程。

分组交换有两种方式：数据报分组交换和虚电路分组交换。

1. 数据报分组交换

数据报分组交换类似于报文交换，交换网把进网的任一分组都当作单独的"小报文"来处理，每个分组单独选择路由，不同的分组可以走不同的路径。每个分组经过网络产生的时延不同，到达目的节点的顺序也可能与发送顺序不一致，目的交换节点必须对分组重新排序，恢复组装为与原来顺序相同的报文。IP 信息网络采用的就是数据报分组交换方式。

数据报的工作方式如图 1-15 所示，假如 A 站有一份比较长的报文要发送给 C 站，则它首先将报文按规定长度划分成若干分组，每个分组附加上地址、纠错码等其他信息，然后将这些分组通过分组交换网发送到目的节点 C。

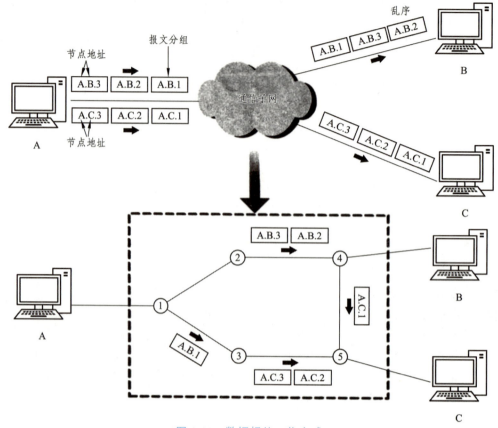

图 1-15　数据报的工作方式

数据报分组交换的特点如下：

（1）同一报文的不同分组可以由不同的传输路径通过通信子网传输。

（2）同一报文的不同分组到达目的节点时可能出现乱序、重复或丢失现象。

（3）每一个报文在传输过程中都必须带有源节点地址和目的节点地址。

由于数据报限制了报文长度，降低了传输时延，从而提高了通信的并发量。这种方式适用于突发性通信。

2. 虚电路分组交换

虚电路是面向连接的通信。X.25、FR、ATM 采用的就是虚电路分组交换方式。

虚电路就是两个用户终端设备在开始发送和接收数据之前通过分组网络建立逻辑上的连接。"虚"是因为这种逻辑连接通路不是专用的，每个节点到其他节点之间可以并发连接多条虚电路，实现资源共享。

所有分组都必须沿着事先建立的虚电路传输，每个分组不再需要目的地址，分组经过的中间节点不再进行路径选择，一系列分组到达目的节点不会出现乱序、重复，因此虚电路适用于大信息量的交互式通信。

随着网络应用技术的迅速发展，大量的高速数据、声音、图像、影像等多媒体数据需要在网络上传输。因此，对网络的带宽和传输的实时性的要求越来越高。传统的分组交换方式已经不能适应新型的宽带综合业务服务的需要。因此，一些新的分组交换技术应运而生，如 MPLS 技术、SR 技术、SDN 技术、NFV 技术等。

微课：数据交换技术

课后思考题

数据交换技术有哪几种？各有什么优缺点？

任务 1.4 差错控制技术

任务简介

数据在信道上传输的过程中，由于信号的衰减、相邻线路间的串扰和外界的干扰等，会造成发送的数据与接收的数据不一致，也就是产生差错。本任务主要介绍了检测和纠正数据通信中可能出现差错，并且保证数据正确传输的技术。学习完本任务能使读者了解差错控制的方法，理解 CRC 校验的基本工作原理。

任务目标

（1）描述差错控制的基本方法。
（2）描述常用的检错编码。
（3）计算 CRC 校验码的比特序列。

1.4.1 差错控制方法

差错控制分为两个方面：一个是检错，另一个是纠错。常用的差错控制方法是差错控制编码和差错控制纠正机制。数据信息位在向信道发送之前，先按照某种关系附加上一定的冗余位，构成一个码字后再发送，这个过程称为差错控制编码过程。接收端收到该码字后，检查信息位和附加的冗余位之间的关系，以判断传输过程中是否有差错发生，这个过程称为校验过程。当发现传输错误时，通常采用差错控制纠正机制进行纠正。

1.4.1.1 差错控制编码

差错控制编码可分为检错码和纠错码。

1. 检错码

检错码是能自动发现差错的编码。接收端能够根据接收到的检错码对接收到的数据进行检查，进而判断传送的数据单元是否有错。检错码生成简单，容易实现，编码和解码的速度较快，目前被广泛应用于有线通信（如计算机网络）中。常用的检错码有：奇偶校验码和 CRC 循环冗余码等。

2. 纠错码

纠错码是不仅能发现差错而且能自动纠正差错的编码。在纠错码编码方式中，接收端不但能发现差错，而且能够确定二进制码元发生错误的位置，从而加以纠正。在使用纠错码纠错时，要在发送数据中设置大量的"附加位"（又称"非信息"位），因此，其传输效率较低，实现起来复杂，编码和解码的速度慢，成本高。纠错码一般应用于无线通信场合。例如，汉明码就是一种纠错码。

1.4.1.2 差错控制纠正机制

差错控制纠正机制是通过反馈重发的方式实现的，自动反馈重发（Automatic Repeat reQuest，ARQ）就是典型的纠正机制，该机制有两种工作方式：停止等待方式和连续方式。

1. 停止等待 ARQ 方式

在停止等待方式中，发送方在发送完一个数据帧后，要等待接收方的应答帧的到来。正确的应答帧表示上一帧数据已经被正确接收，发送方在接收到正确的应答帧（ACK）信号之后，就可以发送下一帧数据。如果收到的是表示出错的应答帧信号（NCK）则重发出错的数据帧。

为了保证按序交付，发送站对数据帧进行编号。由于每次只发送一帧，因此停止等待 ARQ 只使用一个比特进行编号，其编号只有两个值：0 和 1。第一次发送 0 号帧，第二次就发送 1 号帧，第三次再发送 0 号帧，依此类推。在发送确认帧时，要明确是确认接收到哪一个序号的数据帧。习惯记法用 ACK 表示确认。因此，ACK0 表示已正确收到了编号为 1 的帧，并期待收到编号为 0 的帧；同理，ACK1 表示已正确收到了编号为 0 的帧，并期待收到编号为 1 的帧。

如图 1-16 说明数据传输时，在各种情况下，停止等待 ARQ 的工作原理。

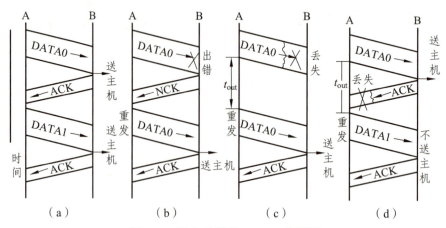

图 1-16 停止等待的 ARQ 工作原理

1）数据在传输过程中不出差错的正常情况

如图 1-16（a）所示，节点 B 收到一个正确的数据帧后，立即交付给主机 B，并向主机 A 发送一个确认帧 ACK。当主机 A 收到确认帧 ACK 后，再发送下一个数据帧。由此实现了接收端对发送端的流量控制。

2）数据在传输过程中出现差错的情况

如图 1-16（b）所示，接收端检验出收到的数据帧出现差错时，向主机 A 发送一个否认帧 NCK，以表示主机 A 应重发出错的那个数据帧。主机 A 可多次重发，直到收到主机 B 发来的确认帧 ACK 为止。

3）数据帧丢失的情况

图 1-16（c）所示，A 站发送的 0 号数据帧在传输过程中丢失了，发生帧丢失时，节点 B 不向节点 A 发送任何应答帧。由于节点 A 收不到应答帧，或是应答帧发生了丢失，如图 1-16（d）所示。A 站就会一直等待下去，这时就会出现死锁现象。

解决死锁的方法是使用定时器。发送站 A 每次发送完一个数据帧，就启动一个超时计时器。若到了超时计时器所设置的重传时间。A 站仍收不到接收站 B 的确认帧，A 就重传前面所发送的数据帧。

4）应答帧丢失的情况

如图 1-16（d）所示，由于应答帧丢失，超时重发使主机 A 重发数据帧，而主机 B 则会收到两个相同的数据帧。由于主机 B 无法识别重发的数据帧，致使在其收到的数据中出现重复帧的差错。

重复帧是一种不允许出现的差错。解决的方法是使每一个数据帧带上不同的发送序号。每发送一个新的数据帧，则将其发送序号加 1。若接收端收到发送序号相同的数据帧，就应将重复帧丢掉。同时必须向主机 A 发送一个确认帧 ACK。

2. 连续 ARQ 方式

连续 ARQ 方式有两种：拉回方式与选择重发方式。

1）拉回方式

在拉回方式中，发送方可以连续向接收方发送数据帧，接收方对接收的数据帧进行校验，然后向发送方发回应答帧，如果接收端检测到错误，它将请求重发从错误数据帧开始的所有数据帧，如图 1-17 所示。发送方连续发送了 0 ~ 5 号数据帧，从应答帧中得知 2 号帧的数据传输错误。那么，发送方将停止当前数据帧的发送，重发 2、3、4、5 号数据帧。拉回状态结束后，再接着发送 6 号数据帧。

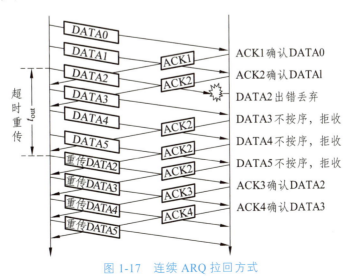

图 1-17　连续 ARQ 拉回方式

2）选择重发方式

选择重发方式与拉回方式的不同之处在于：如果在发送 0 ~ 5 号数据帧时，接收端发现编号 2 的数据帧传输出错，那么，发送方在发完 5 号数据帧后，将只重发出错的 2 号数据帧。选择重发完成之后，再接着发送编号为 6 的数据帧。显然，选择重发方式的效率将高于拉回方式。

1.4.2　常用的检错控制编码

1.4.2.1　奇偶校验码

奇偶校验码是一种最简单的检错码，其编码规则是：首先将所要传送的信息分组，然后在码组内的信息元后面附加有关校验码元，使得该码组中码元 "1" 的个数为奇数或偶数，前者称为奇校验，后者称为偶校验。

这种码是最简单的检错码，实现起来容易，因而被广泛采用。

在实际的数据传输中，奇偶校验又分为垂直奇偶校验、水平奇偶校验和垂直水平奇偶校验。

1. 垂直奇偶校验

实际运用中，对数据信息的分组通常是按字符进行的，即一个字符构成一组，又称字符奇偶校验。以 7 位代码为例，其编码规则是在每个字符的 7 位信息码后附加一个校验位 0 或 1，使整个字符中二进制位 1 的个数为奇数。例如，设待传送字符的比特序列为 1100001，则采用奇校验码后的比特序列形式为 11000010。接收方在收到所传送的比特序列后，通过检查序列中的 1 的个数是否仍为奇数来判断传输是否发生了错误。若比特序列在传送过程中发生错误，就可能会出现 1 的个数不为奇数的情况。发送序列 1100001 采用垂直奇校验后可能会出现的三种典型情况如图 1-18（a）所示。显然，垂直奇校验只能发现字符传输中的奇数位错，而不能发现偶数位错。

发送方	传输信道	接收方	
11000010	——————→	11000010	接收的编码无差错
11000010		11001010	接收的编码中1的个数为偶数，因此出现差错
11000010		11011010	接收的编码中1的个数为奇数，因此判断为无差错，但实际上出现了差错，因此不能检测出偶数个差错

（a）垂直奇校验示例

字母	前7行为对应字母的ASCII码，最后一行是水平奇校验编码（粗体）	字母	最后一行是水平奇校验编码，最后一列是垂直奇校验编码（均为粗体）
a	1100001	a	1100001**0**
b	1100010	b	1100010**0**
c	1100011	c	1100011**1**
d	1100100	d	1100100**0**
e	1100101	e	1100101**1**
f	1100110	f	1100110**1**
g	1100111	g	1100111**0**
校验位	**0011111**	校验位	**0011111 0**

（b）水平奇校验示例　　　　　　　　　（c）垂直水平奇校验示例

图 1-18　奇偶校验码示例

2. 水平奇偶校验

水平奇偶校验又称为组校验，是将所发送的若干个字符组成字符组或字符块，形式上看相当于一个矩阵，每行为一个字符，每列为所有字符对应的相同位，如图 1-18（b）所示。在这一组字符的末尾即最后一行附加上一个校验字符，该校验字符中的第 i 位分别是对应组中所有字符第 i 位的校验位。显然，采用水平奇偶校验，也只能检验出字符块中某一列中的 1 位或奇数位出错。

3. 垂直水平奇偶校验

垂直水平奇偶校验又称为方块校验，既对每个字符做垂直校验，同时也对整个字符块做水平校验，使奇偶校验码的检错能力可以明显提高。图 1-18（c）所示为一个垂直水平奇校验的例子。采用这种校验方法，如果有两位传输出错，则不仅从每个字符中的垂直校验位中反映出来，同时，也在水平校验位中得到反映。因此，这种方法有较强的检错能力，基本能发现所有 1 位、2 位或 3 位的错误，从而使误码率降低 2 ~ 4 个数量级。因此被广泛地用在计算机通信和计算机外设的数据传输中。

但是从总体上讲，虽然奇偶校验实现起来较简单，但其检错能力有限。故这种校验一般只用于通信质量要求不高的场景。

1.4.2.2 循环冗余校验码

循环冗余校验码（Cyclic Redundancy Check，CRC）是一种被广泛采用的多项式检错编码。CRC 码由两部分组成，前一部分是 $k+1$ 个比特的待发送信息，后一部分是 r 个比特的冗余码。由于前一部分是实际要传送的内容，因此是固定不变的，CRC 码的产生关键在于后一部分冗余码的计算。冗余码的计算中要用到两个多项式：$f(x)$ 和 $G(x)$。其中，$f(x)$ 是一个 k 阶多项式，其系数是待发送的 $k+1$ 个比特序列；$G(x)$ 是一个 r 阶的生成多项式，由发收双方预先约定。

CRC 校验的基本工作原理如图 1-19 所示。例如，假设实际要发送的信息序列是 1010001101，收发双方预先约定了一个 5 阶（$r=5$）的生成多项式 $G(x)=x^5+x^4+x^2+1$，那么可参照下面的步骤来计算相应的 CRC 码。

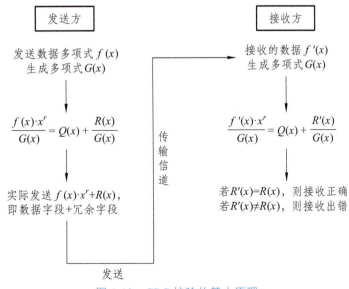

图 1-19　CRC 校验的基本原理

（1）以发送的信息序列 1010001101（10 个比特）作为 $f(x)$ 的系数，得到对应的 $f(x)$ 为 9 阶多项式：

$$f(x) = 1 \cdot x^9 + 0 \cdot x^8 + 1 \cdot x^7 + 0 \cdot x^6 + 0 \cdot x^5 + 0 \cdot x^4 + 1 \cdot x^3 + 1 \cdot x^2 + 0 \cdot x + 1$$

（2）获得 $x^r f(x)$ 的表达式 $x^5 f(x) = x^{14} + x^{12} + x^8 + x^7 + x^5$，该表达式对应的二进制序列为 101000110100000，相当于信息序列向左移动 $r = 5$ 位，即在低位补 5 个 0。

（3）计算 $x^5 f(x)/G(x)$，得到 r 个比特的冗余序列：

$x^5 f(x)/G(x) = $（101000110100000）/（110101），得余数为 01110，即冗余序列。该冗余序列对应的余式 $R(x) = 0 \cdot x^4 + x^3 + x^2 + x + 0 \cdot x^0$[注意：若 $G(x)$ 为 r 阶，则 $R(x)$ 对应的比特序列长度为 r 位]。

另外，由于模 2 除法在做减法时不借位，故相当于在进行异或运算。上述多项式的除法过程如下：

```
                     1101010110
         ┌─────────────────────────
110101   │ 101000110100000
           110101
           0111011
           110101
           00111010
             110101
             00111110
               110101
               00101100
                 110101
                 0110010
                 110101
```

01110 余数，即校验序列（ $r = 5$，r 也是 $G(x)$ 的阶 ）。

（4）得到带 CRC 校验的发送序列：

即将 $f(x) \cdot x^r + R(x)$ 作为带 CRC 校验的发送序列。此例中发送序列为 101000110101110。实际运算时，也可用模 2 加法进行。从形式上看，也就是简单地在原信息序列后面附加上冗余码。

（5）在接收端，对收到的序列进行校验：

对接收到的数据序列用同样的生成多项式进行求余运算，若 $R'(x) = R(x)$，则表示数据传输无误，否则说明数据传输过程出现差错。

例如，若收到的序列是 101000110101110，用它除以同样的生成多项式 $G(x) = x^5 + x^4 + x^2 + 1$（即 110101）后，所得余数为 0，则表示收到的序列无差错。

CRC 校验方法是利用多个数学公式、定理和推论实现的。CRC 中的生成多项式对于 CRC 的检错能力和检错效果会产生很大的影响。生成多项式 $G(x)$ 的构造是在经过严格的数学分析和实验后才确定的，有着相应的国际标准。常见的标准生成多项式如下：

CRC-12： $G(x) = x^{12} + x^{11} + x^3 + x^2 + 1$

CRC-16： $G(x) = x^{16} + x^{15} + x^2 + 1$

CRC-32： $G(x) = x^{32} + x^{26} + x^{23} + x^{22} + x^{16} + x^{12} + x^{11} + x^{10} + x^8 + x^7 + x^5 + x^4 + x^2 + x + 1$

CRC 校验具有很强的检错能力，理论证明，CRC 能够检验出下列差错：

① 全部的奇数个错。

② 全部的两位错。

③ 全部长度小于或等于 r 位的突发错。其中，r 是冗余码的长度。

可以看出，只要选择足够长的冗余位，漏检率将趋近于 0。由于 CRC 码的检错能力强，且容易实现，因此是目前应用最广泛的检错码编码之一。CRC 码的生成和校验过程可以用软件或硬件方法来实现，如可以用移位寄存器和半加法器方便地实现。

课后思考题

1. ARQ 有哪几种方式？分析其过程。

2. 试通过计算求出下面的正确答案。

（1）条件：

① CRC 校验的生成多项式为： $G(x) = x^5 + x^4 + x^2 + 1$ 。

② 要发送的数据比特序列为：100011010101（12 bit）。

（2）要求：

① 经计算求出 CRC 校验码的比特序列。

② 写出含有 CRC 校验码的，实际发送的比特序列。

任务 1.5　认识基本数据通信接口

任务简介

本任务主要介绍了在实际的数据通信中，通信设备之间如何使用相应的接口进行连接。为了实现正确的连接，每个接口都要遵守相同的标准，而被广泛使用的数据通信接口标准有以太网、EIA RS-232C、EIA RS-499 以及 ITU-T 建议的 V.24、V.35 等标准。学完本任务能使读者了解数据通信常用的接口标准。

任务目标

描述数据通信常用的接口标准。

1.5.1　以太网接口

以太网技术是目前局域网组网的主流技术，同时在局域网组建中使用的以太网协议，为网络体系中的软件和硬件提出了相应的规范和标准。其中硬件标准就规定了局域网中数据连接的接口即以太网接口。现在大量的通信设备都带有这样的 LAN 接口，俗称网口，该接口的特点是可灵活组网、多点通信、速率高等，是目前数据通信设备上的主流接口。

该接口主要是用于数据通信设备之间的连接。然而，以太网类型是多种多样的，这也就决定了以太网口的接口类型也可能是多样的。不同的网络有不同的接口类型，常见的以太网接口主要有 AUI、BNC、RJ-45、FDDI、光纤以太网接口等。

1.5.2　EIA RS-232C 接口

在串行通信中，EIA RS-232C（又称为串口）是应用最为广泛的标准，最初由美国电子工业协会（EIA）于 1970 年制定。RS-232C 是 RS-232 系列中的一个版本，其中 "C" 代表第三次修订。

RS-232C 标准提供了一个利用公用电话网络作为传输媒体，并通过调制解调器将远程设备连接起来的技术规定。图 1-20 显示了使用 RS-232C 接口通过电话网实现数据通信的示意图，其中，用来发送和接收数据的计算机或终端系统称为数据终端设备（DTE），如计算机；用来实现信息的收集、处理和变换的设备称为数据通信设备（DCE），如调制解调器。

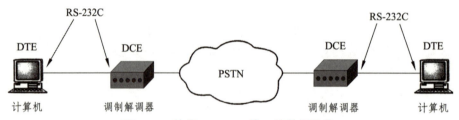

图 1-20　使用 RS-232C 接口的数据通信

1.5.2.1　RS-232C 接口特性

RS-232C 使用 9 针或 25 针的 D 形连接器 DB-9 或 DB-25，如图 1-21 所示。目前，绝大多数计算机使用的是 9 针的 D 形连接器。RS-232C 采用信号电平 −5 ～ −15 V 代表逻辑 "1"，＋5 ～ ＋15 V 代表逻辑 "0"。在传输距离不大于 15 m 时，最大传输速率为 19.2 kb/s。

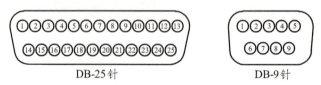

图 1-21　DB-25 和 DB-9 针的 RS-232C 接口

RS-232C 接口中几乎每个针脚都有明确的功能定义，但在实际应用中，并不是所有的针脚都会使用，表 1-1 显示了 DB-25 针脚功能定义。表 1-2 显示了 9 针和 25 针的对应关系。

表 1-1　DB-25 针脚功能定义

针脚号	信号名称	说明
1	保护地（SHG）	屏蔽地线
7	信号地（SIG）	公共地线
2	发送数据（TXD）	DTE 将数据传送给 DCE
3	接收数据（RXD）	DTE 从 DCE 接收数据

针脚号	信号名称	说明
4	请求发送（RTS）	DTE 到 DCE 表示发送数据准备就绪
5	允许发送（CTS）	DCE 到 DTE 表示准备接收要发送的数据
6	数据传输设备就绪（DSR）	通知 DTE，DCE 已连接到线路上准备发送
20	数据终端就绪（DTR）	DTE 就绪，通知 DCE 连接到传输线路
22	振铃指示（RI）	DCE 收到呼叫信号向 DTE 发 RI 信号
8	接收线载波检测（DCD）	DTE 向 DCE 表示收到远端来的载波信号
21	信号质量检测	DCE 向 DTE 报告误码率的高低
23	数据信号速率选择器	DTE 与 DCE 间选择数据速率
24	发送器码元信号定时（TC）	DTE 提供给 DCE 的定时信号
15	发送器码元信号定时（TC）	DCE 发出，作为发送数据时钟
17	接收器码元信号定时（RC）	DCE 提供的接收时钟

表 1-2　DB-9 和 DB-25 的对应关系

DB-9	信号名称	DB-25
1	载波检测（DCD）	8
2	发送数据（TXD）	2
3	接收数据（RXD）	3
4	数据终端准备（DTR）	20
5	信号地（SIG）	7
6	数据传输设备准备（DSR）	6
7	请求发送（RTS）	4
8	允许发送（CTS）	5
9	振铃指示（RI）	22

1.5.2.2　RS-232C 接口的应用

1. 异步应用

当两个 DTE（计算机）设备通过电话线进行异步通信并使用调制解调器作为数据通信设备时，计算机与调制解调器之间的接口连接如图 1-22 所示，图中使用的是 DB-9 针的 RS-232C 接口。

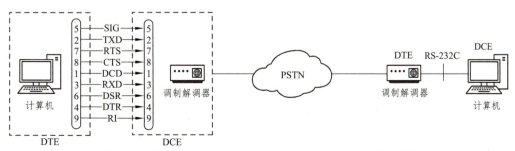

图 1-22　采用 RS-232C 接口的 DTE 与 DCE 之间的异步通信

2. 同步应用

两个 DTE 设备也可以通过 RS-232C 进行同步通信，但需要使用 DB-25 针接口的第 17 和第 24 针脚提供外同步的时钟信号，以实现数据收发的同步。由于 9 针的 RS-232C 接口不能提供时钟信号，因而不能进行同步通信。

1.5.3 EIA RS-449/v.35 接口

由于 RS-232C 标准采用的信号电平较高，使用非平衡的传输方式，而且其接口电路有公共地线，当信号线穿过电气干扰环境时，发送的信号将会受到影响，若干扰影响足够大，则会产生误码，所以存在数据传输速率低、传输距离短和串扰较大等缺点。为了改善 RS-232C 的性能、提高抗干扰能力以及增加传输距离，EIA 于 1977 年制定了与 RS-232C 完全兼容的 RS-449 接口标准。

RS-449 标准定义了 37 针和 9 针两种连接器类型，其中 37 针连接器包含了与 RS-449 相关的所有信号。RS-449 有两个子标准，即平衡式的 RS-422A 标准和非平衡式的 RS-423A 标准。如图 1-23 所示为 RS-449 的机械特性。

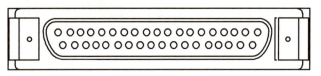 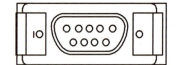

图 1-23 RS-449 的机械特性

1. RS-423-A

RS-423-A 规定了采用非平衡传输时（所有电路共用一个公共地）的电气特性，它采用单端输出差分输入。当连接电缆连接长度为 10 m 时，数据传输速率可达 300 kb/s。

2. RS-422-A

RS-422-A 规定了在采用平衡线路传输时的电气特性，它采用平衡输出差分输入。RS-422-A 有 4 根信号线：两根发送、两根接收，采用全双工通信方式。传输距离超过 60 m 时，数据传输速率可达 2 Mb/s。当传输距离较短时（如 10 m），传输速率可达 10 Mb/s。

1.5.4 EIA RS-485 接口

RS-485 是美国电子工业协会（EIA）在 1983 年批准的平衡传输标准，用来替代 RS-232 接口，弥补其通信速率低、距离短的问题，常用于自动化控制、通信等领域。RS-485 采用差分传输，提供二线制和四线制两种接线方式，二线制的接线方式下 1、2 引脚分别对应 A、B 线，5 引脚对应地线，其余不接，该接线方法只能使其工作在半双工方式上。四线制接线方式下 1~4 引脚分别对应 2 对 A、B 线，一对负责发送，另一对则负责接收，该接线方式只能用于全双工的点对点通信。

RS-485 接口的特性如下：

（1）RS-485 接口采用平衡发送器和差分接收器的组合，抗共模干扰性好，适应较远距离的传输。

（2）RS-485 可以在更长的距离和更高的速率下传输数据。在 9.6 kb/s 的速率下，最大传输距离可达 1200 m；在 10 Mb/s 的速率下，最大传输距离可达 75 m。

（3）RS-485 支持全双工和半双工通信，在半双工模式下可以进行多点通信。

（4）RS-485 接口采用双绞线作为传输介质，支持最多 32 台设备组建总线式网络。

（5）RS-485 的电平标准为逻辑"1"的两线间的电压差为 +（2~6）V，逻辑"0"的两线间的电压差为 −（2~6）V，与 TTL 电平兼容。

1.5.5　USB（Universal Serial Bus）

USB 是通用串行总线接口，早期的 USB 接口使用 4 针插头，其中 2、3 两根针脚传输数据，1、4 两根针脚为外设供电。USB 支持热插拔，最多可连接 127 台外设。自 1996 年 USB-IF（USB Implementers Forum）组织发布 USB 1.0 标准以来，USB 标准经历了 USB 1.1、USB 2.0 到 USB 3.x 的发展。2019 年，USB-IF 组织发布了最新的 USB4 标准，为 USB 接口带来了全新的标准规范。表 1-3 展示了 USB 各个版本的接口特性。

表 1-3　USB 各版本接口特性

标准版本	发布日期	官方代号	最大传输速率	电压电流支持
USB1.0	1996.01	Low-Speed	1.5 Mb/s	5 V/500 mA
USB1.1	1998.09	Full-Speed	12 Mb/s	5 V/500 mA
USB2.0	2000.04	High-Speed	480 Mb/s	5 V/500 mA
USB3.2Gen1	2008.11	SuperSpeed	5 Gb/s	5 V/900 mA
USB3.2Gen2×1	2013.07	SuperSpeed+	10 Gb/s	20 V/5 A
USB3.2Gen2×2	2017.09	SuperSpeed 20Gbps	20 Gb/s	20 V/5 A
USB4	2019.09	-	40 Gb/s	20 V/5 A

微课：认识基本数据通信接口

课后思考题

1. DTE 和 DCE 是什么？它们分别对应网络中的哪些设备？
2. 常用的接口标准有哪些？

任务 1.6　实训：搭建网络仿真环境

任务简介

本任务主要介绍了华为企业网络仿真平台 eNSP 的安装流程及其基本使用方法。为了弥补实训设备数量不足、更新快、价格高等缺陷，在学习过程中引入仿真环境，不仅能够大大节约学习成本，而且能够利用虚实结合的学习方法来达到良好的学习效果。学完本任务，读者能够自行搭建学习环境，熟练使用 eNSP 完成网络工程仿真实践。

任务目标

（1）安装 eNSP 搭建仿真学习环境。

（2）熟练使用 eNSP 完成项目拓扑绘制、设备配置保存等基本操作。

1.6.1　华为企业网络仿真平台 eNSP 简介

eNSP 华为企业网络仿真平台，是华为公司为网络技术人员提供的一款模拟器软件，该模拟器能够虚拟出真实网络环境，为相关技术人员对网络进行设计、配置、维护提供了便利。eNSP 由华为公司自主研发，其界面简单、功能强大、完全免费，使用者完全不受物理设备、场地的限制，可直接在软件界面上以点选、拖拽的方式绘制网络拓扑图，并能使用真实的 VRP 操作系统对虚拟设备进行配置管理，方便地开展网络实验。其主要特点有以下几个方面。

1. 操作简单

eNSP 采用图形化的操作界面，通过拖拽网络设备元素至绘图区并连线，就能够轻松搭建网络拓扑。界面功能区的保存、启动、选择等功能按钮设计合理，功能简单明了，使用户能够快速上手。

2. 仿真度高

eNSP 通过在虚拟机内运行的真实 VRP 系统对网络设备进行 1：1 仿真，能够模拟华为 AR、NE 系列路由器，S、CE 系列交换机，也可以模拟防火墙、无线设备、PC（个人计算机）终端等其他网络设备，还可以通过提供 UDP 端口，将真实设备的网卡与虚拟设备进行桥接，直观展示协议的交互过程。

3. 功能丰富

eNSP 集成了虚拟机软件平台 VitrualBox，支持真机桥接实验；集成了 Wireshark 协议分析软件，提供与真机环境一致的数据包抓取功能，能够对网络进行实时分析。eNSP 能够快捷方便地虚拟出大型网络拓扑，完成网络配置、协议分析、负载均衡等实验。

4. 支持考评

eNSP 提供项目考评功能，教师能够灵活设计考核试题，设定考核分数，制作出完整的项目考试文档让学员直接在 eNSP 上完成，模拟器能够通过预设分数自动给学员评分，并同时生成完整的成绩记录报表，方便教师对学员的答题情况进行分析，从而了解学员对知识点的掌握情况。

1.6.2　任务书

为满足学习需求，请学员自行安装 eNSP 仿真平台搭建网络仿真环境，并使用软件自带的帮助功能，熟悉 eNSP 软件的基本操作。

1.6.3 任务准备

1. 分组情况

填写表 1-4。

表 1-4 学生任务分配表

班级		姓名		组号		指导老师	
组长							
组员							
任务分工							

2. 工具选择

硬件工具：安装了 Windows10 的主机；软件工具：WinPcap 组件安装包、Wireshark 组件安装包、VirtualBox 组件安装包、eNSP 主程序安装包，如图 1-24 所示。

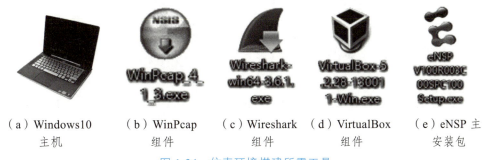

（a）Windows10　　（b）WinPcap　　（c）Wireshark　（d）VirtualBox　（e）eNSP 主
　　主机　　　　　　组件　　　　　　组件　　　　　　组件　　　　　安装包

图 1-24 仿真环境搭建所需工具

1.6.4 实施步骤

1.6.4.1 安装 eNSP

eNSP 的运行环境需要依赖：WinPcap 底层网络接口组件、Wireshark 数据包分析组件和 VirtualBox 虚拟化平台组件，因此在 Windows10 主机上安装 eNSP 主程序前必须先按照顺序安装以上 3 个组件，华为 eNSP 旧版本的安装包自身已经内置以上 3 种软件，所以旧版本的安装过程一直选择默认即可完成。而新版的 eNSP 主安装程序内没有内置这些软件，因而需要独立安装。本案例所使用的 eNSP 主程序版本为华为官方发布的最新版 V100R003C00SPC100。

由于 eNSP 对依赖组件的兼容性有一定要求，所以在安装时需要按照官方推荐的组件版本进行安装，本案例推荐使用的组件版本如图 1-25 所示。

（a）WinPcap 组件　　　（b）Wireshark 组件　　（c）VirtualBox 组件

图 1-25　3 个组件版本

安装步骤可以分为：安装前系统环境调整→WinPcap 组件安装→Wireshark 组件安装→VirtualBox 组件安装→eNSP 主程序安装，共 5 个步骤。

1. 安装前系统环境调整

在安装前需要对 Windows10 系统的运行环境进行简单设置：

（1）首先将操作系统自带的防火墙进行关闭，进入控制面板单击"系统安全"，然后单击"Windows Defender 防火墙"，进入后单击"启用或关闭 Windows Defender 防火墙"，在界面内将两个关闭防火墙的按钮勾选，如图 1-26 所示。

图 1-26　关闭防火墙

（2）将系统内安装的安全应用类软件关闭，如 360 安全卫士、杀毒软件、腾讯管家等。

2. WinPcap 组件安装

（1）右击安装文件，在下拉列表中选择"以管理员身份运行"，进入软件安装界面，如图 1-27 所示。

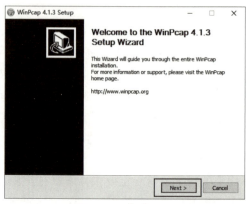

图 1-27　安装界面

（2）单击"Next"→"I Agree"，进入安装选项界面，勾选自动启动，如图 1-28 所示。然后单击"Install"→"Finish"，完成安装。

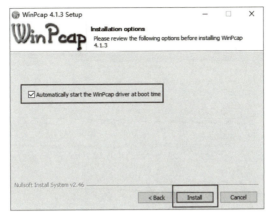

图 1-28　安装选项界面

3. Wireshark 组件安装

（1）右击安装文件，在下拉列表中选择"以管理员身份运行"，进入软件安装界面，如图 1-29 所示。

图 1-29　Wireshark 安装界面

（2）单击"Next"→"Noted"→"Next"→"Next"，进入安装位置选择界面，保证安装位置为默认的 C 盘下即可，如图 1-30 所示。

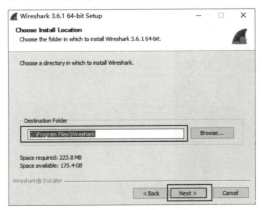

图 1-30　安装位置选择

（3）单击"Next"，进入数据包捕获依赖安装界面，由于 Wireshark 捕获数据包需要依赖的软件 WinPcap 已经安装完毕，无须再安装 Npcap 软件获得功能支持，因而要将该界面安装 Npcap 的"√"去掉，如图 1-31 所示。

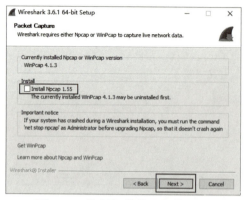

图 1-31　数据包捕获器安装界面

（4）单击"Next"，进入 USB 流量捕获安装界面，如果不需要捕获 USB 流量则无须安装此功能，本案例中将安装 USB 捕获器的"√"去掉，如图 1-32 所示。

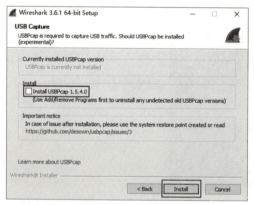

图 1-32　USB 捕获器安装界面

（5）单击"Install"，在完成安装界面勾选立刻重启计算机，完成最后安装，如图 1-33 所示。

图 1-33　安装完成界面

4. VirtualBox 组件安装

（1）右击安装文件，在下拉列表中选择"以管理员身份运行"，进入软件安装界面后单击"下一步"，在自定义安装界面中保持功能设置默认和安装路径默认，如图 1-34 所示。

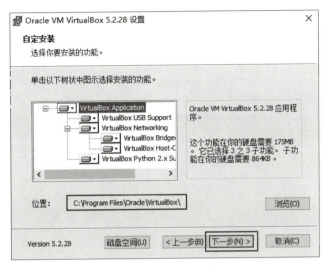

图 1-34　自定义安装界面

（2）单击"下一步"→"下一步"，在弹出的网络重置警告界面中选"是"，如图 1-35 所示。

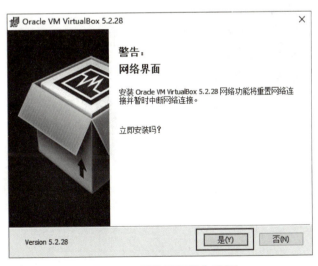

图 1-35　网络重置警告界面

（3）单击"安装"，等待安装进度条读取到一半时，在弹出的串行总线控制器安装界面中，将"始终信任来自'Oracle Corporation'的软件"选项勾选，并单击安装，如图 1-36 所示，然后等待 VirtualBox 安装进度读完，取消勾选安装后启动软件，最后单击"完成"即可，如图 1-37 所示。

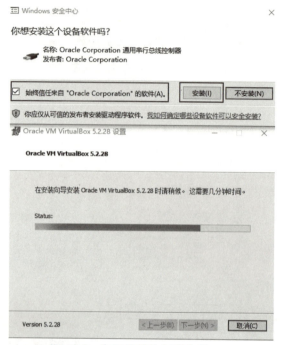

图 1-36　串行总线控制器安装界面

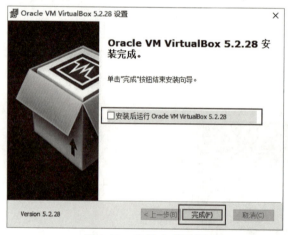

图 1-37　安装完成界面

5. eNSP 主程序安装

（1）右击安装文件，在下拉列表中选择"以管理员身份运行"，在语言选择界面中选择简体中文，如图 1-38 所示。单击"确定"进入软件安装界面，如图 1-39 所示。

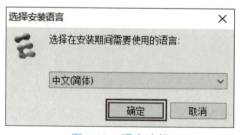

图 1-38　语言选择

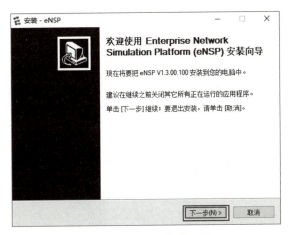

图 1-39　eNSP 安装界面

（2）单击"下一步"，在许可协议界面中勾选"我愿意接受此协议"，如图 1-40 所示。然后单击"下一步"，在安装位置选择默认安装路径不作更改，如图 1-41 所示。

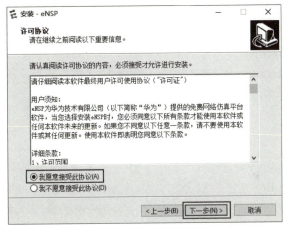

图 1-40　许可协议界面

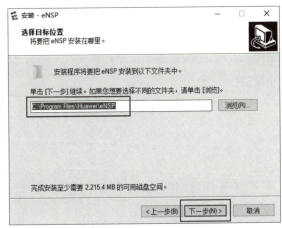

图 1-41　安装路径选择

（3）单击"下一步"→"下一步"→"下一步"→"下一步"→"安装"，最后单击"完成"即可，如图 1-42 所示。

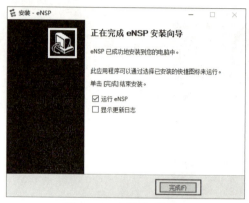

图 1-42　安装完成界面

微课：搭建网络仿真环境 1

1.6.4.2　eNSP 的基本操作

eNSP 安装完成后，需要对软件进行简单设置，使其易于使用，然后通过软件自带的帮助菜单熟悉 eNSP 的基本操作方法，比如建立网络拓扑，操作网络设备，保存与打开项目文件以及如何进行数据包的捕获分析。

1. 基本设置

1）注册设备

eNSP 依靠 VirtualBox 中虚拟机运行的 VRP 文件来对真实设备的操作系统进行 1：1 仿真，为了让 VirtualBox 能够关联 eNSP 的基本网络设备模型，必须在 eNSP 安装完毕后将网络设备注册到 VirtualBox 中，此操作只需在安装后执行一次即可。

具体操作为：选择"菜单"→"工具"→"注册设备"，如图 1-43 所示。在弹出的注册设备界面，将右侧基本设备类型按照项目需求勾选，如图 1-44 所示。然后单击"注册"，直到所有设备都注册成功，才能关闭界面完成设备注册，如图 1-45 所示。

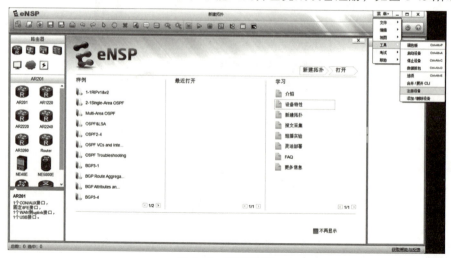

图 1-43　菜单选项

图 1-44　勾选设备类型

图 1-45　注册成功

2）软件参数调整

为了让 eNSP 更加易于使用，建议注册完设备后进行软件参数的调整。eNSP 参数调整均在设置选项完成，如图 1-46 所示。

图 1-46　设置选项

（1）显示设备接口标签。

点击"设置"→"界面设置"，勾选下方"总显示接口标签"选项，如图 1-47 所示。

图 1-47　界面设置

（2）调整命令行配置界面透明度。

点击"设置"→"CLI 设置"，在透明度栏目内选择"自定义"方式，然后拖动下方滑块调整透明度，如图 1-48 所示。调整透明度后可以使命令行配置界面透明化，使其不遮挡绘图区的拓扑图，方便在配置过程中观察拓扑图。

图 1-48　CLI 窗口透明度设置

（3）调整命令行配置界面的背景和字体。

点击"设置"→"字体设置"，在 CLI 字体栏目调整字体大小、颜色、背景颜色等参数（见图 1-49）。

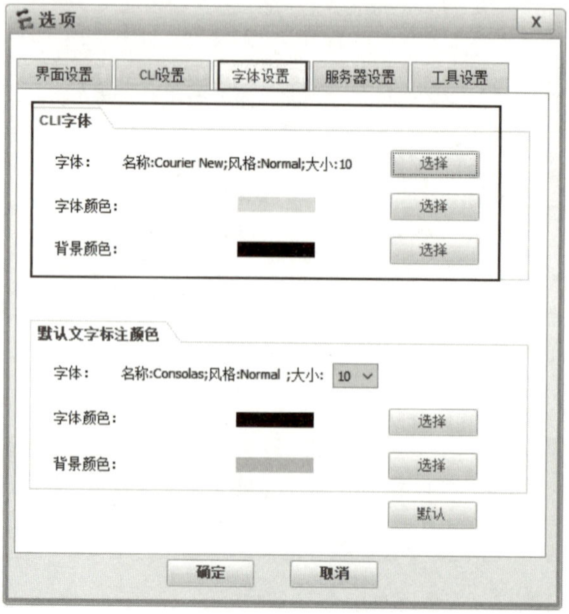

图 1-49　字体设置

2. 拓扑搭建

eNSP 的软件界面分为"绘图区""设备类型区""设备元素区""设备接口区""功能区"共 5 个区域，如图 1-50 所示。各区域功能如表 1-5 所示。

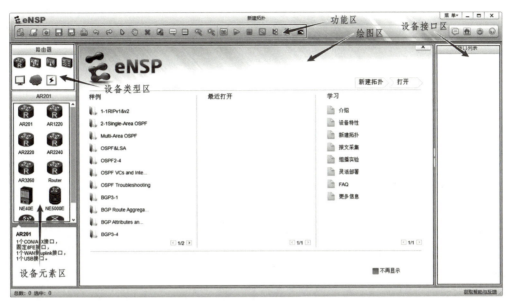

图 1-50　软件界面区域

表 1-5　eNSP 软件界面布局

序号	区域名称	功　能
1	绘图区	此区域能够通过拖拽、点选来绘制网络拓扑图
2	设备类型区	包含交换、路由、无线、终端、安全、线路等不同设备类型
3	设备元素区	包含设备类型下的具体设备实体
4	设备接口区	此区域能够实时显示设备接口的工作状态，接通状态下接口指示灯会呈现绿色，反之则为红色
5	功能区	此区域有选择、插入文本、删除、撤销、保存、启动设备等基本操作命令

例如，搭建一个由 1 台 S3700 交换机和 2 台 PC 机组成的局域网拓扑，步骤如下：

（1）进行设备的布放，启动 eNSP 软件，点选设备类型区的交换机类型，选中设备元素区中型号为 S3700 的交换机，拖入工作区域，此时就创建好了 1 台 S3700 交换机，并自动命名为"LSW1"。选择终端类型中的 PC 机，拖入到工作区域，创建 1 台名为"PC1"的 PC 机。重复上一次操作，创建终端"PC2"，如图 1-51 所示。

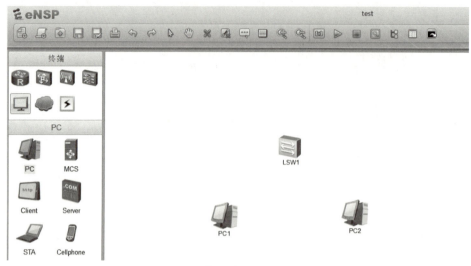

图 1-51　将设备放入绘图区域

（2）进行设备的连接，单击设备类型区域中的"设备连线"，选择第 2 种线缆类型"Copper"（铜缆），此时移动到绘图区域内的鼠标指针将变成线缆插头形状，如图 1-52 所示。单击刚创建的 S3700 图标，此时会弹出一个包含此交换机上全部可使用接口的菜单，然后单击"GE 0/0/1"接口，最后将线缆的另一端连接到 PC1 的"Ethernet0/0/1"接口上，如图 1-53 所示。重复操作将 PC2 与交换机连接，就完成了拓扑的绘制。

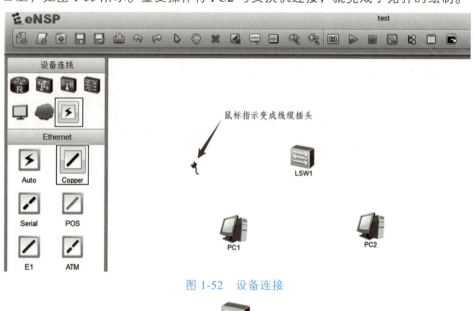

图 1-52　设备连接

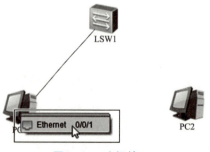

图 1-53　选择接口

（3）开启设备，用鼠标左键框选绘图区域的设备，此时设备由蓝色变成橙色，表示此设备处于选中状态，然后单击功能区的"开启设备"按钮，如图1-54所示。将所有设备开机，等待设备接口状态指示灯都变成绿色，表示设备开启成功，如图1-55所示。接下来就能够单击设备图标，进入设备的操作界面对设备进行配置了。

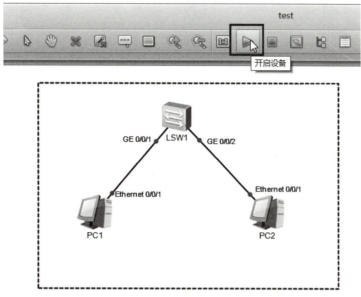

图 1-54　开启设备

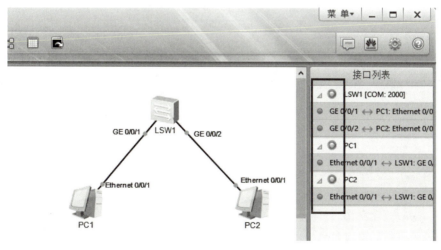

图 1-55　设备状态指示

3. 保存与打开项目

实验完成后需要对项目进行保存，方便下次开启后继续作业。项目的保存需要先在设备内对每台设备的配置进行单独保存，然后再保存整个网络拓扑项目，步骤如下：

（1）双击 S3700 交换机图标进入交换机的命令行配置界面，在用户视图下输入"save"，询问是否保存时，输入"y"然后按回车，提示命名配置文件时，再次回车以默认文件名覆盖配置文件，当出现"Save the configuration successfully"时，表示保存成功，如图1-56所示。

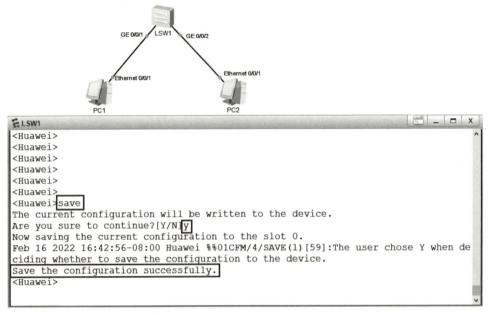

图 1-56　设备配置保存

（2）对 PC 终端进行保存，双击 PC1 图标，单击"应用"即可对终端进行保存，重复此操作保存 PC2，如图 1-57 所示。

图 1-57　PC 终端保存设置

（3）保存整个项目文件，单击功能区域中的"另存为"按钮，在弹出的保存界面中选择合适的保存路径和文件名进行保存，如图 1-58 所示。此步骤务必记住项目的保存路径，后续打开项目时需要用到。

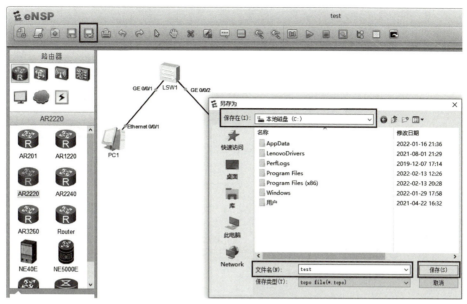

图 1-58　保存项目

（4）打开项目文件只需在 eNSP 软件关闭状态下找到保存的项目文件夹，进入项目文件夹后，双击后缀名为 "topo" 的文件，如图 1-59 所示，即可打开整个项目文件。

图 1-59　打开项目

4. 数据包分析

eNSP 软件的安装过程中已经关联了 Wireshark 组件，该组件的主要功能是捕获并分析网络报文。在本文中，Wireshark 软件用来配合 eNSP 软件使用，查看 eNSP 项目内所截获数据报文的结构和内容，加强我们对相关技术的理解和掌握，帮助我们验证和排障。

Wireshark 主界面从上至下包括菜单栏、工具栏、过滤器、报文列表栏、报文详情栏、报文字节栏，如图 1-60 所示。各栏目功能如表 1-6 所示。

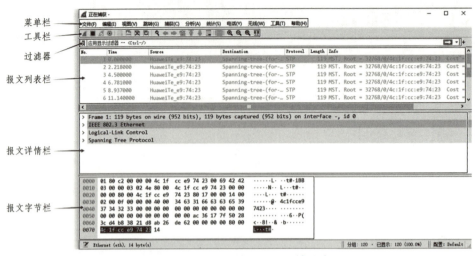

菜单栏
工具栏
过滤器
报文列表栏
报文详情栏
报文字节栏

图 1-60　Wireshark 主界面区域分布

表 1-6　Wireshark 各栏目功能

编号	栏目名称	功　能
1	菜单栏	包括文件保存、编辑、视图、捕获、工具、帮助等功能选项
2	工具栏	提供了快速访问常用功能的通道，若工具不可用则工具图标会显示为灰色
3	过滤器	用于编辑或显示报文过滤条件
4	报文列表栏	显示当前捕获的所有报文
5	报文详情栏	显示当前报文的协议分层结构及各字段详细信息
6	报文字节栏	以 16 进制方式显示当前的报文内容，右侧显示对应的 ASCII 字符

如果需要抓取 eNSP 项目中的数据包，只需右击目标接口（例如 LSW1 的 GE 0/0/1），选择开始抓包，如图 1-61 所示。Wireshark 组件将自动启动，并抓取通过当前接口的数据包。

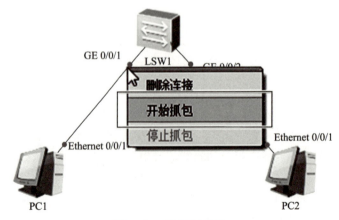

图 1-61　数据包抓取

若需要单独分析某个数据包，先点击功能区"停止正在运行的抓包"按钮，然后在报文列表栏中选中该数据包并双击，就能显示该报文的协议分层结构和封装字段等详细信息，如图1-62所示。

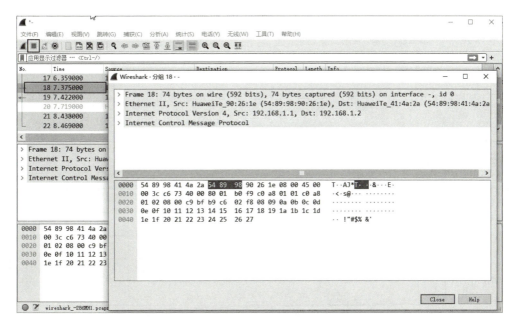

图 1-62 分析数据包

如果抓取的数据包过多，可以采用过滤的方式筛选出想要的数据，在过滤器中输入过滤表达式并回车，便可实现数据包的过滤，若表达式输入正确，过滤器内底纹会呈现绿色。比如本案例中，在过滤器内输入"icmp"字段并回车，表示只捕获通过该接口的 ICMP 协议报文，如图 1-63 所示。

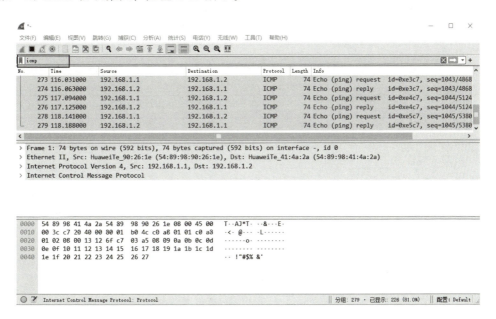

图 1-63 过滤器使用

微课：搭建网络仿真环境 2

1.6.5　评价反馈

1. 评价考核评分

填写表 1-7。

表 1-7　评价评分考核表

项目名称	评价内容	分值	评价分数		
			自评	互评	师评
职业素养考核项目 40%	穿戴规范、整洁	10			
	积极参加教学活动	10			
	团队合作情况	10			
	现场管理 6S 标准	10			
专业能力考核项目 60%	部署完成情况	20			
	软件使用熟练度	25			
	部署效率	15			
总分					
总评	自评（20%）＋互评（20%）＋师评（60%）＝		综合等级		

2. 总结反思

任务中遇到的问题：_____

_____

问题分析：_____

_____

解决方案：_____

_____

结果验证：_____

_____

课后思考题

在 eNSP 内如何进行项目文件的保存？

项目 2 　局域网交换技术与应用

项目介绍

　　局域网是在一个较小的范围，比如一个办公室、一栋大楼或一个校园内，利用通信线路将众多计算机及外设连接起来，达到资源共享的目的的网络，以太网（Ethernet）是其典型代表。本项目介绍了局域网的体系标准、介质访问控制方式和以太网技术；局域网使用的组网设备及传输介质；组建局域网络使用的二层技术及设备配置方法。通过项目学习，读者能够掌握组建局域网络的基本技能和方法，合理规划组网方案并实施。

知识框架

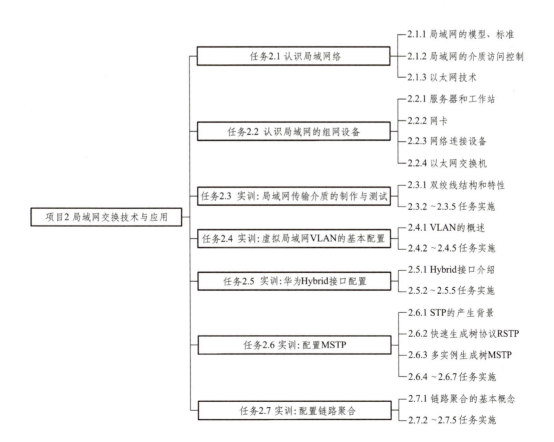

任务 2.1 认识局域网络

任务简介

局域网与广域网的一个重要区别在于它们的覆盖范围不同，由此两者采用了明显不同的技术。"有限的地理范围"使得局域网在基本通信机制上选择了"共享介质"方式和"交换"方式，并相应的在体系结构、介质访问控制方法、数据链路层协议上形成了自己的特点。本任务主要介绍了局域网的体系标准、介质访问控制方式、以太网技术。学习完本任务，读者能够了解局域网的基本概念和体系结构。

任务目标

（1）描述局域网的体系结构。

（2）简述 CSMA/CD 的工作原理。

（3）绘制以太网协议的帧格式。

2.1.1 局域网的模型、标准

2.1.1.1 IEEE802 局域网参考模型

20 世纪 80 年代初，局域网的标准化工作迅速发展起来，IEEE（电气和电子工程师协会）是局域网标准的主要制定者。

局域网的参考模型与 OSI 模型既有一定的对应关系，两者又存在很大的区别。局域网标准涉及 OSI 的物理层和数据链路层，并将数据链路层又分成了逻辑链路控制与介质访问控制两个子层，如图 2-1 所示。

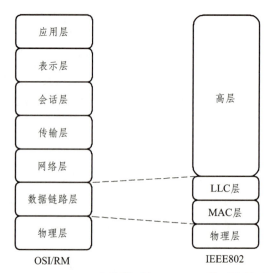

图 2-1 IEEE802 参考模型与 OSI-RM 的对应关系

局域网标准不直接提供 OSI 网络层及以上层的规定，对不同局域网技术来说，它们的区别主要在物理层和数据链路层。当这些不同的 LAN 需要在网络层实现互连时，可以借助现有的网络层协议来实现，如 IP 协议。

1. LAN 物理层

IEEE 802 局域网参考模型中的物理层的功能与 OSI 参考模型中的物理层的功能相同：实现比特流的传输与接收，以及数据的同步控制等。IEEE 802 还规定了局域网物理层所使用的信号编码、传输介质、拓扑结构和传输速率等规范。

2. LAN 的数据链路层

LAN 的数据链路层分为两个功能子层，即逻辑链路控制子层（LLC）和介质访问控制子层（MAC）。LLC 和 MAC 共同完成类似 OSI 数据链路层的功能。但在共享介质的网络环境中，如果多个节点同时发送数据就会产生冲突（collision），冲突是指由于共享信道上同时有两个或两个以上的节点发送数据而导致信道上的信号波形不等于任何发送节点所发送的原始信号波形的情形。冲突会导致数据传输失效，因而需要提供解决冲突的介质访问控制机制。

MAC 子层负责介质访问控制机制的实现，即处理局域网中各站点对共享通信介质的争用问题，不同类型的局域网通常使用不同的介质访问控制协议，同时 MAC 子层还负责局域网中的物理寻址。LLC 子层负责屏蔽掉 MAC 子层的不同实现机制，将其变成统一的 LLC 界面，从而向网络层提供一致的服务。LLC 子层向网络层提供服务是通过它与网络层之间的逻辑接口实现，这些逻辑接口又被称为服务访问点（Service Access Point，SAP）。

2.1.1.2　IEEE802 标准

IEEE 802 为局域网制定了一系列标准，主要有如下 14 种：

（1）IEEE 802.1 定义了局域网体系结构以及寻址方式、网络管理和网络互连等关键功能。

（2）IEEE 802.2 定义了逻辑链路控制（LLC）子层的功能与服务。

（3）IEEE 802.3 定义了以太网（Ethernet）介质访问控制机制及相应物理层规范。

（4）IEEE 802.4 定义了令牌总线（token bus）式介质访问控制机制及相应物理层规范。

（5）IEEE 802.5 定义了令牌环（token ring）式介质访问控制机制及相应物理层规范。

（6）IEEE 802.6 定义了城域网（MAN）介质访问控制机制及相应物理层规范。

（7）IEEE 802.7 定义了宽带时隙环（BTDM ring）介质访问控制方法及物理层技术规范。

（8）IEEE 802.8 定义了光纤网介质访问控制方法及物理层技术规范（FDDI）。

（9）IEEE 802.9 定义了语音和数据综合局域网（ISLAN）技术。

（10）IEEE 802.10 定义了局域网安全问题。

（11）IEEE 802.11 定义了无线局域网（WLAN）技术。

（12）IEEE 802.12 定义了一种在同一时间为多个设备提供高速数据传输的方法，被称为 100Base VG 或 VG-AnyLAN。

（13）IEEE 802.15 定义了近距离个人无线网络（WPAN）标准。

（14）IEEE 802.16 定义了宽带无线局域网（WiMAX）标准。

IEEE802 系列标准的关系与作用如图 2-2 所示。从图中可以看出，IEEE802 标准是一个由一系列协议共同组成的标准体系。随着局域网技术的发展，该体系还在不断地增加新的标准与协议。例如，随着以太网技术的发展，802.3 家族出现了许多新的成员，如 802.3ab、802.3ae、802.3bm、802.3bs 等。

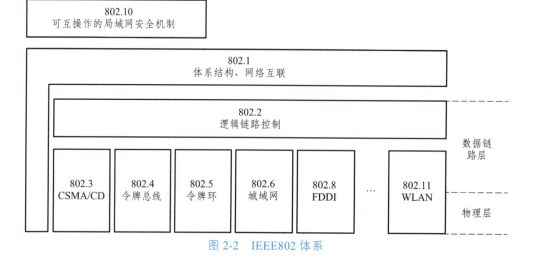

图 2-2　IEEE802 体系

2.1.2　局域网的介质访问控制

传统的局域网是"共享"式局域网。在共享式局域网中，传输介质是共用的。所有节点都可以通过共享介质发送和接收数据，但不允许两个或多个节点在同一时刻同时发送数据，也就是说数据传输应该是以"半双工"方式进行的。但是，利用共享介质进行数据信息传输时，也有可能出现两个或多个节点同时发送、相互干扰的情况，这时，接收节点收到的信息就有可能出现错误，即所谓的"冲突"。"冲突"问题的产生就如一个有多人参加的讨论会议，一个人发言不会产生问题，如果两个或多个人同时发言，会场就会出现混乱，听众就会被干扰。

共享式局域网可以采用不同的方式对介质访问进行控制。所谓介质访问控制就是解决"争用共享信道时，如何分配使用权"的问题。目前在局域网中被广泛采用的两种介质访问控制方法是：

（1）争用型介质访问控制机制，又称随机型介质访问控制机制，如 CSMA/CD 方式。

（2）确定型介质访问控制机制，又称有序型介质访问控制机制，如 Token（令牌）方式。

下面分别就这两类介质访问控制方法的工作原理和特点进行介绍。

1. CSMA/CD

CSMA/CD 是带冲突检测的载波侦听多址访问 Carrier Sense Multiple Access / Collision Detection 的英文缩写。其中，载波侦听 CS 是指网络中的各个站点都具备一种对总线上所传输的信号或载波进行监测的功能；多址 MA 是指当总线上的一个站点占用总线发送信号时，所有连接到同一总线上的其他站点都可以通过各自的接收器收听，只不过目标站会对所接收的信号进行进一步的处理，而非目标站点则忽略所收到的信号；冲突检测 CD 是指一种检测或识别冲突的机制，当碰撞发生时使每个设备都能知道。在总线环境中，冲突的发生有两种可能的原因：一是总线上两个或两个以上的站点同时发送信息；另一种可能就是一个较远的站点已经发送了数据，但由于信号在传输介质上的延时，使得信号在未到达目的地时，另一个站点刚好发送了信息。CSMA/CD 通常用于总线型拓扑结构和星形拓扑结构的局域网中。

CSMA/CD 的工作原理可概括成 4 句话，即先听后发，边发边听，冲突停发，随机延时后重发。其具体工作过程如图 2-3 所示。

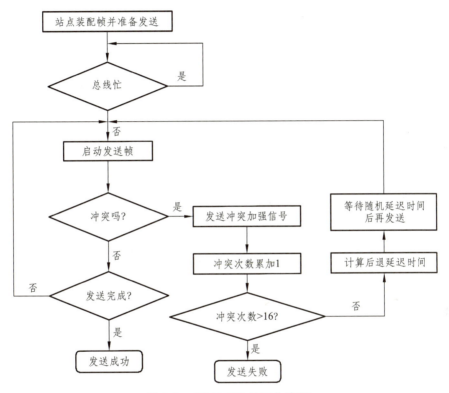

图 2-3 CSMA/CD 的工作流程

总之，CSMA/CD 采用的是一种"有空就发"的竞争型访问策略，因而不可避免地会出现信道空闲时多个站点同时争发的现象。只要网络上有一台主机在发送帧，网络上所有其他主机都只能处于接收状态，无法发送数据。也就是说，在任一时刻，所有的带宽只分配给了正在传送数据的那台主机。举例来说，虽然一台总线带宽为 100 Mb/s 的集线器连接了 20 台主机，表面上看起来这 20 台共享这 100 Mb/s 带宽。但是实际上在任一时刻只能有一台主机在发送数据，所有带宽都分配给它了，其他主机只能处于等待状态。之所以说每台主机平均分配有 5 Mb/s 带宽，是指较长一段时间内的各主机获得的平均带宽，而不是任一时刻主机都有 5 Mb/s 带宽。CSMA/CD 无法完全消除冲突，它只能减少冲突，并对所产生的冲突进行处理。另外，网络竞争的不确定性，也使得网络延时变得难以确定，因此采用 CSMA/CD 机制的局域网通常不适用于那些对实时性要求很高的网络应用。

微课：CSMA/CD 的工作流程

2. 令牌访问控制

令牌环（Token Ring）是令牌传送环的简称，它只有一条环路，信息沿环单向流动，不存在路径选择问题，令牌环的技术基础是使用一个称为令牌的特殊帧在环中沿固定方向逐站传送。当网上所有的站点都处于空闲时，令牌就沿环绕行。当某一个站点要求发送数据时，必须等待，直到捕获到经过该站的令牌为止。这时，该站点改变令牌中一个特殊字段把令牌标记成已被使用，然后将用户数据附在令牌上，将其改造为数据帧发送到环上。此时，环上不再有可用令牌，因此有发送要求的站点必须等待。环上的每个站点检测并转发环上的数据帧，比较目的地址是否与自身站点地址相符，从而决定是否复制该数据帧。数据帧在环上绕行一周后，由发送站点将其删除。发送站点在发完所有信息帧，或者发送时间间隔到达后，会将令牌标记为可再次使用然后发送到环上，这个过程称为释放令牌。如果该站点下游的某一个站点有数据要发送，它就能捕获这个令牌，并利用该令牌发送数据，如图 2-4 所示。

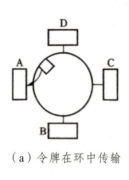
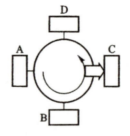

（a）令牌在环中传输　　（b）A 改造令牌，发送帧给 C

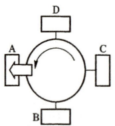
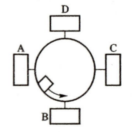

（c）发送帧回到 A，A 清除该帧　（d）A 发送完成，释放令牌

图 2-4　令牌访问控制流程

2.1.3　以太网技术

以太网是最早的局域网，也是目前主流的局域网。由美国 Xerox（施乐）公司于20 世纪 70 年代初期开发并于 1975 年推出。由于它具有结构简单、工作可靠、易于扩展等优点，得到了广泛的应用。1980 年，美国 Xerox、DEC 与 Intel 三家公司联合提出了以太网规范，这是世界上第一个局域网技术标准。后来的 IEEE802.3 就是参照这

个标准建立的。进入 90 年代以后，越来越多的个人计算机加入到网络之中，导致网络流量快速增加，这使人们对网络容量、传输速度等要求大大提高，从而导致快速以太网、千兆以太网、万兆以太网、100G 以太网等标准的产生。

2.1.3.1　以太网的帧格式

图 2-5 为 IEEE802.3 的帧格式，其中有关字段的说明如下。

图 2-5　IEEE802.3 的帧结构

（1）前导字段：长度为 7B，每个字节的内容为 10101010，用于接收方与发送方的时钟同步。

（2）帧起始定界符：长度为 1B，内容为 10101011，标志着帧的开始。

（3）目的地址和源地址字段：长度均为 6B，分别表示接收节点和目标节点的 MAC 地址。

（4）长度字段：长度为 2B，用于指明数据字段的长度。

（5）数据字段：长度为 46B～1500B，IEEE802.3 中数据长度若小于 46B 时，需要使用填充字段填充。

（6）帧校验（FCS）字段：长度为 4B，为帧校验序列。CSMA/CD 协议的发送和接收都采用 32 位的循环冗余校验。

微课：以太网的帧格式

2.1.3.2　10 Mb/s 以太网

10 Mbps 以太网又称为标准以太网，由 IEEE802.3 定义。在总线型拓扑结构中，所有用户共享 10 Mb/s 的带宽。在交换式 LAN 中，每个交换机端口都可以看成是一个以太网总线，这种连接方式可以提供全双工的连接，此时，单接口的吞吐量可以达到 20 Mb/s。

表 2-1 列出了 10 Mb/s 以太网的物理层标准。10Base-T 是使用最为广泛的一种以太网线缆标准，它的显著优势就是易于扩展、维护简单、价格低廉，一个集线器（交换机）加上几根双绞线就能构成一个实用的小型局域网。10Base-T 的缺点是电缆的最大有效传输距离仅 100 m。

表 2-1　常见标准以太网的比较

标准	10BASE-5	10BASE-2	10BASE-T	10BASE-F
数据速率/（Mb/s）	10	10	10	10
网段的最大长度/m	500	185	100	2000
网络介质	粗同轴电缆	细同轴电缆	UTP	光缆
拓扑结构	总线型	总线型	星形	点对点

尽管不同的以太网在物理层存在较大的差异，但它们之间还是存在不少共同点：在使用中继器或集线器进行网络扩展时都必须遵循 5-4-3 规则（其中 5 表示至多 5 个网段，4 表示至多 4 个集线器，3 表示 5 个网段中只有 3 个为主机段。）；在数据链路层都采用 CSMA/CD 作为介质访问控制协议；在 MAC 子层使用统一的 IEEE802.3 帧格式，保证了 10BASE-T 网络与 10BASE-2、10BASE-5 的相互兼容性。

2.1.3.3　100 Mb/s 以太网

100 Mb/s 快速以太网技术是由标准以太网发展而来，主要解决局域网络中的带宽瓶颈。其协议标准为 IEEE802.3u，可支持 100 Mb/s 的数据传输速率，并且与 10BASE-T 一样可支持共享式与交换式两种组网形式，在交换式以太网环境中可以实现全双工通信。IEEE802.3u 在 MAC 子层仍采用 CSMA/CD 作为介质访问控制协议，并保留了 IEEE802.3 的帧格式。但是，为了实现 100 Mb/s 的传输速率，它在物理层做了一些重要的改进。例如，在编码上，快速以太网没有采用曼彻斯特编码，而是使用效率更高的 4B5B 编码方式。IEEE802.3u 协议的体系结构如图 2-6 所示。

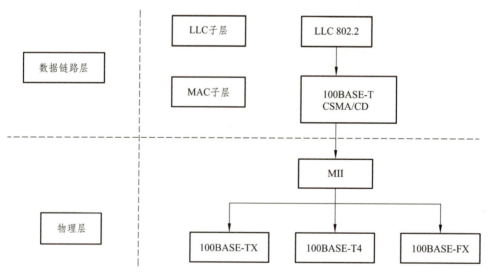

图 2-6　IEEE802.3u 协议的体系结构

从图 2-6 可以看出，快速以太网在物理层支持 100BASE-T4、100BASE-TX 和 100BASE-FX 三种介质标准。这 3 种物理层标准的简单描述如表 2-2 所示。

100BASE-FX 采用光纤传输，其常用的光纤连接器也就是接入光模块的光纤接头有多种类型，且相互之间不可以通用。如 SFP 模块接 LC 光纤连接器，而 GBIC 模块接的是 SC 光纤连接器。下面对网络工程中几种常用的光纤连接器进行说明：

（1）FC 型光纤连接器：外部加强方式是采用金属套，紧固方式为螺丝扣，一般在 ODF 侧使用。

（2）SC 型光纤连接器：连接 GBIC 光模块的连接器，外壳呈矩形，紧固方式采用插拔销闩式，无须旋转，一般在 PON 设备上使用。

表 2-2　快速以太网的 3 种物理层标准

物理层协议名称	线缆类型及连接器	线缆对数	最大分段长度	编码方式	主要优点
100BASE-T4	3/4/5 类 UTP	4 对 （第 1～3 对用于数据传输，第 4 对用于冲突检测）	100 m	8B/6T	在 3 类非屏蔽双绞线上实现 100 Mb/s 的数据传输速率
100BASE-TX	5 类 UTP/RJ-45 接头	2 对 （1、2 针用于发送数据，3、6 针用于接收数据）	100 m	4B/5B	支持全双工通信
100BASE-FX	62.5 μm/125 μm 多模光纤 8 μm/125 μm 单模光纤 ST、SC 等光纤连接器	2 芯	半双工方式下 2 km，全双工方式下使用单模光纤可达 40 km	4B/5B	支持全双工、长距离通信

（3）ST 型光纤连接器：常用于光纤配线架，外壳呈圆形，紧固方式为螺丝扣，常用于光纤配线架连接。

（4）LC 型光纤连接器：连接 SFP 模块的连接器，采用操作方便的模块化插孔（RJ），一般在光模块上使用。

图 2-7 所示为常见的几种光纤接口。

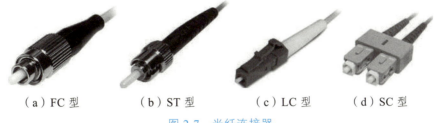

（a）FC 型　　　　（b）ST 型　　　　（c）LC 型　　　　（d）SC 型

图 2-7　光纤连接器

为了使物理层的 3 种标准在实现 100 Mb/s 速率时，所使用的传输介质和信号编码方式等物理细节不对 MAC 子层产生影响，IEEE802.3u 在物理层和 MAC 子层之间还定义了一种独立于介质种类的介质无关接口（Medium Independent Interface，MII），该接口将 MAC 子层与物理层隔离开，可以有效屏蔽掉 3 种物理层标准的差异，向 MAC 子层提供统一的物理传输服务。

快速以太网的最大优点是结构简单、实用、成本低并易于普及。目前，它主要用于对带宽要求不高的家庭网络环境。

2.1.3.4　1000 Mb/s 以太网

随着多媒体通信、高性能分布计算和视频应用等技术的不断发展，用户对局域网的带宽提出了越来越高的要求，特别是局域网主干带宽和服务器的访问带宽。在这种需求的驱动下，人们开始酝酿速度更高的以太网技术。IEEE 于 1998 年 6 月正式公布了千兆以太网标准。

IEEE802.3z 标准定义了千兆以太网，IEEE802.3ab 标准专门定义了双绞线上的千兆以太网规范。千兆以太网保留了传统以太网的大部分简单特征，以 1000/2000 Mb/s 的带宽提供半双工/全双工通信。千兆以太网对电缆的长度的要求更为严格，多模光纤的长度至多为 500 m，5 类双绞线为 100 m。

千兆以太网有自动协商的功能，可以进行双工方式、流量控制以及速率的协商。在同一冲突域中，千兆以太网不允许中继器的互连，以免对数据的高速传输产生影响。

千兆以太网定义了一系列物理层标准：1000Base-SX、1000Base-LX、1000Base-T、1000BASE-CX 等。千兆以太网协议体系结构如图 2-8 所示。

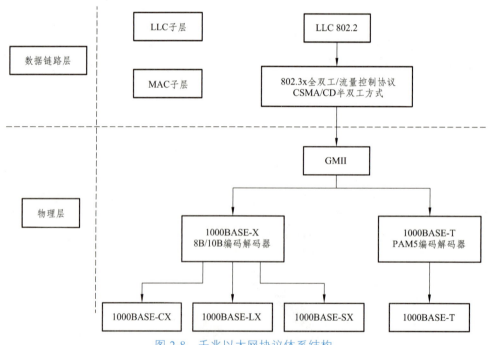

图 2-8　千兆以太网协议体系结构

（1）1000BASE-SX："S"表示短波长激光，使用 770 ～ 860 nm（850 nm）激光器，使用纤芯直径为 62.5 μm 和 50 μm 的多模光纤，传输距离分别为 275 m 和 550 m。

（2）1000BASE-LX："L"表示长波长激光，使用 1310 nm 激光器，使用纤芯直径为 62.5 μm 和 50 μm 的多模光纤，传输距离为 550 m。使用纤芯直径为 10 μm 的单模光纤时，传输距离可达 5 km。

（3）1000BASE-CX："C"表示铜线，使用两对 150 Ω屏蔽双绞线（STP），传输距离为 25 m。

（4）1000BASE-T：使用 4 对 5 类以上 UTP 双交线，在每对线上实际传输的信号是一个 5 电平（－2 V、－1 V、0 V、+1 V、+2 V）的脉冲幅度调制信号 PAM5。每对双绞线能同时发送、接收 250 Mb/s 的速率。1000BASE-T 使用 RJ-45 连接器。传输距离为 100 m。

千兆以太网具有高带宽、易扩展、兼容好、自适应等优点。目前广泛应用于园区网和城域网的接入层。

课后思考题

1. 分析 IEEE802 局域网的体系结构及各层功能。
2. 简述 CSMA/CD 的工作原理。
3. 以太网、快速以太网和千兆以太网标准定义了哪几种规范以支持不同的物理介质？分析其基本物理层特性。

任务 2.2 认识局域网组网设备

任务简介

不论采用哪种局域网技术来组建局域网，都要涉及局域网组件的选择，包括硬件和软件。其中，软件组件主要是指以网络操作系统为核心的系统软件，硬件组件则主要指计算机及各种附属设备，包括服务器、工作站、网卡、网络连接设备等。本任务介绍了局域网组建需要使用的网络设备，重点讲解了以太网交换机的功能参数、运行原理。学完本任务，读者能够掌握在局域网组建时设备选型的策略。

任务目标

（1）描述以太网交换机的工作原理。
（2）根据生产环境要求选择合适的设备组网。

2.2.1 服务器和工作站

组建局域网的主要目的是在不同的计算机之间实现资源共享。局域网中的计算机根据其功能和作用的不同被分为两大类，一类主要是为其他计算机提供服务，称为服务器（server）；而另一类则使用服务器所提供的服务，称为工作站（workstation）或客户机（client）。服务器是网络的服务中心。为满足众多用户的大量服务请求，服务器通常由高性能计算机承担，且要满足能够响应多用户的请求、处理速度快、存储容量大、安全性及可靠性高等要求。

根据所提供服务的不同，网络服务器可分为以下几种：

（1）用户管理或身份验证服务器：提供包括用户添加、删除、用户权限设置等用户管理功能，并在用户登录网络时完成对其身份合法性的验证。

（2）文件服务器：为网络用户提供各种文件操作和管理功能，类似于操作系统中的文件系统，用户可以利用服务器创建、存储、删除文件。服务器还提供文件保护机制，保证只有被授权的用户才可访问指定的文件。

（3）数据库服务器：提供数据查询、数据处理服务并且进行数据的管理。用户提出数据服务请求后，数据库服务器会进行数据的查询或处理，然后把结果返回给用户。

（4）打印服务器：打印服务器负责对打印机进行管理，协调多个用户的打印请求，管理打印队列，通知并处理打印错误，为用户提供便捷、高效的打印服务。

另外，当在局域网环境中提供 TCP/IP 应用时，还可能会有 E-mail 服务器、DNS 服务器、FTP 服务器和 Web 服务器等。

工作站是一种高性能、多功能的计算机，专为执行复杂数学问题和图形处理任务而设计。它通常拥有比普通个人计算机更强大的处理器、更大的内存容量、更高级的图形处理能力和更快速的输入输出设备。工作站常用于科学研究、工程设计、图形设计、视频编辑、三维动画制作、软件开发等领域，以满足专业用户的需求。与个人计算机相比，工作站价格较高，但性能和可靠性更优。对于需要处理大量数据和复杂计算任务的专业人士来说，是一个必不可少的工具。

2.2.2　网　卡

网卡称为网络适配器或网络接口卡（Network Interface Card，NIC），是局域网中为各种网络设备提供与通信介质相连的接口，应用于网络中的各种类型网卡如图 2-9 所示。

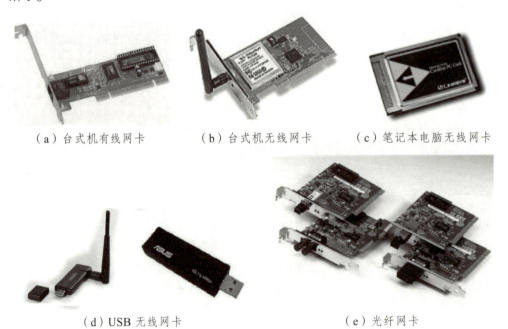

（a）台式机有线网卡　　　（b）台式机无线网卡　　　（c）笔记本电脑无线网卡

（d）USB 无线网卡　　　　　　　　（e）光纤网卡

图 2-9　几种类型的网卡

1. 网卡结构与功能

网卡作为一种 I/O 接口卡，插在主机板的扩展槽上或集成在主板上，其基本结构包括数据缓存、帧的装配与拆卸、MAC 层协议控制电路、编码与解码器、收发电路、介质接口装置等六大部分，它负责将设备所要传递的信息转换为网络设备能够识别的数据，然后通过网络介质发送或接收，如图 2-10 所示。

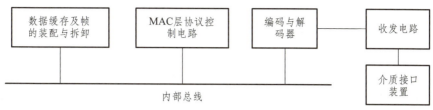

图 2-10　网卡的基本结构

网卡由驱动程序和网卡硬件组成。网卡驱动程序是计算机操作系统中的软件组件，负责管理和控制网卡硬件。网卡硬件负责与其他计算机或网络设备进行物理层连接。在网络中，如果一台计算机没有网卡，或者没有安装网卡驱动程序，那么这台计算机也将不能和其他计算机通信。网卡硬件和驱动程序安装成功后，可以在设备管理器窗口中查看。

2. 网卡地址

如图 2-11 所示，在控制台界面下用 ipconfig /all 命令可以显示网卡的物理地址，也就是我们熟知的 MAC 地址。MAC 地址由 48 位二进制数组成，一般用十六进制表示，前 6 位十六进制数表示厂商号，后 6 位十六进制数表示厂商分配的产品序列号。该 ID 号烧录至每块网卡的 ROM 内，标识安装这块网卡的主机在网络上的硬件地址，该地址全球唯一且无法更改。

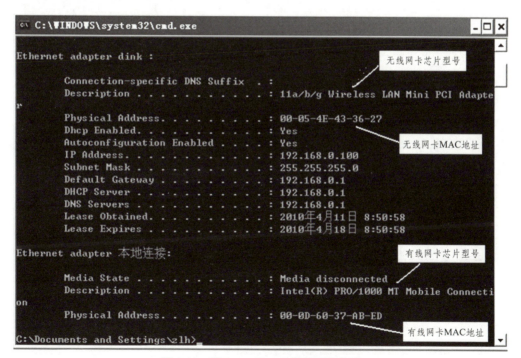

图 2-11　用 ipconfig /all 查看网络信息

3. 网卡的分类

网卡的分类方法有多种，可以按照传输速率、总线类型、所支持的传输介质、用途、支持的网络技术来进行分类。

按照网络技术的不同可分为以太网卡、令牌环网卡、FDDI 网卡等，以太网卡最常见。本书后面所提到的网卡主要是指以太网卡。

按照传输速率分类，单以太网卡就提供了 100 Mb/s、1000 Mb/s、2.5 Gb/s 和 10 Gb/s 等多种速率。数据传输速率是网卡的一个重要性能指标。

按照总线类型分类，网卡可分为 ISA 总线网卡、EISA 总线网卡、PCI 总线网卡、PCIe 总线网卡、USB 网卡等。目前，PCIe 网卡和 USB 网卡最常用，PCIe 是一种高速总线标准，相较于 PCI 总线，它具有更高的传输速率和更低的延迟。PCIe 总线网卡的传输速度可以达到 1000 Mb/s 甚至更高。而 USB 网卡具有优秀的便携性和易于安装等优点，使其成为了一种经济实惠的网络连接解决方案。

按照所支持的传输介质分类，网卡可分为双绞线网卡、粗缆网卡、细缆网卡、光纤网卡和无线网卡。当网卡所支持的传输介质不同时，其对应的接口也不同。连接双绞线的网卡带有 RJ-45 接口，连接粗同轴电缆的网卡带有 AUI 接口，连接细缆的网卡带有 BNC 接口，连接光纤的网卡则带有光纤接口。

另外，按照网卡的使用对象分类，还可分为工作站网卡、服务器网卡和笔记本网卡等。

2.2.3　网络连接设备

1. 集线器（Hub）

集线器是单一总线共享式设备，提供很多网络接口，负责将网络中多个计算机连在一起。所谓共享是指集线器所有端口共用一条数据总线，同一时刻只能有一个用户传输数据。

集线器的组成如图 2-12 所示。

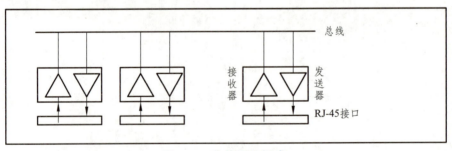

图 2-12　集线器的组成

集线器是网络连接中最常用的设备，其多个端口可为多路信号提供放大、整形和转发功能。在某一时刻一个站点将数据帧发送到集线器的某个端口，它会将该数据帧从其他所有端口转发（广播）出去，如图 2-13 所示。

由于集线器只能进行原始比特流的传送，而不能根据地址信息对数据流量进行任何隔离和过滤，所以由集线器互联的网络仍然属于一个大的共享介质环境，即所有由集线器互联的主机处于同一个冲突域中，为了避免冲突共享式网络会采用 CSMA/CD 机制，但是随着网络的扩展，随机等待时间也会变长，使网络变慢。

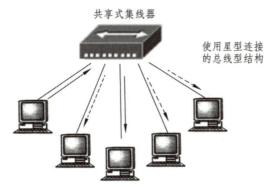

图 2-13　使用共享式集线器的数据传输

其次，当网络的物理距离增大时，也会影响局域网冲突检测的有效性。一个远端节点发送的信号由于在过长的传输介质上传输，会产生相对较长的传输时延，可能导致冲突无法检测。

出于上述两个原因，将中继器或集线器用于局域网中进行网络扩展时，对其数量就有了一定的限制。这种限制被称为集线器的 5-4-3 原则，其中 5 表示至多 5 个网段，4 表示至多 4 个集线器，3 表示 5 个网段中只有 3 个为主机段。

2. 交换机（Switch）

交换机工作在 OSI 模型的第二层（数据链路层），能够根据设备的 MAC 地址进行智能转发，有效减少网络拥堵提高网络性能。与集线器相比交换机相当于拥有多条总线，使各接口下连接设备能独立地进行数据传递而不受其他设备影响，独享带宽。此外，交换机还具备集线器所欠缺的功能，如数据过滤、网络分段、广播控制等。

在交换机内部保存了一张关于"接口编号—MAC 地址"的映射关系表，即 MAC 地址表。当交换机收到一个帧时，会提取帧头部的目的 MAC 地址，然后后查表找出该目的 MAC 地址对应的输出接口编号，最后在输入口和输出口之间建立一条连接，并将帧从输入口向输出口转发出去，数据传送完毕后撤销连接。若交换机同时收到多个数据帧，则会建立多条连接，在这些连接上同时转发各自的帧，从而实现数据的并发传输。因此，交换机是并行工作的，它可以同时支持多个信源和信宿端口之间的通信，从而大幅提高了数据转发的效率。

另外，当帧的目的地址不在 MAC 地址表中时，交换机会同时向其他每一个端口转发此帧，这一过程被称为洪泛（flooding），后续知识点将着重介绍。

交换机的种类很多，如以太网交换机、FDDI 交换机、帧中继交换机、ATM 交换机和令牌环交换机等。以太网交换机如图 2-14 所示。

（a）TP-LINK 家用交换机　　　　　（b）华为 S5710 企业交换机

图 2-14　以太网交换机

2.2.4 以太网交换机

在交换式以太网出现以前，局域网都是通过集线器组建的共享式网络，由于受到 CSMA/CD 机制的制约，导致在网络规模扩大的同时，网络性能会急剧下降，为了提高网络性能和通信效率，采用以太网交换机为核心的交换式网络应运而生。特别是到了 20 世纪 90 年代，快速以太网的交换技术和产品更是发展迅速。到了千兆和万兆以太网阶段，已经取消了对共享式以太网的支持，而转向只支持交换式以太网。交换式以太网的显著特点是采用交换机作为组网设备。

由于交换机的每个接口都属于不同的冲突域，因此与交换机接口直接相连的设备都属于不同的冲突域，不与其他设备共享该接口的带宽，也就是说这些设备独享带宽。使用交换机来连接终端设备彻底消除了冲突和争用的问题。

2.2.4.1 交换机的基本结构与组成

以太网交换机由连接器、接口缓存、交换机构和地址表组成，如图 2-15 所示。连接器分为电口和光口，RJ-45 是电口连接器用于连接网线，LC 是光口连接器用于连接光纤；接口缓存包括发送缓存、接收缓存，用于存放 MAC 帧；交换机构用于交换以太网的 MAC 帧；地址表存放有交换机的接口编号和连接在该接口的数据终端的 MAC 地址，是交换机转发的依据。

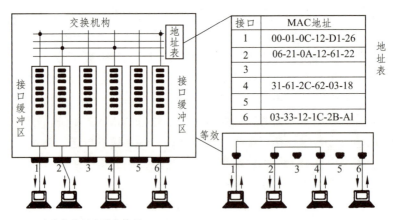

图 2-15　以太网交换机的组成结构图

1）交换机构

以太网交换机的交换机构是一个高性能的数字交叉网络（交换矩阵），如图 2-16 所示。每条输入和输出线路都有一个交叉点，在 CPU 或交换矩阵控制器的控制下，将交叉点的开关连接，就能在交换机的各个输入和输出端口之间，同时建立多条并行的全双工传输通道。

2）接口缓存

各个接口有一个组接收缓存和一组发送缓存，用于缓存数据帧。利用接口的缓存可以实现队列服务，提高通信服务质量（QoS）。例如，为每个端口设计 3 个发送队列，将这 3 个队列分成低、中、高 3 个优先级，根据数据帧的优先级字段，把数据帧放到相应的优先级队列中传输。有 QoS 的以太网可以用于传输语音、直播视频等实时性要求高的业务。

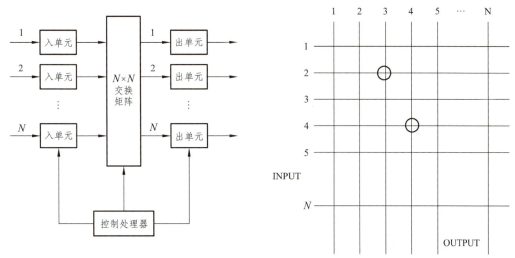

图 2-16　交换矩阵

3）地址表

地址表是"接口编号—MAC 地址"的映射关系表，它是交换 MAC 帧的依据。通常 MAC 地址表由交换机通过源地址学习自动生成。地址表包含接口编号、接口连接的数据终端的 MAC 地址，如果交换机划分了 VLAN，接口还会对应 VLAN ID。

2.2.4.2　以太网交换机的功能

以太网交换机有两项基本功能：地址学习和转发/过滤数据帧。

1. 地址学习

以太网交换机利用"接口编号—MAC 地址"的映射关系表进行信息的交换，因此 MAC 地址表的建立和维护显得相当重要。一旦 MAC 地址表出现问题，就可能造成信息转发错误。那么，交换机中的 MAC 地址表是怎样建立和维护的呢？

通常，以太网交换机利用"地址学习"的方法来动态建立和维护 MAC 地址表。以太网交换机的地址学习是通过读取帧的源地址，并记录该帧进入交换机的接口编号实现的。当得到 MAC 地址与接口编号的对应关系后，交换机将检查 MAC 地址表中是否已经存在该对应关系。如果不存在，交换机就将该对应关系加表；如果已经存在，交换机将更新该表项。因此，在以太网交换机中，地址是动态学习的。只要这个节点发送信息，交换机就能捕获到它的 MAC 地址与其所在接口的对应关系。

在每次添加或更新表项时，添加或更改的表项将被赋予一个计时器。这使得该接口的接口编号与 MAC 地址的对应关系能够存储一段时间。如果在计时器溢出之前没有再次捕获到该接口的接口编号与 MAC 地址的对应关系，该表项将被交换机删除。通过移走过时的或陈旧的表项，交换机维护了一个精确且有用的地址映射表。

2. 转发/过滤数据帧

交换机建立 MAC 地址表之后，它就可以对数据帧进行转发/过滤了。以太网交换机在地址学习的同时还检查每个帧，并基于帧中的目的地址做出是否转发或转发到何处的决定。

图 2-17 显示了由交换机和集线器组建的局域网络。通过一段时间的地址学习，交换机形成了 MAC 地址表。

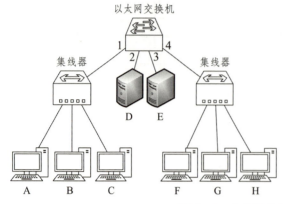

图 2-17　交换机的转发/过滤

MAC 地址表		
接口	MAC 地址	计时
1	00-30-80-7C-F1-21（A）	…
1	52-54-4C-19-3D-03（B）	…
1	00-50-BA-27-5D-A1（C）	…
2	00-D0-09-F0-33-71（D）	…
4	00-00-B4-BF-1B-77（F）	…
4	00-E0-4C-49-21-25（H）	…

假设站点 A 需要向站点 F 发送数据，因为站点 A 通过集线器连接到交换机的接口 1，所以交换机从接口 1 读入数据，并通过 MAC 地址表决定将该数据转发到哪个接口。在图 2-17 所示的 MAC 地址表中，站点 F 与接口 4 对应。于是交换机将信息转发到接口 4，而不再向接口 1、2、3 转发。

假设站点 A 需要向站点 C 发送数据，交换机同样在接口 1 接收该数据。通过查询 MAC 地址表，交换机发现站点 C 与接口 1 对应，与发送的源站点处于同一接口。遇到这种情况，交换机不再转发，而是简单地将数据过滤（即丢弃），数据信息被限制在本地流动。

以太网交换机隔离了本地信息，从而避免了网络上不必要的数据流动。这是交换机通信过滤的主要优点，也是它与集线器截然不同的地方。但是，如果站点 A 需要向站点 G 发送信息，交换机在接口 1 读取信息后查询 MAC 地址表，结果发现站点 G 在表中并不存在。这种情况下，为了保证信息能够到达正确的目的地，交换机将向除接口 1 以外的所有接口群发（广播）信息。当然，一旦站点 G 发送信息，交换机就会捕获到它与接口的连接关系，并将得到的结果加表。

如果某站点向该网络发送一个广播帧，交换机将把它从除入站接口之外的所有接口转发出去，所有的站点都会接收到该广播帧，这就意味着交换机组建的网络都在同一个广播域内。

微课：交换机转发原理

2.2.4.3　交换机数据交换方式

以太网交换机的数据交换方式可以分为直接交换、存储转发交换和改进的直接交换（碎片隔离）3 种。

1. 直接交换

在直接交换方式中，交换机边接收边检测。一旦检测到目的地址字段，就立即将该数据转发出去，而不管这一数据是否出错，出错检测任务由节点主机完成。这种交换方式的优点是交换时延低，缺点是缺乏差错检测能力，对小数据包的处理效率低。

2. 存储转发交换

在存储转发方式中，交换机首先要完整地接收站点发送的数据，并对数据进行差错检测。如接收数据是正确的，再根据目的地址确定输出接口，最后将数据转发出去。这种交换方式的优点是具有差错检测能力，缺点是交换时延相对较高。

3. 改进的直接交换（碎片隔离）

改进的直接交换方式将直接交换与存储转发交换结合起来，它通过过滤掉无效的碎片帧来降低直接交换错误帧的概率。在以太网的运行过程中，一旦发生冲突，就要停止帧的继续发送并加入帧冲突的加强信号，形成冲突帧或碎片帧。碎片帧的长度必然小于 64B，在改进的直接交换模式中，只转发那些帧长度大于 64B 的帧，任何长度小于 64B 的帧都会被立即丢弃。显然，无碎片交换的时延要比直接交换方式要大，但它的传输可靠性得到了提高。

2.2.4.4　以太网交换机接口的协商功能

以太网上的设备存在多种不同的通信方式，在速度上有 100 Mb/s、1000 Mb/s、10 Gb/s 等；工作方式有全双工和半双工；有流量控制和无流量控制之分。通信时双方的通信方式应当保持一致才能完成通信，而自动协商技术就能使双方的通信方式达成一致。

在计算机的网卡、以太网交换机的接口中有一个 16 位的配置寄存器，该寄存器内部保存了该网卡、交换机能够支持的工作模式，比如该网卡的速率、双工方式、流控方式等。在网卡、交换机加电后，且设备支持自动协商，就会把自己配置寄存器内的信息编码后以脉冲的形式发送给对方。

对方接收到自动协商数据后，会匹配自己支持的通信模式。比如自己支持全双工模式、100 Mb/s 的速率，对端若也支持该配置，则选择的运行模式就是 100 Mb/s、全双工；如果对端支持半双工模式、10 Mb/s 的速率，则运行模式就定为半双工、10 Mb/s。一旦协商通过，交换机、网卡就可以传输数据了。

2.2.4.5　交换机的分类

交换机的分类方法有很多种，首先，按照服务范围，可以分为广域网交换机和局域网交换机；其次，按照采用的网络技术不同，可以分为以太网交换机、ATM 交换机、FR 交换机等。在本章中，我们讨论的交换机特指在局域网中所使用的以太网交换机，这些交换机也是我们在日后的工作中接触得最多的一类交换机。

1. 按照 OSI 七层模型来划分

按照网络 OSI 七层模型来划分，可以将交换机划分为二层交换机、三层交换机、四层交换机直到七层交换机。

1）二层交换机

二层交换机是按照 MAC 地址进行数据帧的过滤和转发，这种交换机是目前最常见的交换机。不论是在教材中还是在市场中，如果没有特别指明的话，提到交换机一般都是指二层交换机。二层交换机的应用范围非常广，在任何一个企业网络或者校园网络中，二层交换机的数量应该是最多的，二层交换机以其稳定的工作能力和优惠的价格在网络行业中具有重要的地位。

2）三层交换机

三层交换机采用"一次路由，多次交换"的原理，基于 IP 地址转发数据包。部分三层交换机也具有四层交换机的一些功能，比如依据端口号进行转发等。

3）多层交换机

四层交换机以及四层以上的交换机都可以称为内容型交换机（四层交换机），原理与三层交换机很类似，一般使用在大型数据中心。

2. 按照网络设计的三层模型来划分

按照网络设计的三层模型来划分，可以将交换机划分为核心层交换机、汇聚层交换机和接入层交换机。

1）核心层交换机

核心层交换机位于网络架构的顶层，负责处理大量的数据流量，提供高速、高可靠性的数据传输。核心层交换机通常具有高端的性能和极高的可靠性，用于连接不同的汇聚层交换机或其他核心层交换机。在核心层，主要关注的是速度和稳定性，而不是复杂的功能和安全策略。因此，核心层交换机通常使用高速的直接交换方式（Cut-Through Switching）进行数据包转发。

2）汇聚层交换机

汇聚层交换机位于网络架构的中间层，负责将接入层交换机的数据流量汇聚到核心层。汇聚层交换机的主要任务是实现不同接入层交换机之间的通信，以及与核心层交换机的连接。在汇聚层，交换机需要具备一定的性能和安全功能，如 VLAN、访问控制列表（ACL）等。汇聚层交换机可以根据实际需求选择合适的交换方式，如存储转发模式或直接交换方式。

3）接入层交换机

接入层交换机位于网络架构的底层，负责连接终端设备，如计算机、打印机和 IP 电话等。接入层交换机的主要任务是为终端设备提供网络接入服务，并将数据流量传输到汇聚层交换机。在接入层，交换机需要具备一定的安全和管理功能，如端口安全、MAC 地址绑定、QoS（Quality of Service）等。接入层交换机通常使用存储转发模式进行数据包转发，以确保数据传输的准确性和完整性。

3. 按照外观进行分类

按照外观和架构的特点，可以将局域网交换机划分为机箱式交换机、机架式交换机、桌面式交换机。

1）机箱式交换机

机箱式交换机外观比较庞大，这种交换机所有的部件都是可插拔的部件（模块），其灵活性非常好。在实际的组网中，可以根据网络的要求选择不同的模块。机箱式交换机基本都是三层交换机或者多层交换机，在网络设计中，由于机箱式交换机性能和稳定性都比较卓越，因此价格比较昂贵，一般用在核心层或汇聚层，如图 2-18 所示。

图 2-18　机箱式交换机

2）机架式交换机

机架式交换机顾名思义就是可以放置在标准机柜中的交换机，有的机架式交换机不仅提供 24 个或者 48 个固定的以太网电口，另外还提供扩展插槽，可以插入上联模块，用于上联光纤接口，这种类型我们称之为带扩展插槽机架式交换机。另外一种不带扩展插槽的，则称之为无扩展插槽机架式交换机。

机架式交换机可以是二层交换机也可以是三层交换机，一般会作为汇聚层交换机或者接入层交换机使用，不会作为核心层交换机使用，如图 2-19 所示。

图 2-19　机架式交换机

3）桌面型交换机

桌面型交换机不具备标准的尺寸，一般体形较小，因可以放置在光滑、平整的桌面上而得名。桌面型交换机一般具有功率较小、性能较低、噪声低的特点，适用于小型办公网络或家庭网络。桌面交换机一般都是二层交换机，作为接入层交换机使用，如图 2-20 所示。

图 2-20　桌面型交换机

4. 按照传输速率不同来划分

按照交换机支持的最大传输速率的不同来划分，可以将交换机划分成 100 M 交换机、1000 M 交换机以及 10 G 交换机。一般传输速率较高的交换机都会兼容低速率交换机。

从网络架构上来讲，速率越高的交换机，其应用层次也就越高。例如万兆交换机应当部署在核心层。

5. 按照是否支持网络管理来划分

按照交换机的可管理性，又可把交换机分为可网管交换机（智能交换机）和不可网管交换机（傻瓜交换机），它们的区别在于能否对其进行配置以实现某些功能。可网管交换机便于实现网络监控和流量分析，但成本也相对较高。中大型网络在汇聚层应该选择可网管交换机，在接入层则视网络需求而定，核心层交换机必须都是可网管交换机。

课后思考题

1. 网卡的功能是什么？有哪些分类方式？
2. 简述以太网交换机的基本结构与组成。
3. 试说明以太网交换机的基本功能。
4. 试比较局域网交换机的 3 种数据交换方式。
5. 简述集线器和交换机的区别。
6. 当人们采用 100 Mb/s 集线器组建局域网时，尽管理论上其速度可达 100 Mb/s，但实际上的速度一般只有 20 ~ 30 Mb/s，而在数据传输量大时还会变得更慢，试分析这是什么原因造成的。
7. 简述以太网交换机的分类。
8. 在某个单位的办公室要组建一个小局域网，其中有 6 台计算机（已安装了 Windows2000 操作系统）、一台打印机，要求：
   （1）为了充分利用现有的软硬件资源，说明应使用什么标准的以太网来组建？
   （2）如果采用 100BASE-TX 标准，请列出需要购买的网络设备及配件，并画出该网络的物理拓扑结构图。

任务 2.3   实训：局域网传输介质的制作与测试

任务简介

传输介质泛指计算机网络中用于连接各个计算机和通信设备的物理介质。计算机网络中可使用多种不同的传输介质来组成物理信道。在选择传输介质时，主要要考虑容量、抗干扰性、传输距离、安装难易程度和价格等因素。本任务主要介绍了有线传输介质双绞线的结构和特性，同时介绍了网络跳线的制作与测试。学完本任务，读者能够掌握网线的制作和测试方法。

任务目标

制作电气性能合格的网络跳线。

2.3.1　双绞线结构和特性

1. 双绞线概述

双绞线（Twisted Pair，TP）是目前使用最广泛、价格最低廉的一种有线传输介质。双绞线在内部由若干对两两绞合在一起的绝缘铜导线组成，导线的典型直径为 1 mm

左右（通常为 0.4 ~ 1.4 mm）。之所以采用这种绞线技术，是为了抵消相邻线对之间所产生的电磁干扰并减少线缆端接点处的近端串扰。

双绞线既可以传输模拟信号，也可以传输数字信号。用双绞线传输数字信号时，它的数据传输速率与电缆的长度有关。距离短时，数据传输速率可以高一些。典型的数据传输率为 100 Mb/s 和 1000 Mb/s。

双绞线按照是否有屏蔽层又可以分为屏蔽双绞线（Shielded Twisted Pair，STP）和非屏蔽双绞线（Unshielded Twisted Pair，UTP），如图 2-21 所示。与 UTP 相比，STP 由于采用了良好的屏蔽层，因此抗干扰性更好。

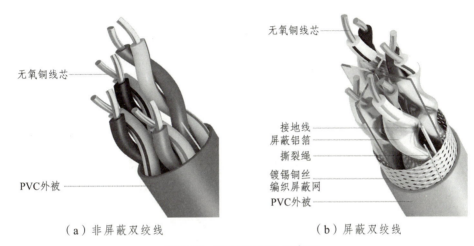

无氧铜线芯

无氧铜线芯

PVC外被

接地线
屏蔽铝箔
撕裂绳
镀锡铜丝
编织屏蔽网
PVC外被

（a）非屏蔽双绞线　　　　（b）屏蔽双绞线

图 2-21　UTP 和 STP 示意图

关于双绞线的工业标准主要来自 EIA（电子工业协会）的 TIA（远程通信工业分会），即通常所说的 EIA/TIA。到目前为止，EIA/TIA 已颁布了 8 类（Category，简写为 Cat）双绞线缆的标准。其中：

（1）Category 1（Cat 1）：Cat 1 双绞线主要用于低速语音通信。它的最大传输速率为 20 Kb/s。

（2）Category 2（Cat 2）：Cat 2 双绞线应用于早期的令牌环网。它的最大传输速率为 4 Mb/s。

（3）Category 3（Cat 3）：Cat 3 双绞线主要用于 10BASE-T 以太网和电话线。它的最大传输速率为 10 Mb/s。

（4）Category 4（Cat 4）：Cat 3 双绞线主要用于 10BASE-T 以太网和电话线。它的最大传输速率为 16 Mb/s。

（5）Category 5（Cat 5）：Cat 5 双绞线用于 100BASE-TX 以太网。在短距离通信下传输速率可达 1000 Mb/s。如今 Cat 5 已经被 Cat 5e 所取代。

（6）Category 5e（Cat 5e）：Cat 5e 双绞线是 Cat 5 的增强版本，用于 1000BASE-T 以太网。它的最大传输速率为 1000 Mb/s，比 Cat 5 具有更好的抗串扰性能。

（7）Category 6（Cat 6）：Cat 6 双绞线用于 1000BASE-T 以太网和 10GBASE-T 以太网。它支持 250 MHz 宽频传输信号，具有更高的信号传输质量和抗干扰性能，目前在现网中广泛使用。

（8）Category 6a（Cat 6a）：Cat 6a 双绞线是 Cat 6 的增强版本，专为 10GBASE-T 以太网设计。它支持 500 MHz 宽频传输信号，具有更好的抗串扰性能和更远的传输距离。

（9）Category 7（Cat 7）：Cat 7 双绞线用于 10GBASE-T（10 Gb/s）以太网。它支持 600 MHz 宽频传输信号，采用屏蔽双绞线（STP）设计，具有更高的抗干扰性能。

（10）Category 8（Cat 8）：Cat 8 双绞线用于 25GBASE-T 和 40GBASE-T 以太网。它支持 2000 MHz 宽频传输信号，采用屏蔽双绞线（STP）设计，具有极高的信号传输质量和抗干扰性能。

目前在建局域网时应用最多的双绞线就是超五类线和六类线，超六类线在一些大型数据中心可见到。五类线和六类线的单段网线长度都不得超过 100 m，这在实际组网中要特别注意，否则很可能因距离过长，信号衰减太大而导致断网。

使用双绞线作为传输介质的优越性在于其技术和标准非常成熟，价格低廉，安装也相对简单。缺点是双绞线对电磁干扰比较敏感，并且容易被窃听。双绞线目前主要在室内环境中使用。

2. RJ-45 接头

RJ-45 接头俗称水晶头，双绞线的两端必须都安装 RJ-45 接头，以便插在以太网卡、集线器（Hub）或交换机（Switch）的 RJ-45 接口上。

水晶头也分为几种档次，在选购时不能只贪图低价，否则质量得不到保证。质量差的水晶头主要表现为接触探针是镀铜的，容易生锈，会造成接触不良、网络不通。另外水晶头的主体材质用料差，容易引起塑扣位形变，导致闩扣不紧，也会造成接触不良、网络中断。

水晶头虽小，但在网络中却很重要，在众多网络故障中就有相当一部分就是因为水晶头质量不好而造成的。

3. 双绞线的线序标准

为了施工方便，UTP 的 4 对 8 芯导线采用了不同颜色的塑料绝缘层，以便于区分和正确连接。其中橙和橙白形成一对，绿和绿白形成一对，蓝和蓝白、棕和棕白也分别形成一对。双绞线（网线）的制作方法非常简单，就是把双绞线的 4 对 8 芯导线按一定规则插入水晶头中。在综合布线系统中，线缆的插入顺序采用 EIA/TIA568 标准，EIA/TIA568 标准提供了两种顺序：568A 和 568B，如图 2-22 所示。

根据制作网线两端的线序不同，以太网使用的网线分直通线和交叉线。直通线即电缆两端的线序标准是一样的，两端都是 T568B 或都是 T568A 的标准。而交叉线两端的线序标准不一样，一端为 T568A，另一端为 T568B 标准。

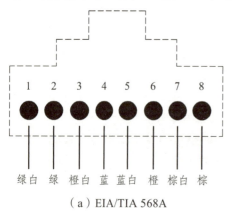

（a）EIA/TIA 568A

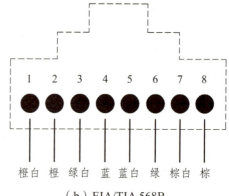

（b）EIA/TIA 568B

图 2-22　线序标准

4.双绞线的适用场合

在早期的网络环境中，使用网线连接设备时必须根据设备类型确定两端的线序标准，才能接通设备

通常在下列情况下，如图 2-23 所示，双绞线的两端线序必须一致才可连通，也就是使用直通线连接。

（1）主机与交换机的接口连接。

（2）交换机与路由器的三层口相连。

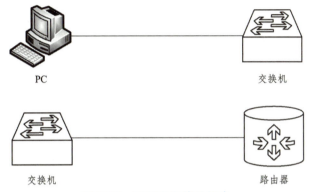

PC　　　　　　　　　　　　　　　　　交换机

交换机　　　　　　　　　　　　　　　　路由器

图 2-23　采用直通线的场合

而在如图 2-24 所示的情况下，则必须使用交叉线缆才可连通。

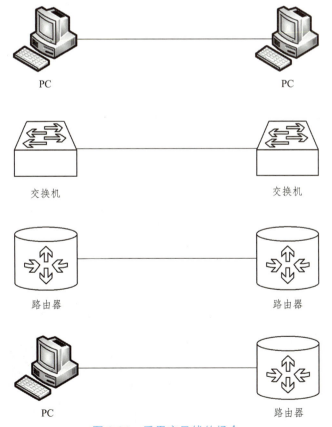

PC　　　　　　　　　　　　　　　　　PC

交换机　　　　　　　　　　　　　　　交换机

路由器　　　　　　　　　　　　　　　路由器

PC　　　　　　　　　　　　　　　　　路由器

图 2-24　采用交叉线的场合

（1）主机与主机的网卡接口连接。

（2）交换机与交换机的接口相连。

（3）路由器的三层口互连。

（4）主机与路由器的三层口相连。

目前，现网中的数据通信设备均具有自动识别线缆类型的功能，即自动翻转功能（Auto-MDIX），这使得它们能够自动检测并适应直通线和交叉线。在具有 Auto-MDIX 功能的设备之间，你既可以使用直通线连接也可以使用叉线连接，设备会自动进行相应的调整。

2.3.2 任务书

某数据中心机房改造需要更换网络跳线，请网络管理员制作 10 根 1 m 长的直通跳线，替换机柜内旧跳线。

2.3.3 任务准备

1. 分组情况

填写表 2-3。

表 2-3　学生任务分配表

班级		姓名		组号		指导老师	
组长							
组员							
任务分工							

2. 工具选择

双绞线、水晶头、网线钳、测试仪，如图 2-25 所示。

（a）双绞线　　　（b）RJ45 水晶头　　　（c）网线钳　　　（d）网线测试仪

图 2-25　网线制作工具和材料

3. 线序规则

有两种线序规则，一种用于连接计算机与交换机，这类电缆为直通线。另一种用于计算机与计算机、交换机与交换机之间的连接，为交叉线，如图2-26所示。

A端线序	橙白	橙	绿白	蓝	蓝白	绿	棕白	棕
B端线序	橙白	橙	绿白	蓝	蓝白	绿	棕白	棕

（a）直通线线序

A端线序	橙白	橙	绿白	蓝	蓝白	绿	棕白	棕
B端线序	绿白	绿	橙白	蓝	蓝白	橙	棕白	棕

（b）交叉线线序

图 2-26　直通线和交叉线线序

4. 认识水晶头

水晶头如图2-27所示，其顶上有一个翘起的塑扣，当线缆插入设备或网卡端口中时，锁扣可以锁住接口，起到固定线缆连接的作用。当准备将线缆从设备或网卡端口中拔出时，用手轻压此塑扣，线缆与接口的连接才可松动，就能够轻松拔出线缆了。

（a）正面　　　　　　　　　　（b）背面

图 2-27　水晶头结构

在本课程中，我们将水晶头有塑扣的一面称为背面，没有塑扣的一面称为正面。制作双绞线的接头时，将线缆线序按标准线序排列好之后，应面向水晶头的正面将线缆慢慢送入水晶头中，并进一步观察确保线序正确。

2.3.4　实施步骤

（1）第一步：剥线。

使用网线钳的剥线刀将网线的外皮剥离 22 mm。

（2）第二步：排线。

随后将四对线组按照橙、绿、蓝、棕的顺序自然散开，再对每对线组依次解绞并按照 T568B 标准进行排序，排序完成后将所有线对平行收拢并顺势撸直。

（3）第三步：剪线。

使用网线钳的剪线刀剪平多余线对，余留长度为 10 mm。

（4）第四步，装线。

水晶头金属针脚朝上，从正面将剪好的网线推进水晶头底部，检查上下、侧面是否平整，底部不能有缝隙，保证 8 根线对应 8 个三叉压接金属芯片。

（5）第五步：压线。

最后放入网线钳的压接区域，用力压紧，保证 8 个三叉压接金属芯片都深深地扎入线体内部，同时水晶头的三菱卡扣下沉将网线外皮挤压并固定牢靠。

（6）第六步：测线。

将制作好的网线两头分别插入网线测试仪的 TX 和 RX 端，打开测试按钮开始测试，观察测试仪的引脚指示灯闪烁情况，两端按照一致的顺序闪动，表示直通线线序正确。

到此制作完毕。

微课：局域网传输介质的制作与测试

2.3.5 评价反馈

1. 评价考核评分

填写表 2-4。

表 2-4　评价评分考核表

项目名称	评价内容	分值	评价分数		
			自评	互评	师评
职业素养考核项目 40%	穿戴规范、整洁	10			
	积极参加教学活动	10			
	团队合作情况	10			
	现场管理 6S 标准	10			
专业能力考核项目 60%	线缆连通性	20			
	水晶头制作工艺	25			
	制作效率	15			
总分					
总评	自评（20%）＋互评（20%）＋师评（60%）＝		综合等级		

2. 总结反思

任务中遇到的问题：＿＿＿＿＿＿＿＿＿＿＿＿＿＿＿＿＿＿＿＿＿＿＿＿＿＿＿

＿＿＿＿＿＿＿＿＿＿＿＿＿＿＿＿＿＿＿＿＿＿＿＿＿＿＿＿＿＿＿＿＿＿＿＿

问题分析：＿＿＿＿＿＿＿＿＿＿＿＿＿＿＿＿＿＿＿＿＿＿＿＿＿＿＿＿＿＿＿

＿＿＿＿＿＿＿＿＿＿＿＿＿＿＿＿＿＿＿＿＿＿＿＿＿＿＿＿＿＿＿＿＿＿＿＿

解决方案：_____

_____

结果验证：_____

_____

课后思考题

1. 局域网使用哪些类型的传输介质？
2. 优化哪些环节能够提升网络跳线制作的效率？

任务 2.4   实训：虚拟局域网 VLAN 的基本配置

任务简介

虚拟局域网 VLAN 是一种隔离广播域的技术，该技术能通过交换机软件实现组建虚拟工作组或逻辑网段，其最大的特点是在组成逻辑网时无须考虑设备的物理位置。本任务介绍了 VLAN 技术的基本原理，配置方法及技巧。学完本任务，读者能够掌握华为交换机配置 VLAN 的基本方法。

任务目标

1. 使用华为交换机配置 VLAN 实现广播域隔离。
2. 使用 ping 命令测试网络连通性。

2.4.1   VLAN 的概述

随着以太网技术的普及，局域网的规模也越来越大，从小型的办公网络到大型的园区网络，使网络管理变得越来越复杂。在采用共享介质的以太网中，所有节点位于同一冲突域中，为了解决共享式以太网的冲突域问题，采用了交换机来隔离冲突，将冲突限制在交换机的接口下。但是，交换机虽然能解决冲突域问题，却不能克服广播问题，因为在默认情况下，交换机在收到广播帧后，会将广播帧从除了接收接口以外的所有接口转发发出去，因此与之相连的所有设备都会收到该帧，也就是我们常说的"属于同一个广播域"。

广播不仅会浪费带宽还会带来安全问题，因此在实际组网中我们会限制广播域的范围，提高网络的安全性。限制广播域的大小，最先想到就是使用三层设备路由器来实现，因为路由器的每个接口都属于不同的广播域，路由器工作原理在后续项目中会详细解释，但是由于路由器的价格昂贵，部署起来不灵活，用它来隔离广播域并不是很理想。

虚拟局域网 VLAN 技术才是最优解,它能直接在交换机层面将广播域隔离开来,不会额外增加建设成本,同时 VLAN 技术划分的广播域是不受设备地理位置限制的逻辑区域,因此它能够按照网络需求灵活地部署,提高了网络的兼容性。

2.4.1.1　虚拟局域网概念

虚拟局域网(Virtual LAN,VLAN)是一种逻辑广播域,可以跨越多个物理 LAN 网段。VLAN 是以局域网交换机为基础,通过交换机软件实现根据功能、部门、位置等要素将设备或用户组成虚拟工作组或逻辑网段的技术,其最大的特点是在组成逻辑网段时无须考虑用户或设备在网络中的物理位置。虚拟局域网可以在一个交换机内或者跨交换机实现部署。

VLAN 一般基于工作功能、部门或项目团队从逻辑上分割交换网络,同组内全部的工作站和服务器共享同一 VLAN,不同 VLAN 间的流量相互独立,互不影响。

图 2-28 给出了一个关于 VLAN 划分的示例。图中显示了一个由 4 台交换机组成的局域网拓扑。其中 9 个工作站分属 3 个不同的楼层,即:1 楼(A1,B1,C1)、二楼(A2,B2,C2)、三楼(A3,B3,C3)。在未划分 VLAN 时,这些工作站属于同一个广播域。

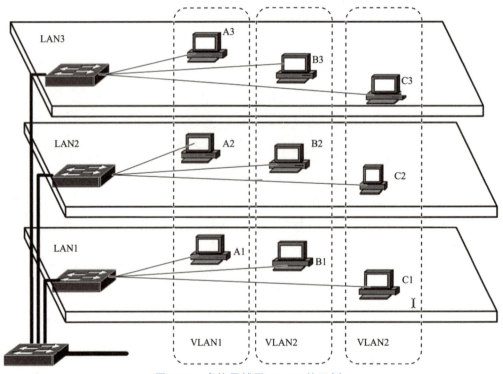

图 2-28　虚拟局域网 VLAN 的示例

如果使用 VLAN 技术为这 9 个用户划分 3 个独立的工作组,即:VLAN1(A1,A2,A3)、VLAN2(B1,B2,B3)、VLAN3(C1,C2,C3)。那么在虚拟局域网上的每一个站都可以听到同一虚拟局域网上的其他成员所发出的广播,不同虚拟局域网的站点互相隔离。如工作站 B1、B2、B3 同属于虚拟局域网 VLAN2。当 B1 向工作组内成员广播数据时，B2 和 B3 将会收到广播的信息（尽管它们没有连在同一交换机上），而 A1 和 C1 都不会收到 B1 发出的广播信息（尽管它们连在同一个交换机上）。

2.4.1.2　虚拟局域网 VLAN 的实现

从实现的方式上看，所有的 VLAN 均是通过交换机软件来实现的。按实现的机制或策略，VLAN 分为静态 VLAN 和动态 VLAN。

1. 静态 VLAN

在静态 VLAN 中，由网络管理员根据交换机接口进行静态的 VLAN 分配，当在交换机上为某一个接口分配一个 VLAN 时，这个 VLAN 将一直绑定在该接口上，直到网络管理员改变配置，所以静态 VLAN 又被称为基于接口的 VLAN，也就是根据以太网交换机的接口来划分广播域。换句话说，交换机某些接口连接的主机在一个广播域内，而另一些接口连接的主机在另一广播域，与连接的主机无关。图 2-29 和表 2-5 展示了一个静态 VLAN 的案例。

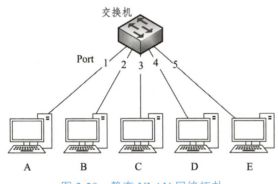

图 2-29　静态 VLAN 网络拓扑

表 2-5　VLAN 映射简化表

接口	VLAN ID
Port 1	VLAN 2
Port 2	VLAN 3
Port 3	VLAN 2
Port 4	VLAN 3
Port 5	VLAN 2

假定设置交换机的接口 1、3、5 属于 VLAN2，接口 2、4 属于 VLAN3，此时主机 A、主机 C、主机 E 在同一 VLAN，主机 B 和主机 D 在另一 VLAN。如果将主机 A 和主机 B 互换接口连接，VLAN 表不会发生改变，而主机 A 会变成与主机 D 在同一 VLAN。基于接口的 VLAN 配置简单，网络的可监控性强。但缺乏足够的灵活性，当用户在网络中的位置发生变化时，必须由网络管理员将交换机接口重新配置。所以静态 VLAN 比较适合用户或设备位置相对稳定的网络环境。

2. 动态 VLAN

动态 VLAN 是指以用户的 MAC 地址、IP 地址或数据包协议等终端信息为依据，将 VLAN 号码动态分配给所连接口的 VLAN 分配方式。当用户的主机连入交换机接口时，交换机通过检查 VLAN 管理数据库中相应的 MAC 地址、IP 地址或数据包协议的相关表项，动态地为交换机的接口分配 VLAN。

以基于 MAC 地址的动态 VLAN 为例，网络管理员可以通过指定具有哪些 MAC 地址的计算机属于哪一个 VLAN 来进行配置（例如：MAC 地址为 00-30-80-7C-Fl-21、

52-54-4C-19-3D-03 和 00-50-BA-27-5D-A1 的计算机属于 VLAN1），不管这些计算机具体连接到交换机的哪个接口。这样，如果计算机从一个位置移动到另一个位置，连接的接口从一个换到另一个，只要计算机的 MAC 地址不变，它仍将属于原 VLAN 的成员，无须网络管理员对交换机软件进行重新配置。这种 VLAN 划分方法，对于小型园区网的管理是很好的，但当园区网的规模扩大后，网络管理员的工作量也将变得很大。因为在新的节点加入网络中时，必须要为他们分配 VLAN 以正常工作，而统计每台机器的 MAC 地址将耗费管理员很多时间。因此，在现代园区网络的实施中，这种基于 MAC 地址的 VLAN 划分办法已经不再使用。

2.4.1.3 虚拟局域网的基本原理

1. IEEE 802.1Q 帧

IEEE 802.1Q 标准定义了 VLAN 的以太网帧格式，就是在传统的以太网帧格式中插入一个了 4 字节的标识符，称为 VLAN 标记（或 VLAN 标签），用来指明发送该帧的工作站属于哪一个 VLAN，如图 2-30 所示。

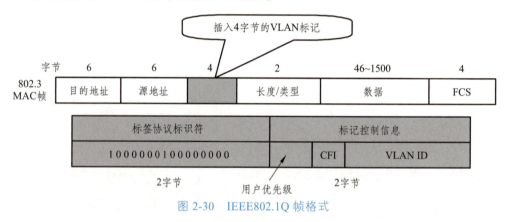

图 2-30　IEEE802.1Q 帧格式

VLAN 标记字段的长度是 4 个字节，插入在以太网 MAC 帧的源地址字段与长度/类型字段之间。VLAN 标记的前两个字节的数值被设置为 0x8100，该字段被称为标签协议标识符。当数据链路层检测到在 MAC 帧的源地址字段的后面的字段值是 0x8100 时，就知道该帧是 802.1Q。于是就检查 VLAN 标签后两个字节的内容。

在后面的两个字节中，前 3 bit 是用户优先级字段，紧接着的 1 bit 是规范格式指示符（Canonical Format Indicator，CFI），最后的 12 bit 是 VLAN 号码 VID，它唯一标识这个以太网帧是属于哪一个 VLAN。由于 VLAN 数据的首部增加了 4 个字节，所以以太网帧的最大长度从原来的 1518 字节变为了 1522 字节。

2. VLAN 数据帧的传输

目前任何主机都不支持带有标签的以太网数据帧，即主机只能发送和接收标准的以太网数据帧，将 VLAN 数据帧视为非法数据帧。所以当交换机将数据发送给主机时，必须检查该数据帧，删除标签后发送。而主机发送数据帧给交换机时，为了让交换机能够知道数据帧的 VLAN ID，交换机应该在收到该数据帧后打上 VLAN 标签再进行处理，其数据帧在传输过程中的变化如图 2-31 所示。

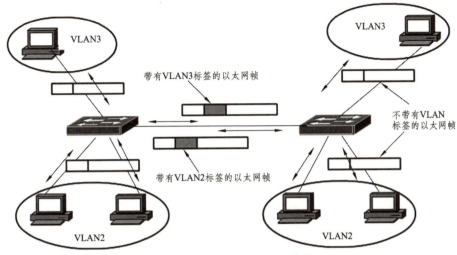

图 2-31　VLAN 数据帧的传输

当交换机接收到某数据帧时，交换机根据数据帧中的标签或者接收接口的默认 VLAN ID 来判断该数据帧应该转发到哪些接口，如果目标接口连接的是普通主机，则撕掉标签后再发送数据帧；如果目标接口连接的是交换机，则会带着标签发送数据帧。

根据交换机处理数据帧的不同，可以将交换机的接口分为三类：

（1）Access 接口：只能传送标准以太网帧的接口，一般是指那些连接不支持 VLAN 技术的终端的接口，这些接口接收到的数据帧都不包含 VLAN 标签，而向外发送数据帧时，也必须保证数据帧中不包含 VLAN 标签。

（2）Trunk 接口：既可以传送有 VLAN 标签的数据帧，也可以传送标准以太网帧的接口，一般是指那些连接支持 VLAN 技术的网络设备（如交换机）的接口，这些接口接收到的数据帧一般都包含 VLAN 标签，而向外发送数据帧时，由于需要保证接收端能够区分不同 VLAN 的数据帧，则会保持该 VLAN 标签不变发送。

（3）Hybrid 类型接口：华为交换机特有的接口类型，可以通过配置灵活控制对标签的处理方式，该接口可以允许多个 VLAN 通过，可以接收和发送多个 VLAN 帧，可以连接任何接口。

2.4.1.4　VLAN 的优点

采用 VLAN 技术后，可以在不增加设备投资的前提下，在多方面提高网络性能，简化网络管理，具体表现如下。

1. 提供了一种隔离广播域的方法

基于交换机组成的网络的优势在于可提供低时延、高吞吐量的传输性能，但网络中的广播包会被发送到所有互连的交换机及终端，从而引起网络中广播流量的增加，甚至产生广播风暴。通过将交换机划分到不同的 VLAN 中，一个 VLAN 的广播不会影响到其他 VLAN，从而大大地减少了广播流量，提高了用户的可用带宽，弥补了网络易受广播风暴影响的弱点。

2. 提高了网络的安全性

VLAN 的数目及每个 VLAN 中的用户和主机是由网络管理员决定的。网络管理员可以将需要相互通信的网络节点放在一个 VLAN 内，或将受限制的应用和资源放在一个安全 VLAN 内，并提供基于应用类型、协议类型、访问权限等不同策略的访问控制列表，实现网络的安全管理。

3. 简化了网络管理

VLAN 可以在单独的交换设备或跨多个交换设备实现，因此也会大大减少在网络中增加、删除或移动用户时的管理开销。增加用户时只要将其所连接的交换机接口指定到它所属于的 VLAN 中即可；而在删除用户时只要将其 VLAN 配置撤销或删除即可；而用户移动时，只要他们还能连接到交换机的接口，就无须重新布线。

总之，VLAN 是交换式网络的灵魂，它不仅从逻辑上对网络用户和资源进行有效、灵活、简便的管理，同时提供了极高的网络扩展和移动性，是一种基于以太网交换机的网络管理技术。

微课：虚拟局域网技术

2.4.2 任务书

某公司两间办公室均有财务部及销售部的 PC，两间办公室通过室内交换机互联实现通信，但为了数据安全起见，两个部门之间需要进行二层隔离，现要在交换机上做适当配置来实现这一需求，拓扑规划见图 2-32。

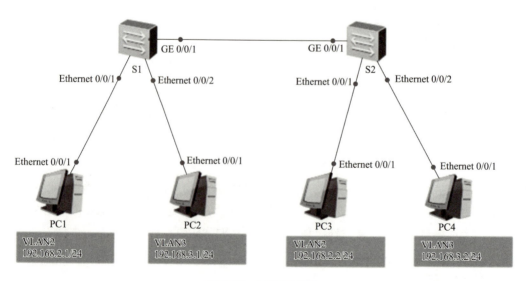

图 2-32　网络拓扑图

2.4.3　任务准备

1. 分组情况

填写表 2-6。

表 2-6　学生任务分配表

班级		姓名		组号		指导老师	
组长							
组员							
任务分工							

2. 工具选择

Console 线、笔记本电脑、shell 终端软件，如图 2-33 所示。

（a）Console 线　　　　（b）笔记本电脑　　　　（c）终端软件

图 2-33　设备配置工具

3. 交换机的配置方式

对交换机的配置与管理一般都是由计算机来执行，通过配置线把交换机的 Console 口和计算机的串口连接起来，并在计算机上安装 shell 终端，也就是将计算机的 shell 与设备的 shell 连通，这样就可以通过计算机来配置和管理交换机了。

一般来说，华为交换机可以通过 4 种方式来进行配置。

1）使用 PC 通过 Console 口对交换机进行配置和管理

交换机在进行第一次配置时必须通过 Console 口进行。计算机的串口和交换机的 console 口是通过反转线进行连接的，反转线的一端接到一个 DB9-RJ45 的转接头上，并用 RJ45 接到交换机的 console 口上，另一端 DB9 则接到计算机的串口上。计算机和交换机连接好后，就可以使用终端软件配置交换机了。

2）通过 Telnet（SSH）对交换机进行远程管理

如果管理员不在交换机面前，则可以通过 telnet 或 SSH 远程配置交换机，当然这需要预先在交换机上开启远程登录服务（Telnet 或 SSH），并保证管理员的计算机和交换机之间是 IP 可达的（简单讲就是能 ping 通）。然后就能通过协议的方式远程登录到交换机上对其进行操作管理了。

3）通过 Web 对交换机进行远程管理

需要设备开启 web 服务，然后通过计算机的浏览器进入设备的配置页面进行操作，一般家用网络设备均采用此方式进行管理。

4）通过支持 SNMP 的网管工作站对交换机进行管理

通过网管工作站进行配置，需要在网络中部署网管工作站，同时购买相应厂商的网管软件。

在以上 4 种管理交换机的方式中，后面 3 种方式都需要网络连通，都会占用网络带宽，称带内管理。交换机第一次使用时，必须采用第 1 种方式对交换机进行配置，这种方式不占用网络的带宽，称带外管理。

2.4.4　实施步骤

（1）在 S1 上创建 VLAN 2 和 VLAN 3，财务部对应 VLAN 2，销售部对应 VLAN 3。

`<Huawei>system-view`	#进入系统视图
`[Huawei]sysname S1`	#修改设备名称为 S1
`[S1]vlan batch 2 to 3`	#创建 vlan2 和 vlan3

（2）在 S1 上配置交换机与 PC 之间互联的接口为 Access 类型，并将各部门 PC 对应接口划分到相应的 VLAN 中；配置交换机间互联的接口为 Trunk 类型，并放行相应 VLAN。

`[S1]interface e 0/0/1`	#进入 e0/0/1 接口
`[S1-Ethernet0/0/1]port link-type access`	#配置接口类型为 Access
`[S1-Ethernet0/0/1]port default vlan 2`	#将该接口加入 vlan 2
`[S1-Ethernet0/0/1]interface e 0/0/2`	#进入 e0/0/2 接口
`[S1-Ethernet0/0/2]port link-type access`	#配置接口类型为 Access
`[S1-Ethernet0/0/2]port default vlan 3`	#将该接口加入 vlan 3
`[S1-Ethernet0/0/2]interface g 0/0/1`	#进入 g0/0/1 接口
`[S1-GigabitEthernet0/0/1]port link-type trunk`	#设置接口类型为 Trunk
`[S1-GigabitEthernet0/0/1]port trunk allow-pass vlan 2 3`	#放行 vlan2 和 vlan3
`[S1-GigabitEthernet0/0/1]quit`	#退出接口视图
`[S1]quit`	#退出系统视图
`<S1>save`	#保存设备配置

（3）在交换机 S2 上重复步骤（1）、步骤（2）的配置。

（4）验证配置，分别在交换机 S1、S2 上输入 display vlan，验证 vlan 的创建情况，如图 2-34 所示。

`[S1]display vlan`	#显示 vlan 信息

```
[S1]display vlan
The total number of vlans is : 3
--------------------------------------------------------------------------------
U: Up;          D: Down;        TG: Tagged;        UT: Untagged;
MP: Vlan-mapping;               ST: Vlan-stacking;
#: ProtocolTransparent-vlan;    *: Management-vlan;
--------------------------------------------------------------------------------

VID  Type    Ports
--------------------------------------------------------------------------------
1    common  UT:Eth0/0/3(D)     Eth0/0/4(D)      Eth0/0/5(D)      Eth0/0/6(D)
             Eth0/0/7(D)        Eth0/0/8(D)      Eth0/0/9(D)      Eth0/0/10(D)
             Eth0/0/11(D)       Eth0/0/12(D)     Eth0/0/13(D)     Eth0/0/14(D)
             Eth0/0/15(D)       Eth0/0/16(D)     Eth0/0/17(D)     Eth0/0/18(D)
             Eth0/0/19(D)       Eth0/0/20(D)     Eth0/0/21(D)     Eth0/0/22(D)
             GE0/0/1(U)         GE0/0/2(D)

2    common  UT:Eth0/0/1(U)

             TG:GE0/0/1(U)

3    common  UT:Eth0/0/2(U)

             TG:GE0/0/1(U)


VID  Status  Property     MAC-LRN Statistics Description
--------------------------------------------------------------------------------
1    enable  default      enable  disable    VLAN 0001
2    enable  default      enable  disable    VLAN 0002
3    enable  default      enable  disable    VLAN 0003
```

图 2-34　交换机 S1 的 vlan 信息

（5）在终端使用 ping 命令验证三层连通性，如图 2-35、图 2-36 所示。

图 2-35　PC1 分别 PC2 及 PC3 的回显结果

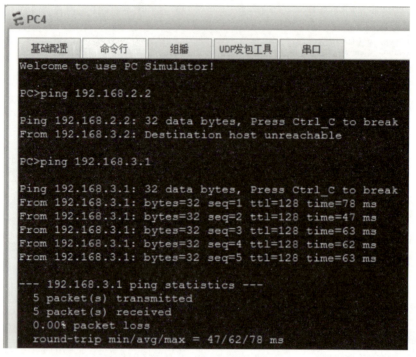

图 2-36　PC4 分别 PC3 及 PC2 的回显结果

微课：VLAN 基本配置

2.4.5　评价反馈

1. 评价考核评分

填写表 2-7。

表 2-7　评价评分考核表

项目名称	评价内容	分值	评价分数		
			自评	互评	师评
职业素养考核项目40%	穿戴规范、整洁	10			
	积极参加教学活动	10			
	团队合作情况	10			
	现场管理 6S 标准	10			
专业能力考核项目60%	终端的连通性	20			
	交换机的接口 VLAN 情况	25			
	配置效率	15			
总分					
总评	自评（20%）＋互评（20%）＋师评（60%）＝	综合等级			

2. 总结反思

任务中遇到的问题：_____

_____

问题分析：_____

_____

解决方案：_____

_____

结果验证：_____

_____

课后思考题

1. VLAN 配置中常用的三种接口类型是什么？
2. 什么指令能够查看 VLAN 的接口属性？

任务 2.5 实训：华为 Hybrid 接口配置

任务简介

Hybrid 接口是华为设备特有的接口模式，它可以通过配置灵活地给数据帧打上 VLAN 标签或撕掉 VLAN 标签。本任务介绍了 Hybrid 接口的应用场景及配置方法，学完本任务，读者能够理解 VLAN 接口对标签的处理方式，掌握 Hybrid 接口的配置方法。

使用 Hybrid 接口能够在不使用三层技术的前提下灵活实现流量隔离和流量互通。

任务目标

（1）配置华为 Hybrid 接口，实现特殊场景的流量隔离。

（2）简述各接口类型对 VLAN 标签的处理方式。

2.5.1 Hybrid 接口介绍

Hybrid 接口是华为交换机专属链路类型的接口，它对数据帧处理的方式更为灵活，可以根据配置来决定对标签的灵活处理，既能够实现 Access 接口的功能，也能够实现 Trunk 接口的功能，还可以不依靠三层设备实现跨 VLAN 通信和访问控制，大大提高了网络效率。

Hybrid 接口对于数据帧的处理方式如表 2-8 所示。

表 2-8 华为交换机接口模式介绍

接口类型	对接收不带 Tag 的报文处理	对接收带 Tag 的报文处理	发送帧处理过程
Access 接口	接收该报文，并打上缺省的 VLAN ID。	• 当 VLAN ID 与缺省 VLAN ID 相同时，接收该报文 • 当 VLAN ID 与缺省 VLAN ID 不同时，丢弃该报文	先剥离帧的 PVID Tag，然后再发送
Trunk 接口	• 打上缺省的 VLAN ID，当缺省 VLAN ID 在允许通过的 VLAN ID 列表里时，接收该报文 • 打上缺省的 VLAN ID，当缺省 VLAN ID 不在允许通过的 VLAN ID 列表里时，丢弃该报文	• 当 VLAN ID 在接口允许通过的 VLAN ID 列表里时，接收该报文 • 当 VLAN ID 不在接口允许通过的 VLAN ID 列表里时，丢弃该报文	• 当 VLAN ID 与缺省 VLAN ID 相同，且是该接口允许通过的 VLAN ID 时，去掉 Tag，发送该报文 • 当 VLAN ID 与缺省 VLAN ID 不同，且是该接口允许通过的 VLAN ID 时，保持原有 Tag，发送该报文
Hybrid 接口	• 打上缺省的 VLAN ID，当缺省 VLAN ID 在允许通过的 VLAN ID 列表里时，接收该报文 • 打上缺省的 VLAN ID 不在允许通过的 VLAN ID 列表里时，丢弃该报文	• 当 VLAN ID 在接口允许通过的 VLAN ID 列表里时，接收该报文 • 当 VLAN ID 不在接口允许通过的 VLAN ID 列表里时，丢弃该报文	当 VLAN ID 是该接口允许通过的 VLAN ID 时，发送该报文，可以通过命令设置发送时是否携带 Tag
QinQ 接口	QinQ 接口是使用 QinQ 协议的接口，QinQ 接口可以给帧加上双重 Tag，即在原来 Tag 的基础上，给帧加上一个新的 Tag，从而可以支持多达 4094×4094 个 VLAN，满足网络对 VLAN 数量的需求		

2.5.2 任务书

某公司有财务部门 PC、销售部门 PC 以及服务器各 1 台，为解决广播及安全问题，公司决定使用 VLAN 技术将 3 台设备进行二层隔离，要求财务部 PC 和销售部 PC 不能互相访问，但均能访问服务器。由于公司现有设备限制，需要网络管理员仅使用二层技术实现该需求。拓扑规划如图 2-37 所示。

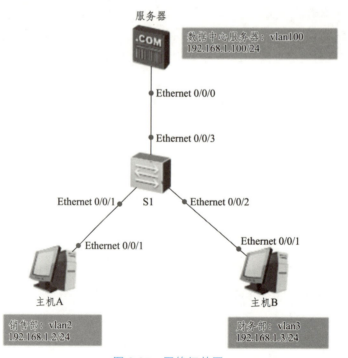

图 2-37 网络拓扑图

2.5.3 任务准备

1. 分组情况

填写表 2-9。

表 2-9 学生任务分配表

班级		姓 名		组 号		指导老师	
组长							
组员							
任务分工							

2. 工具选择

Console 线、笔记本电脑、shell 终端软件，如图 2-38 所示。

（a）Console 线　　　　（b）笔记本电脑　　　　（c）终端软件

图 2-38　设备配置工具

2.5.4 实施步骤

（1）在 S1 上创建 vlan 2、vlan 3、vlan 100，销售部 PC 划分为 vlan 2，财务部 PC 为 vlan 3，服务器为 vlan 100。

```
<Huawei>system-view                         #进入系统视图
[Huawei]sysname S1                          #更改设备名称为 S1
[S1]vlan batch 2 3 100                       #批量创建 vlan2 vlan3 和 vlan100
```

（2）调整接口类型并合理配置 PVID 及标签属性。

```
[S1]interface e 0/0/1
[S1-Ethernet0/0/1]port link-type hybrid        #配置接口类型为 hybrid
[S1-Ethernet0/0/1]port hybrid pvid vlan 2       #配置 PVID 属性为 vlan2
[S1-Ethernet0/0/1]port hybrid untagged vlan 2   #配置接口出帧时撕掉 vlan2 的标签
[S1-Ethernet0/0/1]port hybrid untagged vlan 100
                                    #配置接口出帧时撕掉 vlan100 的标签
[S1-Ethernet0/0/1]interface e 0/0/2
[S1-Ethernet0/0/2]port link-type hybrid        #配置接口类型为 hybrid
[S1-Ethernet0/0/2]port hybrid pvid vlan 3       #配置 PVID 属性为 vlan3
[S1-Ethernet0/0/2]port hybrid untagged vlan 3   #配置接口出帧时撕掉 vlan3 的标签
[S1-Ethernet0/0/2]port hybrid untagged vlan 100
                                    #配置接口出帧时撕掉 vlan100 的标签
```

```
[S1-Ethernet0/0/2]interface e 0/0/3
[S1-Ethernet0/0/3]port link-type hybrid          #配置接口类型为 hybrid
[S1-Ethernet0/0/3]port hybrid pvid vlan 100       #配置 PVID 属性为 vlan100
[S1-Ethernet0/0/3]port hybrid untagged vlan 100
                                    #配置接口出帧时撕掉 vlan100 的标签
[S1-Ethernet0/0/3]port hybrid untagged vlan 2
                                    #配置接口出帧时撕掉 vlan2 的标签
[S1-Ethernet0/0/3]port hybrid untagged vlan 3
                                    #配置接口出帧时撕掉 vlan3 的标签
[S1-Ethernet0/0/3]quit              #退出接口视图
[S1]quit                            #退出系统视图
<S1>save                            #保存配置
```

（3）验证配置，使用 display port vlan active，显示接口的 vlan 属性，如图 2-39 所示。

```
[S1]display port vlan active        #显示 vlan 接口属性
```

```
[S1]display port vlan active
T=TAG U=UNTAG
---------------------------------------------------------
Port              Link Type     PVID     VLAN List
---------------------------------------------------------
Eth0/0/1          hybrid        2        U: 1 to 2 100
Eth0/0/2          hybrid        3        U: 1 3 100
Eth0/0/3          hybrid        100      U: 1 to 3 100
Eth0/0/4          hybrid        1        U: 1
```

图 2-39　vlan 接口信息

（4）在终端使用 ping 命令验证连通性，如图 2-40、图 2-41 所示。

```
Welcome to use PC Simulator!

PC>ping 192.168.1.3

Ping 192.168.1.3: 32 data bytes, Press Ctrl_C to break
From 192.168.1.2: Destination host unreachable
From 192.168.1.2: Destination host unreachable
From 192.168.1.2: Destination host unreachable
From 192.168.1.2: Destination host unreachable
From 192.168.1.2: Destination host unreachable

--- 192.168.1.3 ping statistics ---
  5 packet(s) transmitted
  0 packet(s) received
  100.00% packet loss

PC>ping 192.168.1.100

Ping 192.168.1.100: 32 data bytes, Press Ctrl_C to break
From 192.168.1.100: bytes=32 seq=1 ttl=255 time=32 ms
From 192.168.1.100: bytes=32 seq=2 ttl=255 time<1 ms
From 192.168.1.100: bytes=32 seq=3 ttl=255 time=15 ms
From 192.168.1.100: bytes=32 seq=4 ttl=255 time=16 ms
From 192.168.1.100: bytes=32 seq=5 ttl=255 time<1 ms

--- 192.168.1.100 ping statistics ---
  5 packet(s) transmitted
  5 packet(s) received
  0.00% packet loss
  round-trip min/avg/max = 0/12/32 ms
```

图 2-40　主机 A 分别 ping 主机 B 及服务器的回显结果

```
主机B

基础配置   命令行   组播   UDP发包工具   串口

Welcome to use PC Simulator!

PC>ping 192.168.1.100

Ping 192.168.1.100: 32 data bytes, Press Ctrl_C to break
From 192.168.1.100: bytes=32 seq=1 ttl=255 time=16 ms
From 192.168.1.100: bytes=32 seq=2 ttl=255 time=16 ms
From 192.168.1.100: bytes=32 seq=3 ttl=255 time<1 ms
From 192.168.1.100: bytes=32 seq=4 ttl=255 time=15 ms
From 192.168.1.100: bytes=32 seq=5 ttl=255 time=16 ms

--- 192.168.1.100 ping statistics ---
 5 packet(s) transmitted
 5 packet(s) received
 0.00% packet loss
 round-trip min/avg/max = 0/12/16 ms
```

图 2-41   主机 B ping 服务器的回显结果

微课：华为 Hybrid 接口配置

2.5.5 评价反馈

1. 评价考核评分

填写表 2-10。

表 2-10   评价评分考核表

项目名称	评价内容	分值	评价分数		
			自评	互评	师评
职业素养考核项目 40%	穿戴规范、整洁	10			
	积极参加教学活动	10			
	团队合作情况	10			
	现场管理 6S 标准	10			
专业能力考核项目 60%	终端连通性	20			
	接口 VLAN 情况	25			
	配置效率	15			
总分					
总评	自评（20%）+ 互评（20%）+ 师评（60%）=	综合等级			

2. 总结反思

任务中遇到的问题：_____

_____

问题分析：_____

_____

解决方案：_____

_____

结果验证：_____

_____

课后思考题

1. 简述三种类型的接口对数据帧的处理方式。
2. 分析一个带 vlan 2 标签的数据帧是否能从 PVID 为 2 的接口进入？

任务 2.6　实训：配置 MSTP

任务简介

　　MSTP（Multiple Spanning Tree Protocol，多生成树协议）能够按照实例阻塞冗余链路，能使不同 VLAN 的流量沿各自的路径转发，实现流量的负载分担。本任务介绍了 STP、RSTP、MSTP 的基本概念，介绍了广播风暴的危害及 STP 破除环路的工作机制，最后介绍了 MSTP 的配置方法。学完本任务，读者能够理解 STP 的工作机制，掌握 MSTP 的配置方法。

任务目标

　　（1）简述 STP 的工作原理。
　　（2）在二层环境部署 MSTP 实现流量的负载分担。

2.6.1　STP 的产生背景

　　在交换型网络中，为了提供可靠的网络连接，避免由于单点故障导致整个网络失效的情况发生，就得需要网络提供冗余链路。所谓"冗余链路"，道理和走路一样，这条路不通，走另一条路就可以了。冗余就是准备两条以上的通路，如果哪一条不通了，就从另外的路走。但为了提供冗余而创建了多个连接，网络中就可能产生二层环路，交换机使用生成树协议（Spanning Tree Protocol，STP）能够破除环路。

2.6.1.1 "冗余链路"的危害

交换机之间具有冗余链路本来是一件很好的事情，但是它会引起很多问题。如果部署冗余链路，就必然会形成二层环路，交换机并不知道如何处理环路，只是周而复始地转发帧，形成一个"死循环"。最终这个死循环会造成整个网络瘫痪。

1. 广播风暴

如图 2-42，该网络中在工作站和服务器之间为了提供冗余链路，部署了冗余链路，在拓扑中连成了一个封闭的环形，下面分析从工作站到服务器的数据帧发送过程。

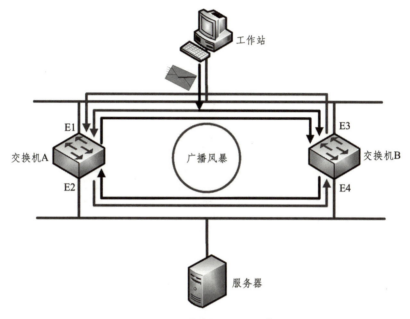

图 2-42　广播风暴的形成

工作站发送的数据帧到达交换机 A 和 B。当 A、B 刚刚加电，MAC 地址表还没有形成的时候，A、B 收到此帧的第一个动作是通过源 MAC 地址自学习，将工作站的物理地址分别与 A 的 E1 口和 B 的 E3 口对应起来。第二个动作则是将此数据帧广播到所有其他端口。

此数据帧从 A 的 E2 和 B 的 E4 发送到服务器所在的冲突域，服务器可以收到这个数据帧，但同时 B 的 E4 和 A 的 E2 也都会收到另一台交换机发送过来的同一个数据帧。如果此时在两台交换机上还没有学习到服务器的物理地址，它们又将重复前一个动作，即通过源 MAC 地址自学习，然后发送数据帧给所有其他端口。

这样我们会发现在工作站和服务器之间，由于存在了第二条互通的物理线路，从而造成了同一个数据帧在两点之间的环路内不停地被交换机转发的状况。这种情况造成了网络中广播过多，形成了广播风暴。从而导致网络极度拥塞、浪费带宽，严重地影响网络和主机的性能。

2. MAC 地址表震荡

交换机和网桥作为交换设备都具有一个相当重要的功能，就是能够记住在一个接口上所收到的每个数据帧的源 MAC 地址，而且它们会把这个硬件地址信息写到 MAC 地址表中。

还是刚才的案例，如图 2-43 所示，当工作站发送数据帧到网络的时候，交换机要将数据帧的源 MAC 地址写进 MAC 地址表，即交换机 A 用 E1 接口对应工作站的源 MAC，而交换机 B 用 E3 接口对应工作站的源 MAC，同时将数据帧广播到所有的端口。逆时针方向上，交换机 B 会从 E4 口收到该广播帧，这时它发现 MAC 地址表中已经具有了工作站的 MAC 地址，但是它会认为新学习到的地址是更可信的，于是它会刷新自己的 MAC 地址表，用 E4 对应工作站的源 MAC 地址；同理交换机 A 也在 E2 接口收到该数据帧，会用 E2 对应工作站的 MAC 地址，改写 MAC 地址表。数据帧继续上行，工作站的 MAC 地址会不断在各接口跳转，使交换机周而复始地更新 MAC 地址表，这种现象被称为 MAC 地址表震荡。MAC 地址表震荡会大量消耗交换机的资源，导致交换机卡死。

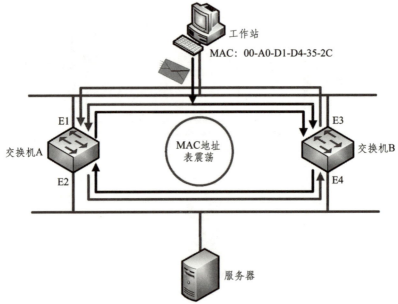

图 2-43   MAC 地址表震荡

交换机 A 的 MAC 地址表		
端口	源 MAC 地址	
E1	00-A0-D1-D4-36-2C	
E2	00-A0-D1-D4-36-2C	
E1	00-A0-D1-D4-36-2C	
……	……	

交换机 B 的 MAC 地址表		
端口	源 MAC 地址	
E3	00-A0-D1-D4-36-2C	
E4	00-A0-D1-D4-36-2C	
E3	00-A0-D1-D4-36-2C	
……	……	

2.6.1.2   生成树协议

为了解决冗余链路引起二层环路的问题，IEEE 定义了 IEEE802.lD 协议，即生成树协议。该协议能够实现在网络正常时自动将备份链路断开破除环路，在网络故障时自动启用备份链路实现链路冗余。

众所周知，自然生长的树是不会出现环路的，如果网络也能够像树一样生长就不会出现环路。因此生成树协议的基本思想是通过定义根桥、根接口，指定接口、路径开销等概念，将一个存在物理环路的交换网络变成一个没有环路的逻辑树形网络，同时实现链路备份和路径优化。

IEEE802.1D 协议通过在交换机上运行一套复杂的算法 STA（Spanning Tree Algorithm），使冗余接口置于"阻断状态"，使得接入网络的计算机在与其他计算机通信时，只有一条链路有效，而当这个链路出现故障无法使用时，IEEE802.1D 协议会重新计算网络链路，将处于"阻断状态"的接口重新打开，从而既保障了网络正常运转，又保证了冗余能力。

要实现这些功能，交换机之间必须要进行一些信息的交流，这些交互的信息单元就称为桥接协议数据单元（Bridge Protocol Data Unit，BPDU）。BPDU 是一种二层报文，所有支持 STP 协议的交换机都会接收并处理收到的 BPDU 报文。该报文的数据区里携带了用于生成树计算的所有信息。

1. 桥协议数据单元

交换机之间定期发送 BPDU 交换生成树配置信息，以便能够对网络拓扑、开销或优先级的变化做出及时的响应。BPDU 数据帧的结构如表 2-11 所示。

表 2-11　BPDU 数据帧基本格式

协议 ID（2）	版本（1）	消息类型（1）	标志（1）	根 ID（8）	根开销（4）
网桥 ID（8）	接口 ID（2）	消息寿命（2）	最大生存时间（2）	Hello 计时器（2）	转发延迟（2）

根 ID：根网桥的网桥 ID。收敛后的二层网络中，所有配置 BPDU 中的该字段都应该具有相同值。

根开销：通向根网桥的所有链路的累积开销。

网桥 ID：创建当前 BPDU 的网桥 ID。由两部分构成：桥优先级和桥 MAC 地址。

接口 ID：用于在 STP 中唯一标识一个网桥的接口。由两部分构成：接口优先级和接口编号。

2. 生成树形成过程

对于一个存在环路的物理网络而言，若想消除环路，形成一个树形结构的逻辑网络，首先就要找到树根。STP 协议中，首先推举一个桥 ID 最低的交换机作为生成树的根节点，对于其他交换机到根交换机的冗余链路，则会选择到根桥的路径成本最低的链路加到生成树中，最后切断开销大的链路以切断环路，具体过程分四步：

（1）选举根网桥：在给定广播域中，只有一台网桥被指定为根网桥。根网桥的网桥 ID 最小，根网桥上的所有接口都处于转发状态，被称为指定接口。指定接口可以发送和接收数据流。

（2）对于每台非根网桥，选举一个根接口：根接口到根网桥的路径成本最低。根接口处于转发状态，提供到根网桥的连接性。生成树路径成本是基于接口带宽的累积成本。

（3）在每个冲突域上选举一个指定接口：指定接口从到根网桥的路径成本最低的网桥中选择。指定接口处于转发状态，负责为相应冲突域转发数据流，每个冲突域只能有一个指定接口。

（4）阻断非根非指定接口，以断开环路。处于阻断状态的接口不发送和接收用户数据流，但它仍接收 BPDU。

3. 生成树路径成本

生成树协议的路径成本（Path Cost）是用来确定网络拓扑中最佳路径的一个度量值。路径成本是基于链路带宽来计算的。较低的路径成本表示更优的路径。生成树的根路径成本是计算到达根桥的所有路径成本之和。表 2-12 列出了 IEEE802.1D 规定的路径成本。

表 2-12　生成树路径成本

链路速率	IEEE802.1D-1998	IEEE802.1D-2004
10 Gb/s	2	2000
1 Gb/s	4	20000
100 Mb/s	19	200000
10 Mb/s	100	2000000

4. 生成树接口状态

正常情况下，接口要么处于转发状态，要么处于阻断状态。当设备发现拓扑变化时，将出现两种过渡状态：侦听和学习。拓扑发生变化导致转发状态的接口不可用时，处于阻断状态的接口将依次进入侦听和学习状态，最后进入转发状态。

所有接口一开始都处于阻断状态，以防止形成环路。如果存在其他成本更低的到达根网桥的路径，该接口将保持阻断状态。处于阻断状态的接口仍能够接收 BPDU，但不发送 BPDU。

接口处于侦听状态时，可以发送和接收 BPDU 以确定最佳拓扑；处于学习状态时，能够学习 MAC 地址，但不转发数据帧，这种状态表明接口正为传输做准备；处于转发状态时，接口能够正常发送和接收数据。

默认情况下，接口从阻断状态切换到转发状态需要经过 30 ~ 50 s。

2.6.2　快速生成树协议 RSTP（Rapid Spanning Tree Protocol）

快速生成树协议 RSTP 由 IEEE 802.1W 定义，在 STP 的基础上做了很多改进，主要是加快了网络拓扑变化时的收敛速度。RSTP 相较于 STP 主要区别如下：

（1）新的接口角色：RSTP 在原有的根接口（Root Port）和指定接口（Designated Port）

基础上，引入了备份接口（Backup Port）和替换接口（Alternate Port）两种新的接口角色。这些新的接口角色能在链路故障时迅速接替工作，实现接口状态的快速切换。

（2）边缘接口（Edge Port）：RSTP 引入了 Edge Port 的概念，即直接连接终端设备（如计算机或服务器）的接口。Edge Port 默认不参与生成树计算，因此它们可以直接进入转发状态，从而减少收敛时间。

（3）P/A 机制：RSTP 引入 P/A 机制加速拓扑收敛，设备间通过互相传递带 Proposal 和 Agreement 标志的 BPDU 来快速确定接口角色，从而避免了接口逐个经历侦听和学习状态，缩短收敛时间。

（4）BPDU 的发送机制：RSTP 通过实时发送 BPDU 来维护拓扑信息。一旦检测到拓扑变化，RSTP 设备会立即发送 BPDU。这使得 RSTP 能更快地检测到拓扑变化并作出相应的调整。

2.6.3　多实例生成树 MSTP（Multiple Spanning Tree Protocol）

IEEE 于 2002 年发布的 802.1S 标准定义了多生成树协议（Multiple Spanning Tree Protocol，MSTP），作为一个开放协议，向下兼容 MSTP 和 RSTP，解决了 STP 与 RSTP 无法根据 VLAN 阻塞冗余链路的弊端。引入实例的概念让不同的 VLAN 流量映射进实例内，通过各实例独立选根，实现二层负载分担的效果。

MSTP 有以下特点：

（1）设置 VLAN 映射表（即 VLAN 和生成树的对应关系表），将 VLAN 和实例挂钩。通过新增"实例"的概念，将多个 VLAN 捆绑到一个实例中，以节省通信开销和资源占用率。

（2）MSTP 把一个交换网络划分成多个域，每个域内形成多棵生成树，生成树之间彼此独立。

（3）MSTP 将环路网络修剪成为一个无环的树形网络，避免报文在环路网络中复制和无限循环，同时还提供了数据转发的多个冗余路径，在数据转发过程中实现 VLAN 数据的负载分担。

微课：生成树协议基本原理

2.6.4　任务书

某企业网络的简化拓扑结构如图 2-44 所示，交换机 S1、S2 为核心层交换机，核心交换机间互联组成双核心，接入层交换机双上联到核心层形成冗余组网，接入层交换机下挂两台终端 PC 模拟业务网段，考虑到安全问题，该企业已经使用 VLAN 技术将各 PC 的流量进行了二层隔离。现要求网络管理员使用生成树技术控制二层流量的走向，实现流量的负载分担（使 PC1 的流量由 S1 接管，PC2 的流量由 S2 接管）。

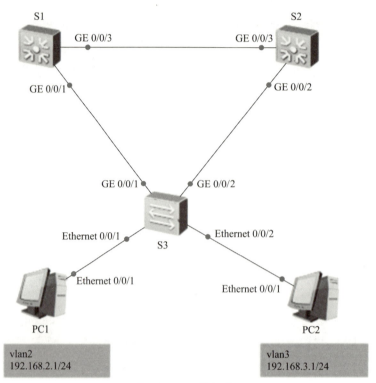

图 2-44　网络拓扑

2.6.5　任务准备

1. 分组情况

填写表 2-13。

表 2-13　学生任务分配表

班级		姓名		组号		指导老师	
组长							
组员							
任务分工							

2. 工具选择

Console 线、笔记本电脑、shell 终端软件，如图 2-45 所示。

（a）Console 线　　　（b）笔记本电脑　　　（c）终端软件

图 2-45　设备配置工具

2.6.6 实施步骤

（1）配置 vlan，分别在 S1、S2、S3 上创建 vlan 2、vlan 3，交换机互联接口使用 trunk 口并同时放行 vlan2 和 vlan3。

```
<Huawei>system-view                          #进入系统视图
[Huawei]sysname S1                           #更改设备名称为 S1
[S1]vlan batch 2 3                           #创建 vlan2 和 vlan3
[S1]port-group group-member g 0/0/1 g 0/0/3
    #创建接口组并将 g0/0/1 和 g0/0/3 加入接口组，以便于后续批量配置这两个接口
[S1-port-group]port link-type trunk
    #对接口组操作，同时配置 g0/0/1 和 g0/0/3 的链路类型为 trunk 口
[S1-port-group]port trunk allow-pass vlan 2 3   #放行 vlan2 和 vlan3
[S1-port-group]quit                          #退出接口组视图
```

在交换机 S2 和 S3 上重复步骤（1）的配置，注意交换机互联的接口编号。

（2）在 S1、S2、S3 进行 MSTP 的域配置。

```
[S1]stp region-configuration                 #进入 MSTP 域配置
[S1-mst-region]region-name huawei123
    #配置域名为 huawei123（域名可以随意命名）
[S1-mst-region]revision-level 1
    #配置修订级别为 1（修订级别必须为数字，同一域内应保证修订级别一致）
[S1-mst-region]instance 2 vlan 2
    #创建实例 2 并将 vlan2 映射至该实例中
[S1-mst-region]instance 3 vlan 3             #创建实例 3 并将 vlan3 映射至该实例中
[S1-mst-region]active region-configuration   #激活域配置使其生效
[S1-mst-region]quit                          #退出域配置视图
```

在 S2、S3 上重复步骤（2）同样操作，保证各交换机域配置内域名、修订级别、实例映射情况一致。

（3）在核心交换机 S1、S2 上对各实例中的树根进行调整，实现 vlan2 的流量被 S1 接管，vlan3 的流量被 S2 接管。

```
[S1]stp instance 2 root primary              #调整 S1 为实例 2 的主根
[S1]stp instance 3 root secondary            #调整 S1 为实例 3 的备根
打开交换机 S2 的 CLI
[S2]stp instance 3 root primary              #调整 S2 为实例 3 的主根
[S2]stp instance 2 root secondary            #调整 S2 为实例 2 的备根
```

（4）验证配置，进入接入层交换机 S3，使用 display stp instance [实例编号] brife 命令查看各实例中接口的阻塞情况。

根据要求 S1 接管 vlan2 的流量，所以在 instance 2 中 S3 的 g0/0/2 口被阻塞，如图 2-46 所示；S2 接管 vlan3 的流量，所以在 instance 3 中 S3 的 g0/0/1 口被阻塞，如图 2-47 所示。

```
[S3]display stp instance 2 brief
MSTID   Port                        Role   STP State    Protection
  2     GigabitEthernet0/0/1        ROOT   FORWARDING   NONE
  2     GigabitEthernet0/0/2        ALTE   DISCARDING   NONE
```

图 2-46　S3 在实例 2 中的 MSTP 接口角色信息

```
[S3]display stp instance 3 brief
MSTID   Port                        Role   STP State    Protection
  3     GigabitEthernet0/0/1        ALTE   DISCARDING   NONE
  3     GigabitEthernet0/0/2        ROOT   FORWARDING   NONE
```

图 2-47　S3 在实例 3 中的 MSTP 接口角色信息

微课：MSTP 基本配置

2.6.7　评价反馈

1. 评价考核评分

填写表 2-14。

表 2-14　评价评分考核表

项目名称	评价内容	分值	评价分数		
			自评	互评	师评
职业素养考核项目 40%	穿戴规范、整洁	10			
	积极参加教学活动	10			
	团队合作情况	10			
	现场管理 6S 标准	10			
专业能力考核项目 60%	各实例内根的选举情况	20			
	接入交换机的接口阻塞情况	25			
	配置效率	15			
总分					
总评	自评（20%）+ 互评（20%）+ 师评（60%）=		综合等级		

2. 总结反思

任务中遇到的问题：_____

_____

问题分析：_____

_____

解决方案：_____

_____

结果验证：_____

_____

1. 简述 STP 的选举规则。
2. 分析双上联拓扑环境中做流量负载分担，仅用两个实例够不够？

任务 2.7 实训：配置链路聚合

任务简介

链路聚合也称 Eth-Trunk，是指将两条或多条物理链路聚合在一起形成一个更高带宽的逻辑链路，当聚合组中某接口出现故障时，聚合组中的其余成员会自动地承担起该接口的转发任务，保证连接的可靠性。本任务介绍了华为交换机配置 Eth-Trunk 的两种方式（手工模式、LACP 模式）。学完本任务，读者能够掌握链路聚合的配置方法。

任务目标

（1）简述链路聚合的应用场景。
（2）使用两种方式部署链路聚合。

2.7.1 链路聚合的基本概念

链路聚合（Eth-Trunk），是指将两条或多条物理链路聚合在一起形成一个更高带宽的逻辑链路，链路聚合使得设备在不需要进行硬件升级的情况下，就可以提升设备间的连接带宽。此外，端口聚合组的成员彼此之间可以动态备份，当聚合组中某接口出现故障时，其余成员会自动地承担起该接口的转发任务，保证连接的可靠性，如图2-48 所示。

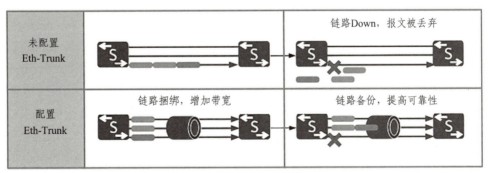

图 2-48 Eth-Trunk 的作用

华为交换机链路聚合方式分为手工负载均衡模式和静态 LACP 模式。
手工负载分担模式下，Eth-Trunk 的建立、成员接口的加入完全由手工来配置。该模式下所有链路都参与数据的转发，平均分担流量，因此称为负载分担模式，如图 2-49 所示。如果某条链路故障，链路聚合组自动在剩余的活动链路中平均分担流量。

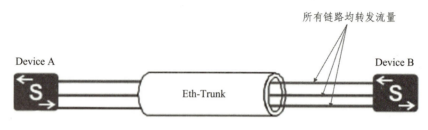

图 2-49　手工负载均衡模式

静态 LACP 模式是一种利用 LACP 协议进行聚合参数协商、确定活动接口和非活动接口的链路聚合方式。该模式下，需创建 Eth-Trunk 并添加 Eth-Trunk 成员接口，再由 LACP 协议协商确定活动链路和非活动链路，如图 2-50 所示。LACP 模式也称为 $M:N$ 模式。这种方式同时可以实现链路负载分担和链路冗余备份的双重功能。在链路聚合组中 M 条链路处于活动状态，这些链路负责转发数据并对流量进行负载分担，另外 N 条链路处于非活动状态作为备份链路，不转发数据。当 M 条链路中有链路出现故障时，系统会从 N 条备份链路中选择优先级最高的接替出现故障的链路，并开始转发数据。

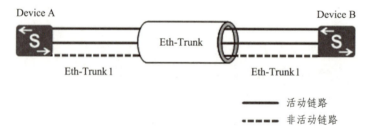

图 2-50　静态 LACP 模式

2.7.2　任务书

如图 2-51 所示，某企业在组建园区网时，使用交换机 S1、S2 作为核心层交换机，建设初期双核心间仅由一条千兆链路连接，随着业务发展数据流量扩大，导致链路的带宽超负荷，基本的业务无法开展，现要求网络管理员在不更换现有设备的情况下升级双核心间的链路带宽，并实现链路冗余备份。

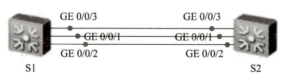

图 2-51　网络拓扑

2.7.3 任务准备

1. 分组情况

填写表 2-15。

表 2-15 学生任务分配表

班级		姓名		组号		指导老师	
组长							
组员							
任务分工							

2. 工具选择

Console 线、笔记本电脑、shell 终端软件，如图 2-52 所示。

（a）Console 线　　　　（b）笔记本电脑　　　　（c）终端软件

图 2-52 设备配置工具

3. 决策思路

按照要求，本任务可以按照两种方案实施链路聚合，第一种使用手工负载均衡模式聚合，第二种使用静态 LACP 模式聚合。以下会用两种方案进行具体实施。

2.7.4 实施步骤

1. 方案一：手工模式实现 3 线链路聚合

（1）创建逻辑聚合组。

`<Huawei>system-view`	#进入系统视图
`[Huawei]sysname S1`	#修改设备名称为 S1
`[S1]interface Eth-Trunk 1`	#创建逻辑聚合组 Eth-Trunk 1

（2）聚合组内设置聚合模式。

`[S1-Eth-Trunk1]mode manual load-balance`	#调整聚合模式为手工负载均衡模式

（3）将物理接口加入到聚合组内。

`[S1-Eth-Trunk1]trunkport g 0/0/1 to 0/0/3`
　#将 g0/0/1、g0/0/2、g0/0/3 口加入到逻辑聚合组 Eth-Trunk 1 中

（4）在交换机 S2 重复步骤（1）（2）（3）。

（5）验证配置，分别在 S1、S2 上使用 display interface Eth-Trunk 1 查看聚合情况，

看到带宽增加为 3 Gb/s（本例使用 3 条千兆链路做聚合，叠加后带宽应为 3 Gb/s），同时逻辑接口下的物理接口运行正常即可，如图 2-53、图 2-54 所示。

```
[S1]display interface Eth-Trunk 1
Eth-Trunk1 current state : UP
Line protocol current state : UP
Description:
Switch Port, PVID :     1, Hash arithmetic : According to SIP-
 3G, Current BW: 3G, The Maximum Frame Length is 9216
IP Sending Frames' Format is PKTFMT_ETHNT_2, Hardware address
Current system time: 2020-01-29 20:57:56-08:00
    Input bandwidth utilization  :     0%
    Output bandwidth utilization :     0%
--------------------------------------------------------
PortName                    Status        Weight
--------------------------------------------------------
GigabitEthernet0/0/1        UP            1
GigabitEthernet0/0/2        UP            1
GigabitEthernet0/0/3        UP            1
--------------------------------------------------------
The Number of Ports in Trunk : 3
The Number of UP Ports in Trunk : 3
```

图 2-53　S1 的聚合口 eth-trunk1 信息回显

```
[S2]display interface Eth-Trunk 1
Eth-Trunk1 current state : UP
Line protocol current state : UP
Description:
Switch Port, PVID :     1, Hash arithmetic : According
 3G, Current BW: 3G, The Maximum Frame Length is 9216
IP Sending Frames' Format is PKTFMT_ETHNT_2, Hardware
Current system time: 2020-01-29 21:03:35-08:00
    Input bandwidth utilization  :     0%
    Output bandwidth utilization :     0%
--------------------------------------------------------
PortName                    Status        Weight
--------------------------------------------------------
GigabitEthernet0/0/1        UP            1
GigabitEthernet0/0/2        UP            1
GigabitEthernet0/0/3        UP            1
--------------------------------------------------------
The Number of Ports in Trunk : 3
The Number of UP Ports in Trunk : 3
```

图 2-54　S2 的聚合口 eth-trunk1 信息回显

微课：链路聚合（手工模式）配置

2. 方案二：静态 LACP 模式实现 3 线链路聚合

其中 g0/0/1、g0/0/2 口作为激活接口处于转发状态，g0/0/3 口作为备份接口处于静默备份状态不发送数据，当激活接口中有 1 条出现故障，g0/0/3 口立即转为激活接口参与数据转发，故障恢复后 g0/0/3 口恢复静默备份状态。

（1）设置 LACP 主动端，两台交换机进行 LACP 协议协商的时候需指定一个主动端，本案例将 S1 作为主动端。

<Huawei>system-view	#进入系统视图
[Huawei]sysname S1	#修改设备名称为 S1
[S1]lacp priority 0	

#全局设置设备的 LACP 优先级为 0，使 S1 成为主动端，优先级以小为优，0 是最小值

（2）创建聚合组。

[S1]interface Eth-Trunk 1	#创建聚合组 Eth-Trunk 1

（3）调整聚合组协商参数。

[S1-Eth-Trunk1]mode lacp-static	#配置聚合组聚合模式为静态 lacp 模式
[S1-Eth-Trunk1]max active-linknumber 2	#配置最大激活链路数目为 2 条
[S1-Eth-Trunk1]lacp preempt enable	#开启抢占模式
[S1-Eth-Trunk1]lacp preempt delay 10	#设置抢占延时为 10s，工程中按实际需求

配置

（4）将物理接口加入到逻辑聚合口内。

[S1-Eth-Trunk1]trunkport g 0/0/1 to 0/0/3	
#将物理口 g0/0/1、g0/0/2、g0/0/3 加到聚合组 eth-trunk1 中	

（5）调整物理口的 lacp 优先级，优先级高的接口会被确定为激活接口。

[S1]port-group group-member g 0/0/1 g 0/0/2	
#创建接口组，组成员为 g0/0/1、g0/0/2	
[S1-port-group]lacp priority 0	
#批量配置 g0/0/1、g0/0/2 的接口 lacp 优先级均为 0，使其成为激活接口	

（6）在 S2 做相应配置，使用 LACP 协议模式。在主动端做好聚合组参数的配置后，被动端会在协商的过程中自动继承相应参数，因此在被动端仅需做部分配置即可。

<Huawei>system-view	#进入系统视图
[Huawei]sysname S2	#修改设备名称为 S2
[S2]interface Eth-Trunk 1	#创建聚合组 eth-trunk1
[S2-Eth-Trunk1]mode lacp-static	#配置聚合模式为静态 lacp 模式
[S2-Eth-Trunk1]trunkport g 0/0/1 to 0/0/3	
#将物理接口 g0/0/1、g0/0/2、g0/0/3 加入到聚合组 eth-trunk1 中	

（7）验证配置，验证配置时只需在被动端使用 display eth-trunk 1 及 display interface Eth-Trunk 1 查看聚合情况，由于使用静态 LACP 模式（M∶N 模式），只有 M 条激活链路参与转发数据，另外 N 条处于静默状态，所以同是三线链路聚合，与手工负载分担模式最大的区别在于聚合后，总带宽比手工方式要小一些。

验证聚合情况，S2 的 g0/0/1 与 g0/0/2 口处于 Selected 状态说明这两个接口为激活接口，g0/0/3 口为 Unselected 是备份接口，如图 2-55 所示。聚合后只有两条激活链路，所以聚合后带宽应该是 2 Gb/s，如图 2-56 所示。

```
[S2]display eth-trunk 1
Eth-Trunk1's state information is:
Local:
LAG ID: 1                        WorkingMode: STATIC
Preempt Delay: Disabled          Hash arithmetic: According to SIP-XOR-DIP
System Priority: 32768           System ID: 4c1f-cce0-03f0
Least Active-linknumber: 1       Max Active-linknumber: 8
Operate status: up               Number Of Up Port In Trunk: 2
--------------------------------------------------------------------------
ActorPortName          Status    PortType PortPri PortNo PortKey PortState Weight
GigabitEthernet0/0/1   Selected  1GE      32768   2      305     10111100  1
GigabitEthernet0/0/2   Selected  1GE      32768   3      305     10111100  1
GigabitEthernet0/0/3   Unselect  1GE      32768   4      305     10110000  1

Partner:
--------------------------------------------------------------------------
ActorPortName          SysPri    SystemID       PortPri PortNo PortKey PortState
GigabitEthernet0/0/1   0         4c1f-cc5c-4a16 0       2      305     10111100
GigabitEthernet0/0/2   0         4c1f-cc5c-4a16 0       3      305     10111100
GigabitEthernet0/0/3   0         4c1f-cc5c-4a16 32768   4      305     10100000
```

图 2-55　S2 的聚合信息回显

```
[S2]display interface Eth-Trunk 1
Eth-Trunk1 current state : UP
Line protocol current state : UP
Description:
Switch Port, PVID :    1, Hash arithmetic : According to SI
3G, Current BW: 2G, The Maximum Frame Length is 9216
IP Sending Frames' Format is PKTFMT_ETHNT_2, Hardware addre
Current system time: 2020-01-29 22:08:14-08:00
      Input bandwidth utilization  :    0%
      Output bandwidth utilization :    0%
------------------------------------------------------------
PortName                   Status        Weight
------------------------------------------------------------
GigabitEthernet0/0/1       UP            1
GigabitEthernet0/0/2       UP            1
GigabitEthernet0/0/3       DOWN          1
------------------------------------------------------------
```

图 2-56　S2 的聚合口 eth-trunk1 信息回显

　　验证故障链路倒换情况，将 S2 的 g0/0/2 口 shutdown 后，静默接口 g0/0/3 会主动变成激活链路接管流量，如图 2-57 所示。当 S2 的 g0/0/2 口恢复故障后，经过抢占延时 10 s 后会恢复为激活链路，如图 2-58 所示。

```
[S2]display eth-trunk 1
Eth-Trunk1's state information is:
Local:
LAG ID: 1                        WorkingMode: STATIC
Preempt Delay: Disabled          Hash arithmetic: According to SIP-XOR-DIP
System Priority: 32768           System ID: 4c1f-cce0-03f0
Least Active-linknumber: 1       Max Active-linknumber: 8
Operate status: up               Number Of Up Port In Trunk: 2
--------------------------------------------------------------------------
ActorPortName          Status    PortType PortPri PortNo PortKey PortState Weight
GigabitEthernet0/0/1   Selected  1GE      32768   2      305     10111100  1
GigabitEthernet0/0/2   Unselect  1GE      32768   3      305     10100010  1
GigabitEthernet0/0/3   Selected  1GE      32768   4      305     10111100  1

Partner:
--------------------------------------------------------------------------
ActorPortName          SysPri    SystemID       PortPri PortNo PortKey PortState
GigabitEthernet0/0/1   0         4c1f-cc5c-4a16 0       2      305     10111100
GigabitEthernet0/0/2   0         0000-0000-0000 0       0      0       10100011
GigabitEthernet0/0/3   0         4c1f-cc5c-4a16 32768   4      305     10111100
```

图 2-57　S2 的 g0/0/2 口故障后聚合口 eth-trunk1 的信息回显

```
[S2]display eth-trunk 1
Eth-Trunk1's state information is:
Local:
LAG ID: 1                          WorkingMode: STATIC
Preempt Delay: Disabled            Hash arithmetic: According to SIP-XOR-DIP
System Priority: 32768             System ID: 4c1f-cce0-03f0
Least Active-linknumber: 1         Max Active-linknumber: 8
Operate status: up                 Number Of Up Port In Trunk: 2
--------------------------------------------------------------------------------
ActorPortName             Status    PortType PortPri PortNo PortKey PortState Weight
GigabitEthernet0/0/1      Selected  1GE      32768   2      305     10111100  1
GigabitEthernet0/0/2      Selected  1GE      32768   3      305     10111100  1
GigabitEthernet0/0/3      Unselect  1GE      32768   4      305     10110000  1

Partner:
--------------------------------------------------------------------------------
ActorPortName             SysPri   SystemID        PortPri PortNo PortKey PortState
GigabitEthernet0/0/1      0        4c1f-cc5c-4a16  0       2      305     10111100
GigabitEthernet0/0/2      0        4c1f-cc5c-4a16  0       3      305     10111100
GigabitEthernet0/0/3      0        4c1f-cc5c-4a16  32768   4      305     10100000
```

图 2-58　S2 的 g0/0/2 口故障恢复后聚合口 eth-trunk1 的信息回显

微课：链路聚合（LACP 模式）配置

2.7.5 评价反馈

1. 评价考核评分

填写表 2-16。

表 2-16　评价评分考核表

项目名称	评价内容	分值	评价分数		
			自评	互评	师评
职业素养考核项目 40%	穿戴规范、整洁	10			
	积极参加教学活动	10			
	团队合作情况	10			
	现场管理 6S 标准	10			
专业能力考核项目 60%	接口带宽及激活链路	20			
	故障后的切换情况	25			
	配置效率	15			
总分					
总评	自评（20%）+ 互评（20%）+ 师评（60%）=		综合等级		

2. 总结反思

任务中遇到的问题：_____

_____

问题分析：_____

_____

解决方案：_____

_____

结果验证：_____

_____

课后思考题

1. 简析两种聚合方式的优劣。

2. 分析若不使用链路聚合技术，直接将两台交换机用 3 条网线连接，会出现什么现象？

项目 3　企业网络互联与管理

项目介绍

作为局域网的以太网仅能够在较小的地理范围内提供高速可靠的服务。而企业网需要由多个局域网络互联组建，来提供高密度的用户或终端接入和承载企业内部业务。组网时一般还涉及广域网（Internet），但是企业网络不属于运营商网络，网络所有权归企业或机构私有，典型的实例就是园区网。本项目介绍了企业网络互联的基本组网设备、技术和方法，主要包括 IP 地址规划与计算、路由器维护管理、路由协议的配置。

通过项目学习，读者能够掌握企业网络互联的基本策略与方法，能够合理地规划组网方案并实施。

知识框架

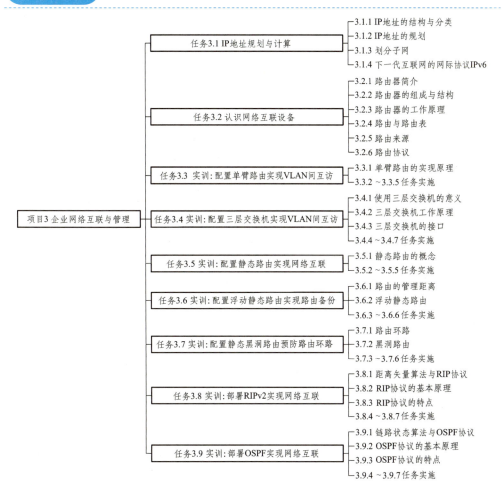

任务 3.1　IP 地址规划与计算

任务简介

在数据网络中，任一节点需要通信必须拥有全局唯一可用的 IP 地址。本任务介绍了 IPv4 的地址结构、分类，以及 IP 地址的规划步骤及计算方法，最后简要介绍了 IPv6 的基本概念。学完本任务，读者能够根据网络需求对 IP 地址进行合理规划。

任务目标

（1）根据组网需求合理规划 IP 地址。

（2）简析 IPv6 与 IPv4 的区别。

3.1.1　IP 地址的结构与分类

3.1.1.1　IP 地址的作用

以太网利用 MAC 地址（物理地址）标识网络中的一个节点，两个以太网节点在通信时只需要知道对方的 MAC 地址即可。但是，以太网并不是唯一的网络，世界上存在着各种各样的网络，这些网络使用的技术不同，物理地址的长度、格式等表示方法也不相同。显而易见，统一物理地址的表示方法是不现实的，因为物理地址的表示方法是和每一种物理网络的具体特性联系在一起的。因此，互联网对各种物理网络地址的"统一"必须通过上层软件完成。确切地说，互联网对各种物理网络地址的"统一"要在网络层完成。

IP 协议提供了一种互联网通用的地址格式，该地址由 32 位的二进制数表示，用于屏蔽各种物理网络的地址差异。IP 协议规定的地址叫作 IP 地址，IP 地址由国际互联网号码分配机构（Internet Assigned Numbers Authority，IANA）进行统一管理和分配，保证互联网上运行的设备（如主机、路由器等）不会产生地址冲突。

在互联网上，主机可以利用 IP 地址来标识。但是，一个 IP 地址标识一台主机的说法并不准确。严格地讲，IP 地址指定的不是一台计算机，而是计算机到一个网络的连接。因此，具有多个网络连接的互联网设备就应具有多个 IP 地址。在图 3-1 中，路由器分别与两个不同的网络相连，因此它应该具有两个不同的 IP 地址。装有多块网卡的计算机由于每一块网卡都可以提供一条物理连接，因此它也可以具有多个 IP 地址。在实际应用中，还可以将多个 IP 地址绑定到一条物理连接上，使一条物理连接具有多个 IP 地址。

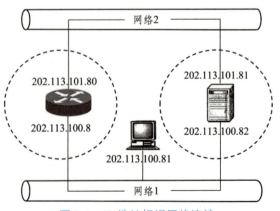

图 3-1　IP 地址标识网络连接

3.1.1.2　IP 地址的组成

互联网包括多个网络，而一个网络又包括多台主机，因此，互联网是具有层次结构的，如图 3-2 所示。与互联网的层次结构对应，互联网使用的 IP 地址也采用了层次结构，如图 3-3 所示。

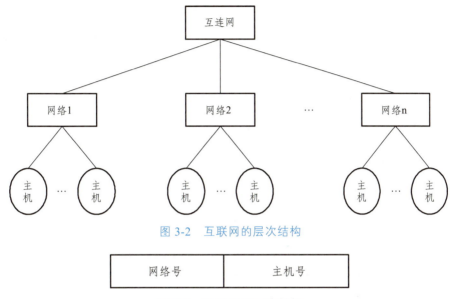

图 3-2　互联网的层次结构

网络号	主机号

图 3-3　IP 地址的层次结构

IP 地址由网络号（net id）和主机号（host id）两个层次组成。网络号用来标识互联网中的一个特定网络，而主机号则用来表示该网络中主机的一个特定连接。因此，IP 地址的编址方式明显地携带了位置信息。如果给出一个具体的 IP 地址，马上就能知道它位于哪个网络，这给 IP 互联网的路由选择带来很大好处。

由于 IP 地址不仅包含了主机本身的地址信息，而且还包含了主机所在网络的地址信息，因此，在将主机从一个网络移到另一个网络时，主机 IP 地址必须进行修改以正确地反映这个变化。在图 3-4 中，如果具有 IP 地址 202.113.100.81 的计算机需要从网络 1 移动到网络 2，则必须为它设置新的 IP 地址（如 202.113.101.66），才能与互联网上的其他主机正常通信。

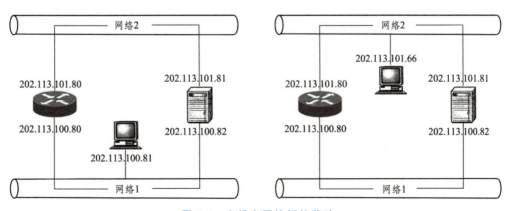

图 3-4　主机在网络间的移动

3.1.1.3　IP 地址的分类与表示

IPv4 协议规定，IP 地址的长度为 32 位。这 32 位包括了网络号部分（net id）和主机号部分（host id）。那么，在这 32 位中，哪些位代表网络号，哪些代表主机号呢？

在互联网中，有的网络具有成千上万台主机，而有的网络仅仅有几台主机。为了适应各种网络规模，IP 协议将 IP 地址分成 A、B、C、D、E 五类，分别使用 IP 地址的前几位加以区分，如图 3-5 所示。从图 3-5 中可以看到，利用 IP 地址的前 4 位就可以分辨出它的地址类型。

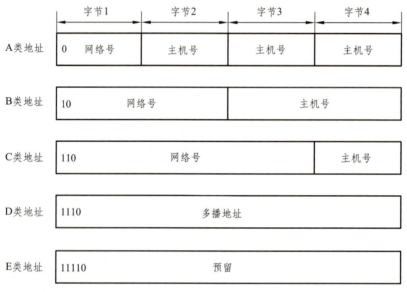

图 3-5　五类 IP 地址

每类地址所包含的网络数与主机数不同，用户可根据网络的规模进行选择。A 类 IP 地址用 8 位表示网络，24 位表示主机，因此，它可以用于大型网络。B 类 IP 地址用于中型规模的网络，它用 16 位表示网络，16 位表示主机。而 C 类 IP 地址仅用 8 位表示主机，24 位用于表示网络，在一个网络中最多只能连接 256 个地址，因此，适用于较小规模的网络。D 类 IP 地址用来提供网络组播服务，而 E 类则保留给实验和未来扩充使用。

组播（multicast）又被称为多播，它是相对于单播（unicast）而言的。在网络中，大部分的分组传输都是以一对一的单播方式实现的，即一个源节点只向一个目标节点发送数据。但有些时候也需要以一对多的组播方式实现分组传输，例如传送路由更新信息或交互式音频与视频流。在组播中，源节点一次所发送的分组可以被多个接收者接收，这些具有相同接收需求的主机被看成是一个组播组，并要被赋予一个相同的组号码，这个号码就是组播地址。

IP 地址的分类是经过精心设计的，它能适应不同的网络规模，具有一定的灵活性。表 3-1 简要地总结了 A、B、C 三类 IP 地址可以容纳的主机数。

表 3-1　三类地址可以容纳的网络数和主机数

类别	第一字节范围	网络地址长度	最大主机数	适用网络规模
A	1～126	1B	16777214	大型网络
B	128～191	2B	65534	中型网络
C	192～223	3B	254	小型网络

IP 地址由 32 位二进制数值组成（4B），但为了方便用户的理解和记忆，它采用了点分十进制标记法，即将 4 字节的二进制数按字节转换成 4 组十进制数，每组十进制的数值小于等于 255，数值中间用"."隔开，表示成 w.x.y.z 的形式。

3.1.1.4　特殊的 IP 地址及其作用

IP 地址除了可以表示主机的一个物理连接外，还有几种特殊的表现形式。

1. 网络地址

在互联网中，经常需要使用网络地址来表示一个网络。IP 地址方案规定，网络地址包含了一个有效的网络号和一个全"0"的主机号。例如，在 A 类网络中，地址 113.0.0.0 就表示该网络的网络地址。而一个具有 IP 地址为 202.93.120.44 的主机所处的网络就是 202.93.120.0，它的主机号为 44。

2. 广播地址

当一个设备向网络上所有的设备发送数据时，就产生了广播。为了使网络上所有设备能够注意到这样一个广播，必须使用一个可进行识别和侦听的 IP 地址。通常这样的 IP 地址以全"1"结尾。IP 广播有两种形式：一种叫直接广播，另一种叫有限广播。

1）直接广播

如果 IP 地址包含一个有效的网络号和一个全"1"的主机号，那么就称之为直接广播（direct broadcast）地址。在 IP 互联网中，任意一台主机均可向其他网络进行直接广播。

例如 C 类地址 202.93.120.255 就是一个直接广播地址。互联网上的一台主机如果使用该 IP 地址作为数据包的目的 IP 地址，那么这个数据包将被发送到 202.93.120.0 网络上的所有主机。

2）有限广播

32 位全为"1"的 IP 地址（255.255.255.255）叫作有限广播（limited broadcast）地址。用于向当前网络中的所有设备发送数据包，而不是向某特定网络发送。如果采用标准的 IP 编址，那么有限广播将被限制在本网络之中；如果采用子网编址（VLSM），那么有限广播将被限制在本子网之中。

3. 回送地址

在 A 类网络中，当网络号部分为 127、主机部分为任意值时的地址被称为回送地址。该地址用于网络软件测试以及本地进程之间的通信。例如，在网络测试中常用 ping 命令发送一个目标地址为 127.0.0.1 的 ICMP 报文，以测试本地 IP 软件能否正常工作。一个本地进程也可以将回送地址作为目标地址发送分组给另一个本地进程，以测试本地进程之间能否正常通信。无论什么网络程序，一旦使用了回送地址作为目标地址，则所发送的数据都不会被传送到网络上。这些回送地址不能分配给主机作为主机的 IP 地址。

4. 私有地址

在 IPv4 的地址空间中，还保留了一部分被称为私有地址（private address）的地址资源，供企业、公司或组织机构内部组建 IP 网络时重复使用。私有地址包含了 A 类、B 类和 C 类地址空间中的 3 个小部分，地址范围如表 3-2 所示。根据规定，所有以私有地址为目标地址的 IP 数据包都不能被路由至 internet 上，否则就会违背 IP 地址在互联网环境中具有全局唯一性的约定。这些以私有地址作为逻辑标识的主机若要接入 internet，则必须采用网络地址翻译（Network Address Translation，NAT）技术。

表 3-2　私有 IP 地址

地址类型	IP 地址范围
1 个 A 类	10.0.0.0 ~ 10.255.255.255
16 个 B 类	172.16.0.0 ~ 172.31.255.255
256 个 C 类	192.168.0.0 ~ 192.168.255.255

3.1.2　IP 地址的规划

在 IP 网络中，为了确保 IP 数据包的正确传输，必须为网络中的每一台主机分配一个全局唯一的 IP 地址。因此，当决定组建一个 IP 网络时，必须首先考虑 IP 地址的规划问题。通常 IP 地址的规划可参照下面步骤进行：

（1）分析网络规模，明确网络中所拥有的网段数量以及每个网段中可能拥有的最大主机数。通常，路由设备的每一个接口所连的网段都被认为是一个独立的 IP 网段。

（2）根据网络规模确定所需要的网络类别和每类网络的数量，如 B 类网络几个、C 类网络几个等。

（3）确定使用公有地址、私有地址还是两者混用。若采用公有地址，需要向运营商提出租用申请并支付费用，才能获得相应的地址使用权。

（4）最后，根据可用的地址资源为每台主机指定 IP 地址，并在主机上进行相应的配置。在配置地址之前，还要考虑地址分配的方式。IP 地址的配置可以采用静态和动态两种方式。所谓静态分配是指由网络管理员为主机指定一个固定不变的 IP 地址并手工配置到主机上。动态分配目前主要通过动态主机配置协议（Dynamic Host Control Protocol，DHCP）来实现，在后续任务中会重点介绍。

例如，一个大型企业，建有 4 个局域网络，现需要通过路由器将这 4 个局域网组成专用的园区网。这 4 个局域网中，若 3 个是小型网络，1 个是中型网络，那么，可以为 3 个小型网络分配 3 个 C 类地址（如 202.113.27.0、202.113.28.0 和 202.113.29.0），为一个中型网络分配一个 B 类地址（如 128.211.0.0）。图 3-6 显示了这 4 个局域网互联的情况。

在具体分配时需要注意：

（1）连接到同一网络中所有的 IP 地址共享同一网络号。在图 3-6 中，计算机 A 和计算机 B 都接入了物理网络 1，由于网络 1 分配到的网络地址为 202.113.27.0，所以，计算机 A 和 B 都应共享 202.113.27.0 这个网络号。

（2）路由器可以连接多个物理网络，每个直连接口都应该拥有自己的 IP 地址，而且接口 IP 的网络号应与所属网段的网络地址一致。如图 3-6 所示，由于路由器 R 分别连接 202.113.27.0、202.113.28.0 和 128.211.0.0 3 个网络，因此该路由器的接口被分配了 3 个不同网段的 IP 地址。

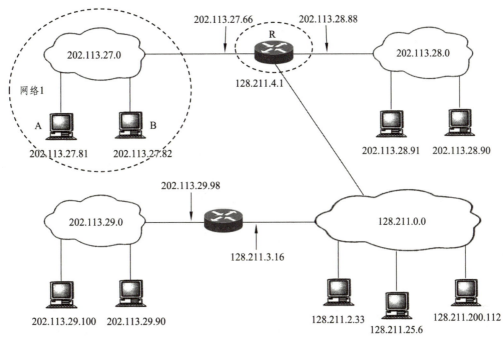

图 3-6　IP 地址规划

3.1.3　划分子网

3.1.3.1　子网划分的概念

上面的案例中，IP 地址的规划会造成很大的 IP 地址资源浪费。因为当一个公司或组织机构获得一个网络号时，即使它的 IP 地址剩余很多，也不能为其他网络所使用。因此，为提高 IP 地址资源的利用率，在实际网络规划中均使用无类地址，引入可变长子网掩码（Variable Length Subnet Mask，VLSM）技术进行子网划分。所谓子网划，就是将 IP 地址原来的主机号部分进一步划分成网络号部分和主机号部分，使原有网络变小的操作过程。

为了创建子网，网络管理员需要从原有 IP 地址的主机位中借出连续的若干高位作为子网络标识，于是 IP 地址从原来两层结构"网络号 + 主机号"形式变成了三层结构"网络号 + 子网络号 + 主机号"形式，如图 3-7 所示。可以这样理解，经过划分后的子网因为其规模变小，已经不需要原来那么多位作为主机标识，从而可以借用那些多余的主机位用作子网标识。

图 3-7　子网划分示意图

3.1.3.2　子网划分的方法

子网划分的方法就是从主机号借用若干个比特作为子网号，而主机号也就相应减少了若干个比特。理论上，子网划分时至少要从主机位的高位中选择 1 位作为子网位，且至少保留 2 位作为新主机位。相应地，A、B、C 类网络最多可借出的子网位是不同的，A 类可达 22 位、B 类为 14 位，C 类则为 6 位。当所借出的子网位数不同时，可以得到的子网数量及每个子网中所能容纳的主机数也不同。表 3-3 给出了子网位数与子网数量、有效子网数量之间的对应关系。所谓有效子网是指除去子网位为全 0 或全 1 的子网后所留下的可用子网。

表 3-3　子网络位数与子网数量、有效子网数量的对应关系

子网位数	子网数量	有效子网数量
1	$2^1 = 2$	$2 - 2 = 0$
2	$2^2 = 4$	$4 - 2 = 2$
3	$2^3 = 8$	$8 - 2 = 6$
4	$2^4 = 16$	$16 - 2 = 14$
5	$2^5 = 32$	$32 - 2 = 30$
6	$2^6 = 64$	$64 - 2 = 62$
7	$2^7 = 128$	$128 - 2 = 126$
8	$2^8 = 256$	$256 - 2 = 254$
9	$2^9 = 512$	$512 - 2 = 510$
…	…	…

下面以一个 C 类网络为例来说明子网划分的具体方法。假设一个由路由器相连的网络，拥有 3 个相对独立的物理网段，每个网段的主机数不超过 30 台，如图 3-8 所示。现要求我们以子网划分的方法为其完成 IP 地址规划。

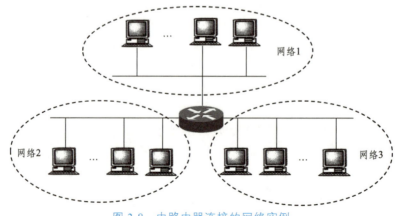

图 3-8　由路由器连接的网络实例

由于该网络中所有物理网段合起来的主机数没有超出一个 C 类网络所能容纳的最大主机数，因此完全可以通过一个 C 类网络的子网划分来实现。现假定为该网络申请了一个 C 类网络地址 202.11.2.0，那么在子网划分时为了满足主机数目，最多能从主机位中借出高 3 位作为子网络位，这样一共可得到 8 个主机规模为 30 的子网络，每个子网络的相关信息，如表 3-4 所示。其中，第 1 个子网因为子网部分为全 0，从而子网号与未进行子网划分前的原网络号 202.11.2.0 重复而不可用；第 8 个子网因为子网部分为全 1，导致子网内的广播地址与未进行子网划分前的网络广播地址 202.11.2.255 重复也不可用。这样，一共得到 6 个可用的子网，可以选择这 6 个可用子网中的任意 3 个为现有的 3 个物理网段分配 IP 地址，并留下 3 个可用的子网作为未来网络扩充之用。

表 3-4　对 C 类网络 202.11.2.0 进行子网划分的例子

第 n 个子网	主机地址范围	子网号	子网广播地址
1	202.11.2.1 ~ 202.11.2.30	202.11.2.0	202.11.2.31
2	202.11.2.33 ~ 202.11.2.62	202.11.2.32	202.11.2.63
3	202.11.2.65 ~ 202.11.2.94	202.11.2.64	202.11.2.95
4	202.11.2.97 ~ 202.11.2.126	202.11.2.96	202.11.2.127
5	202.11.2.129 ~ 202.11.2.158	202.11.2.128	202.11.2.159
6	202.11.2.161 ~ 202.11.2.190	202.11.2.160	202.11.2.191
7	202.11.2.193 ~ 202.11.2.222	202.11.2.192	202.11.2.223
8	202.11.2.225 ~ 202.11.2.254	202.11.2.224	202.11.2.255

3.1.3.3　子网掩码

1. 子网掩码的作用

网络号对于网络通信来讲非常重要。主机在发送一个 IP 数据包之前，首先需要判断源主机和目标主机是否具有相同的网络号，具有相同网络号的主机表示位于同一网段，它们之间可以直接使用二层网络相互通信；而网络号不同的主机之间则不能直接进行相互通信，必须经过第三层网络设备路由。引入子网划分的概念后，主机或路由设备就需要一种机制来正确判定一个给定的 IP 地址是否已经进行了子网划分，并正确地从给定的地址中分离出相应的网络号。

通常，将未引进子网划分前的 A、B、C 类地址称为有类地址（Classful Address）。对于有类地址，主机或路由设备可以简单地通过 IP 地址中的前几位进行判断。但是，引入子网划分后，则不能通过判断地址类别来分离网络号了。IP 地址类的概念已不复存在，对于一个给定的 IP 地址，其中用来表示网络号和主机号的位数可以是变化的，这取决于子网划分的情况。为此，人们将引入子网划分后的 IP 地址称为无类地址（Classless Address），并引入子网掩码的概念来描述 IP 地址中网络号和主机号的结构。

子网掩码（Subnet Mask）通常与 IP 地址配对出现，其功能是告知主机或者路由设备，给定 IP 地址的哪一部分代表网络号，哪一部分代表主机号。子网掩码采用与 IP 地址相同的位格式，由 32 位长度的二进制比特数构成，也能采用点分十进制来表示。在子网掩码中，所有与 IP 地址中的网络位对应的二进制位取值为 1，而与 IP 地址中主机位对应的位则取值为 0。

2. 掩码运算

引入子网掩码后，不管是否进行过某种方式的子网划分，主机或路由器都可以通过将子网掩码与相应的 IP 地址进行 "与" 运算，来提取出给定 IP 地址中的网络号（包括子网络号）信息。对主机来说，在发送一个 IP 数据报之前，它会通过将本机 IP 地址的子网掩码分别与源 IP 地址和目标 IP 地址进行求 "与" 操作，提取出相应的源网络号和目标网络号以判断源主机和目标主机是否在同一网络中。对路由设备而言，一旦从某一个接口接收到一个数据包，则会以该接口 IP 地址所对应的子网掩码与所收到数据包中的目标 IP 地址进行求 "与" 操作，提取出目标网络号后以此进行路由选择。

3.1.3.4　可变长子网掩码 VLSM

当利用子网划分技术来进行 IP 地址规划时，经常会遇到各子网主机规模不一致的情况。例如，对于一家企业或公司来说，可能在公司总部会有较多的主机，而分公司或部门的主机数则相对较少。为了尽可能地提高地址利用率，必须根据不同子网的主机规模来进行不同位数的子网划分，从而会出现网络内不同长度的子网掩码并存的情况。通常将这种允许在同一网络范围内使用不同长度子网掩码的方法称为可变长子网掩码（Variable Length Subnet Mask，VLSM）技术。下面通过一个具体案例来说明。

图 3-9 所示，某企业除总部之外，还拥有一家主机规模为 30 台的分公司和一家主机规模为 10 台的远程办事处，总部的主机规模为 60 台，总部与分公司及办事处之间通过 ISP 的广域网链路相连，该企业只申请到了一个 C 类网络 218.75.16.0/24。该网络建议采用 VLSM 技术进行子网划分，具体步骤如下：

第一步，为满足总部网络规模的要求，先对该网络进行 2 位长度的子网划分，共得到 4 个主机规模为 62 的子网，将其中的子网 218.75.16.0/26 分配给公司总部，还余留 3 个主机规模为 62 的子网。

第二步，对子网 218.75.16.64/26 再进行 1 位长度的子网划分（相当于子网掩码变长为 27），得到 2 个主机规模为 30 的子网，将其中的子网 218.75.16.64/27 分配给分公司，余留一个主机规模为 30 的子网 218.75.16.96/27。

第三步，为满足远程办事处网络规模的需求。再对子网 218.75.16.96/27 进行 1 位长度的子网划分（相当于子网掩码变长为 28），得到 2 个主机规模为 14 的规模更小的子网，将其中的子网 218.75.16.96/28 分配给这家远程办事处，余留一个 218.75.16.112/28 的子网。

第四步，为了得到两个主机规模为 2 的子网供两条广域网链路对接使用，需要对子网 218.75.16.112/28 再进行子网划分，从其主机位借出 2 位（相当于子网掩码变长为 30），可得到 4 个主机规模为 2 的子网，拿出其中的两个子网供这两条广域网链路使用。

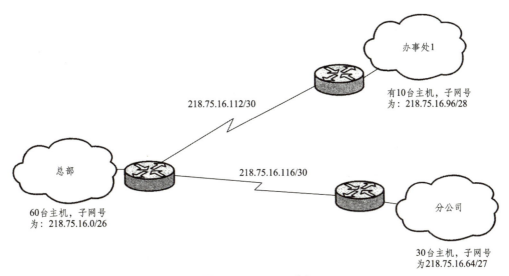

图 3-9　VLSM 示例

大家可能会注意到，在上面的例子中，用到了那些子网位为全 0 或全 1 的子网，即前面提到的不可用子网。这是因为尽管以前在颁布子网划分技术时对全 0 和全 1 的子网做了禁用规定，但出于提高 IP 地址利用率的考虑，现在的网络厂商所提供的主机及网络设备基本上都能够支持这种所谓禁用的子网。

3.1.3.5　无类域间路由

CIDR（Classless Inter-Domain Routing）技术是一种无类别的 IP 地址分配和路由方法，通过灵活地划分子网和汇聚路由，有效提高了 IP 地址利用率、简化了路由表，并延缓了 IPv4 地址耗尽，为互联网的持续发展提供了关键支持。

无类别域间路由（Classless Inter-Domain Routing，CIDR）是 VLSM 的延伸使用，它允许将若干个较小的网络合并成一个较大的网络，以无类别的方式对 IP 地址进行分配和路由，其目的是将多个 IP 地址结合起来使用。Classless 表示 CIDR 借鉴了子网划分技术中取消 IP 地址分类结构的思想，使 IP 地址变为无类别的地址。与子网划分将一个较大的网络分成若干个较小的子网相反，CIDR 是将若干个较小的网络合并成了一个较大的网络，因此又被称为超网（Supernet）。

CIDR 特别适用于中等规模的网络。由于用于中等规模网络的 B 类地址已经很难申请到，为了解决 IP 地址短缺问题，可以采取申请几个连续的 C 类地址，再使用 CIDR 聚合这些地址后使用。下面通过一个具体案例来说明。

图 3-10 所示为一个采用 CIDR 的企业网实例。该企业的网络有 1500 个主机，由于难以申请到 B 类地址，因此该企业申请了 8 个连续的 C 类地址：192.56.0.0/24 ~ 192.56.7.0/24，解决了地址资源短缺的问题。但是，这样的地址分配方案就使这个企业的网络变成了 8 个相对独立的 C 类网络，如果这 8 个 C 类网络各自管理，会显著增加网络管理的开销。即在企业网与外部网络之间的边界路由器上，需要为这 8 个 C 类网段生成 8 条路由信息，明显增加了路由器的管理开销。

采用 CIDR 则可以将这 8 个连续的 C 类网络汇聚成一个网络，如表 3-5 所示，所有 8 个 C 类网络的前 21 位都是相同的，第三个字节的最后 3 位从 000 变为 111，因此该网络的网络号可表示为 192.56.0.0，对应的子网掩码可定为 255.255.248.0，即地址的前 21 位标识网络，剩余的 11 位标识主机。而在企业网与外部网的边界路由器上只要生成一条关于 192.56.0.0/21 的路由信息即可。

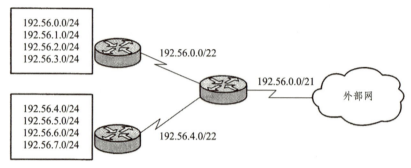

图 3-10　CIDR 示例

表 3-5　8 组网络地址的特征

网络地址	第一个字节	第二个字节	第三个字节 8 位组	第四个字节 8 位组
192.56.0.0/24	11000000	00111000	00000000	00000000
192.56.1.0/24	11000000	00111000	00000001	00000000
192.56.2.0/24	11000000	00111000	00000010	00000000
192.56.3.0/24	11000000	00111000	00000011	00000000
192.56.4.0/24	11000000	00111000	00000100	00000000
192.56.5.0/24	11000000	00111000	00000101	00000000
192.56.6.0/24	11000000	00111000	00000110	00000000
192.56.7.0/24	11000000	00111000	00000111	00000000

从上面的例子可以看出，CIDR 既可在一定程度上解决 B 类地址严重缺乏的问题，又能有效防止路由表膨胀。但在具体操作 CIDR 时必须遵守下列规则：

（1）网络号的范围必须是 2 的 N 次方，如 2、4、8、16 等。

（2）网络地址最好是连续的。

若能满足上述规则，就可以使用速算的方法来快速确定合并后超网的子网掩码。这里举一个例子，若一个单位需要 2000 多台计算机，若用二进制数表示 2000 时，需要使用至 11 个比特位（$2^{11} = 2048$）。因此，对于一个 32 比特的 IP 地址来说，其中，11 位要用于主机号，剩余的 21 位就要作为网络号，从而得出子网掩码为 255.255.248.0。

注意：并不是所有的 C 类地址都可以作为超网的起始地址，只有一些特殊的地址可以使用，读者可以想一想，这类地址应具有什么特点？另外，要使用 VLSM 和 CIDR 操作网络时，要求相关的路由器和路由协议必须能够支持。

3.1.4　下一代互联网的网际协议 IPv6

IPv4 协议是目前广泛部署的互联网协议，从 1981 年最初定义（RFC791）到现在已经有 40 多年的时间,实践证明 IPv4 是一个非常成功的协议,它成就了互联网的巨大发展。

然而,随着互联网的发展速度、建设规模和应用需求的不断增长,使互联网开始面临着 IPv4 地址空间不足、网络威胁增多、移动性支持有限等一系列问题。在这些问题中,最需要解决的是 IPv4 地址空间不足的问题。

尽管人们先后引入了 VLSM、CIDR 和 NAT 等改进技术,但这些方法仍然不能从根本上解决问题。到目前为止,IPv4 地址已经耗尽。同时,随着电信网络、电视网络和计算机网络 3 个独立的网络融合成"下一代网络",越来越多的智能设备也需要 IP 地址,如物联网设备、车机系统、智能家居等。IPv4 已经无法支撑下一代网络的发展。

为了解决 IPv4 协议在互联网发展过程中遇到的问题,IETF 于 1992 年 6 月提出制定下一代互联网协议 IPng(IP next generation)计划,即现在的 IPv6 协议。1998 年,IETF 正式发布了 IPv6 的系列标准草案。

3.1.4.1 IPv6 的新特性

与 IPv4 相比,IPv6 的主要新特性如下。

1. 巨大的地址空间

有一种夸张的说法是:IPv6 可以做到地球上的每一粒沙子都有一个 IP 地址。我们知道 IPv4 中,理论上可编址的节点数是 2^{32},按照目前的全世界人口数,大约每 2 个人才能拥有 1 个 IPv4 地址。而 IPv6 地址长度为 128 位,可用地址数是 3.4×10^{38} 意味着世界上的每个人都可以拥有 4.4×10^{22} 个地址。如此巨大的地址空间使 IPv6 彻底解决了地址匮乏问题,为互联网的长远发展奠定了基础。

2. 全新的报文结构

在 IPv6 中,报文头包括固定头部和扩展头部,一些可选项字段被移到了 IPv6 协议头之后的扩展协议头中。这使得网络中的路由器在处理 IPv6 协议头时,大多数的选项可忽略,从而加快了整个处理过程。

3. 全新的地址配置方式

IPv6 为了方便设备的快速接入,简化了地址配置方法,IPv6 除了支持手工地址配置和有状态自动地址配置(利用专用的地址分配服务器动态分配地址)外,还支持一种无状态地址配置技术。在无状态地址配置中,网络上的主机能自动给自己配置 IPv6 地址。

4. 允许对网络资源进行预分配

IPv6 在包头中新定义了一个叫作流标签的特殊字段。IPv6 的流标签字段使得网络中的路由器可以对属于同一个流的数据包进行识别并高效处理。利用这个标签,路由器可以在不打开内层数据包的情况下识别流,为快速处理实时业务(如语音、视频等)提供了支撑。

5. 内置的安全性

IPv6 协议集成了 IPSec（Internet Protocol Security），为网络层提供了认证和加密功能。IPSec 是一种基于安全标准的解决方案，可以提高不同 IPv6 实现方案之间的互操作性。它为用户提供了端到端的安全特性，有助于保护网络数据的机密性、完整性和可用性。

6. 全新的邻居发现协议

IPv6 中的邻居发现协议（Neighbor Discovery Protocol，NDP），是一系列用于管理相邻节点之间交互的机制。ND 协议在 IPv6 中起到了关键作用，它使用更高效的单播和组播报文，替代了 IPv4 中的多种功能，如地址解析（ARP）、ICMP 重定向等。

7. 高可扩展性

IPv6 通过引入扩展报头的概念，提供了更灵活方式来处理不同的协议需求。扩展报头是在 IPv6 基本报头之后插入的，可以根据需要添加多个扩展报头。这种设计使 IPv6 易于支持新的功能和协议，同时也简化了 IPv6 头部结构。

8. 高移动性

通过使用路由扩展报头和目的扩展报头，IPv6 实现了内置的移动性，使得移动节点能够在不同网络之间无缝切换，同时保持与其他节点的通信。

3.1.4.2　IPv6 协议数据报

1. IPv6 报文结构

IPv6 报文由一个 IPv6 报头、多个扩展报头和一个上层协议数据单元组成。IPv6 报文结构如图 3-11 所示。

IPv6 Header	Extension Header	Upper Layer Protocol Data Unit

图 3-11　IPv6 报文结构

1）IPv6 基本报头（IPv6 Header）

每一个 IPv6 报文都必须包含报头，其长度固定为 40 字节。

2）扩展报头（Extension Headers）

IPv6 扩展报头在基本报头后，没有最大长度限制，IPv6 可以根据通信需求封装一个或多个扩展报头，当然也可以没有扩展报头。新的扩展报头格式增强了 IPv6 的功能，使其具有强大的扩展性。

3）上层协议数据单元（Upper Layer Protocol Data Unit）

上层协议数据单元一般由上层协议头部和它的有效载荷构成，可以是 ICMPv6 报文、TCP 报文或 UDP 报文。

2. IPv6 基本报头

IPv6 基本报头也称固定报头。其结构如图 3-12 所示，包含 8 个字段，总长度为

40 个字节。这 8 个字段分别为：版本号、流量类别、流标签、有效载荷长度、下一个报头、跳限制、源地址和目的地址。

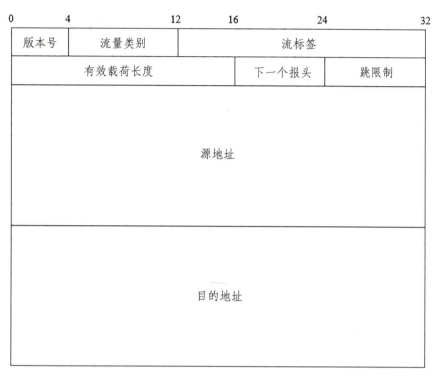

图 3-12　IPv6 基本报头格式

（1）版本号（version）：长度为 4 位，表示协议的版本。对于 IPv6，该字段为"0110"。

（2）流量类别（traffic class）：长度为 8 位，它的主要作用是识别流量类型，以实现针对不同类型流量的优先处理和资源分配。

（3）流标签（flow label）：长度为 24 位，它的主要作用是标识属于同一流的数据包，以便于网络设备区分同一类型流量中的不同流。流是指在发送方和接收方之间具有相同源地址、目的地址和其他一些共享属性的一组数据包。使用该字段可以实现更有效的网络资源分配和服务质量（QoS）管理。

（4）有效载荷长度（payload length）：长度为 16 位，用于表示 IPv6 数据包中载荷（即除去 IPv6 报头之后的部分）的长度。这个字段的值是以字节为单位的，所以最大可以表示的载荷长度为 65535 字节。

（5）下一个报头（next header）：长度为 8 位，用于表示紧随 IPv6 报头之后的报头类型。如图 3-13 所示，若基本报头的下一个报头字段值为 6，说明上层协议为 TCP；若基本报头的下一个报头字段值为 43，则指明紧跟在基本报头后面的是路由扩展报头。以此类推，如果数据报包括多个扩展报头，则每一个扩展报头的下一个报头字段仅指明紧跟着自己的扩展报头的类型，最后一个扩展报头的下一个报头字段指明上层协议。

IPv6 Header Next Header = 6 (TCP)	TCP Segment		

IPv6 Header Next Header = 43 (Routing)	Routing Header Next Header = 6 (TCP)	TCP Segment	

IPv6 Header Next Header = 43 (Routing)	Routing Header Next Header = 44 (Fragment)	Fragment Header Next Header = 6 (TCP)	TCP Segment Fragment

图 3-13　下一个报头字段的指代关系

（6）跳限制（hop limit）：长度为 8 位.，用于限制 IPv6 数据包在网络中的最大跳数。当 IPv6 数据包从源节点发送到目的节点时，每经过一个路由器，跳限制字段的值就会减 1。当跳限制值减到 0 时，数据包将被丢弃，该字段相当于 IPv4 中的 TTL（Time to Live）字段。

（7）源地址与目的地址：长度均为 128 位，用以标识数据的发送方和接收方。

3. IPv6 扩展报头

IPv6 的扩展报头是一种灵活的机制，用于在 IPv6 报头之后添加额外的信息和功能。与 IPv4 相比，IPv6 将一些可选项和功能移到了扩展报头中，从而提高了 IPv6 报头的处理效率。扩展报头按照特定的顺序排列，并通过"下一个报头"字段进行链接。以下是一些常见的 IPv6 扩展报头：

（1）跳数选项（Hop-by-Hop Options）：此报头包含需要在每个 IPv6 节点上进行处理的选项。例如，它可以用于指示节点检查数据包的完整性。此报头的下一个报头值为 0。

（2）目标选项（Destination Options）：此报头包含在目的地节点处理的选项信息。例如，它可以用于支持移动 IPv6。此报头的下一个报头值为 60。

（3）路由报头（Routing Header）：此报头用于定义数据包在 IPv6 网络中的路由路径。它包含一系列的 IPv6 地址，数据包会按照这些地址的顺序进行路由。此报头的下一个报头值为 43。

（4）片段报头（Fragment Header）：此报头用于支持 IPv6 数据包的分片和重组。当数据包大于链路层最大传输单元（MTU）时，需要对数据包进行分片。此报头的下一个报头值为 44。

（5）认证报头（Authentication Header, AH）：此报头提供数据包的完整性和认证保护。它可以防止数据包被篡改或伪造。此报头的下一个报头值为 51。

（6）封装安全载荷报头（Encapsulating Security Payload, ESP）：此报头提供数据包的保密性、完整性和认证保护。它可以防止数据包被窃听、篡改或伪造。此报头的下一个报头值为 50。

（7）移动 IPv6 报头（Mobility Header）：此报头用于支持 IPv6 移动性，允许 IPv6 节点在改变其连接点时保持通信。此报头的下一个报头值为 135。

3.1.4.3　IPv6 地址概述

IPv6 地址是用于在 IPv6 网络中唯一标识设备的 128 位地址。相较于 IPv4 的 32 位地址，IPv6 地址提供了更大的地址空间，解决了 IPv4 地址耗尽的问题。

1. IPv6 地址的表示方法

1）首选格式

IPv6 地址通常表示为 8 组 4 位十六进制数字，每组数之间用冒号分隔。例如：
下面是一个 128 位二进制的 IPv6 地址：

0010000000000001000001000001000000000000000000000000000000000001
0000000000000000000000000000000000000000000000000100010111111111

将其划分为每 16 位一段：

0010000000000001 0000010000010000 0000000000000000 0000000000000001
0000000000000000 0000000000000000 0000000000000000 0100010111111111

将每段转换为 16 进制数，并用冒号隔开：

2001：0410：0000：0001：0000：0000：0000：45FF

这就是 RFC2373 中定义的首选格式。

2）压缩表示

我们发现上面这个 IPv6 地址中有好多 0，有的甚至一段中都是 0，表示起来比较麻烦，可以将不必要的 0 去掉。故上述地址可以表示为：

2001：410：0：1：0：0：0：45FF

这仍然比较麻烦，为了更方便书写，RFC2373 中规定：当有一个或多个连续为 0 的十六进制数组时，为了缩短地址长度，可以用 ::（两个冒号）表示，但一个 IPv6 地址中只允许使用一个 ::。

故上述地址又可以表示为：

2001：410：0：1::45FF

注意：使用压缩表示时，不能将一个组内有效的 0 也压缩掉。例如，不能把 FF02：30：0：0：0：0：0：5 压缩表示成 FF02：3::5，而应该表示为 FF02：30::5。

3）内嵌 IPv4 地址的 IPv6 地址

内嵌 IPv4 地址的 IPv6 地址是一种特殊的 IPv6 地址，用于表示 IPv4 地址。这种地址主要用于在 IPv6 和 IPv4 网络之间进行转换和兼容。IPv6 地址的最后 32 位用于存储 IPv4 地址，而前面的部分则表示 IPv6 的前缀。

下面是这种表示方法的示例：

0：0：0：0：0：0：0：192.168.1.2 或者::192.168.1.2

0：0：0：0：0：0：FFFF：192.168.1.2 或者:: FFFF：192.168.1.2

2. IPv6 地址前缀

IPv6 地址前缀是 IPv6 地址中用于表示网络部分的一组连续位。前缀的长度通常在 1 到 128 位之间。IPv6 地址前缀可以用于识别属于同一子网的设备。其表示方法与 IPv4 中的一样，用"地址/前缀长度"来表示。

以下为一个前缀表示的示例：

12AB：0：0：CD30::/60

3. IPv6 地址类型

与 IPv4 一样 IPv6 也有不同的地址类型，包括单播、组播和任播类型。IPv6 取消了广播类型。

1）单播地址

IPv6 中的单播概念和 IPv4 中的单播概念是类似的，即指向单个网络接口的地址。与 IPv4 单播地址不同的是，IPv6 单播地址又分为链路本地单播地址（Link-local Unicast Address）、唯一本地地址（Unique Local Address）、全球单播地址（Global Unicast Address）。

2）任播地址

任播地址（anycast address）用于标识属于不同节点的一组接口。发送给一个任播地址的数据包将会被传送到由该任播地址标识的接口组中距离发送节点最近的一个接口上。

3）组播地址

组播地址（multicast address）也用于标识属于不同节点的一组接口。但是，发送给一个组播地址的数据包将被传递到由该组播地址所标识的所有接口上。组播地址的高 8 位为 1，在 IPv6 中没有广播地址。

此外，IPv6 还有两个特殊的地址：未定地址 0：0：0：0：0：0：0：0 和环回地址 0：0：0：0：0：0：0：1。未定地址（the unspecified address）不能分配给任何一个接口，一般用于 IPv6 数据包的源地址字段，表明发送该数据包的接口还没有分配到 IPv6 地址；而环回地址与 IPv4 一样，用于内部通信。

3.1.4.4 IPv4 过渡到 IPv6 的技术

尽管 IPv6 比 IPv4 具有明显的优势，但要在短时间内将 Internet 和各个企业网络中的所有系统全部从 IPv4 升级到 IPv6 是不可能的，IPv4 的网络将在相当长时间内和 IPv6 的网络共存。为了促进与保证 IPv4 网络向 IPv6 网络平滑迁移，IETF 已经设计了三种过渡策略使过渡时期更加平滑，这些不同的过渡机制分别适用于不同的场合。

1. 双协议栈

双协议栈是一种最直接的过渡机制。该机制在网元的网络层同时实现 IPv4 和 IPv6 两种协议。由于同时实现了 IPv4 和 IPv6 协议，因此各网元能够同时承载 IPv4 和 IPv6 的流量。

图 3-14 所示为一个双栈网元中，高层应用使用协议栈的情况。当主机或者路由器提供双栈协议之后，原有的不支持 IPv6 的 IPv4 应用可以继续使用 IPv4 来与其他节点进行通信。而那些支持 IPv6 的新应用一般同时也兼容 IPv4，因此在利用网络层的 IP 协议与其他节点通信时，源主机需要向 DNS 查询，以确定使用哪个版本，根据 DNS 查询的结果，选择使用 IPv4 或者 IPv6。

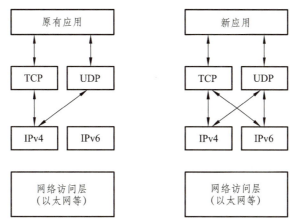

图 3-14　IPv4/IPv6 双协议栈结构与上层应用

尽管双协议栈是实现 IPv4 和 IPv6 兼容的一种最为直接的方法，但是由于需要同时支持 IPv4 和 IPv6 两种协议，因此整个协议栈的结构比较复杂。特别是对于双栈路由器，不仅需要同时运行两套路由协议，同时还需要保存两套不同的路由表，从而要求路由器提供较高的 CPU 处理能力和更多的内存资源。如果将双栈过渡机制用于骨干网，则需要对大量的网络设备进行升级，其难度比较大。因此，在现阶段双栈网元一般只用于 IPv4 网络或者 IPv6 网络的边缘，作为隧道过渡机制的隧道端点部署。

2. 隧道技术

在 IPv6 开始部署的早期阶段，lPv6 网络相对于已有的 IPv4 网络是孤立存在的，为了在这些 IPv6 孤岛之间进行通信，就必须保证 IPv6 报文能够穿越 IPv4 网络，到达目的端的 IPv6 网络。隧道机制就是解决该问题的直接的方法。

所谓隧道是指一种协议封装到另外一种协议中以实现互联的技术。这里就是指在 IPv6 网络和 IPv4 网络邻接的双栈路由器上，利用 IPv4 报文封装 IPv6 报文，然后完全按照 IPv4 的路由策略将该报文发送到接收端网络中与目的 IPv6 网络邻接的另一个双栈路由器，由该路由器将封装在 IPv4 报文中的 IPv6 报文解封装，然后利用 IPv6 的路由策略完成 IPv6 报文的最终转发和处理过程。IPv4 隧道就是一个虚拟的点到点连接，对于所穿越的网络来说是透明的，在部署时只需要对隧道的起点和终点进行升级即可。图 3-15 所示为一个利用 IPv4 隧道实现 IPv6 网络互连的例子。

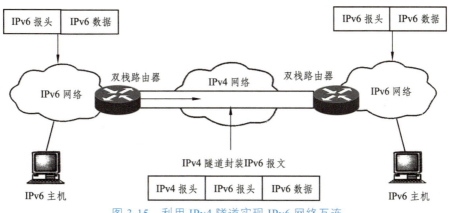

图 3-15　利用 IPv4 隧道实现 IPv6 网络互连

3. 协议转换

隧道方式一般用于源与目标均为 IPv6 的网络环境，当 IPv6 网络中不支持 IPv4 的节点需要和 IPv4 网络中不支持 IPv6 的节点进行通信时，就不再适用隧道方式。此时需要使用协议转换的方法来实现。

附带协议转换的网络地址转换（Network Address Translation-Protocol Translation，NAT- PT）技术就是一种利用协议转换来实现纯 IPv6 网络和纯 IPv4 网络之间互通的方法。

使用 NAT-PT 进行 IPv6 和 IPv4 网络互通的简单示意图如图 3-16 所示。当右边的 IPv6 网络需要与左边的 IPv4 网络相互通信时。需要通过位于它们之间的 NAT-PT 转换网关对报文的地址和格式等信息进行必要的转换，以实现两种不同类型的网络互连。另外，NAT-PT 通过与应用层网关（ALG）技术相结合，能够实现 IPv4 主机和 IPv6 主机之间的应用互通。

NAT-PT 较好地解决了纯 IPv6 和纯 IPv4 的互通问题，其优点是不需要改动原有的各种协议。但是，与 IPv4 的 NAT 机制类似，由于 NAT-PT 需要对 IP 地址进行转换，因此通信过程变得不再透明，而且这种方式也牺牲了端到端的安全性。由于这些缺点，IETF 在 RFC 4966 中已经废弃了 NAT-PT。

图 3-16　NAT-PT 技术

课后思考题

1. IP 地址有什么作用？如何来表示？由哪两分部组成？

2. IP 地址可以分为哪几类？描述每类的特点。

3. 若要将一个 B 类的网络 172.17.0.0 划分为 14 个子网，请计算出每个子网的子网掩码，以及在每个子网中主机地址的范围是多少？

4. 说明子网掩码的作用，并判断主机 172.24.100.45/16 和主机 172.24.101.46/16 是否位于同一网段中。试分析与主机 172.24.100.45/24 和主机 172.24.101.46/24 的情况是否相同？

5. 若要将一个 B 类的网络 172.17.0.0 划分子网，其中包括 3 个能容纳 16000 台主机的子网，7 个能容纳 2000 台主机的子网，8 个能容纳 254 台主机的子网，请写出每个子网的子网掩码和主机地址的范围。

6. 对于一个从 192.168.80.0 开始的超网，假设能够容纳 4000 台主机，请写出该超网的子网掩码以及所需使用的每一个 C 类的网络地址。

7. 现有如图 3-17 所示的网络，网段 1 和网段 2 通过两个路由器经网段 3 连接，已知网段 3 的网络号为 202.22.4.16/28，且网段 1 和网段 2 的主机数均不超过 254 台，试完成以下工作：

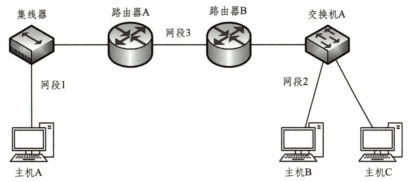

图 3-17　题 7 图

（1）使用私有 IP 地址空间并采用子网划分技术，分别为网段 1 和网段 2 分配一个子网络号，并指明其子网掩码的值。

（2）为路由器 A 和路由器 B 的每个接口分配一个 IP 地址。

（3）为网段 2 中的主机 B 分配一个 IP 地址，并指出默认网关的 IP 地址。

8. 从 IPv4 到 IPv6 的过渡技术有哪些？分析其实现的机制。

任务 3.2　认识网络互联设备

任务简介

　　路由器是一个工作在 OSI 参考模型第三层（网络层）的交换设备，其主要功能是连接不同的网络，并根据路由表项转发数据包。所以路由器要比交换机有更高层次的处理能力。本任务介绍了网络互联设备-路由器，重点介绍了路由、路由表、路由协议的基本概念。学完本任务，学习者能了解路由器的基本功能，并在网络组建时正确地进行设备选型。

任务目标

　　（1）描述路由、路由表、路由协议的基本概念。

　　（2）根据组网要求选择合适的设备组网。

3.2.1　路由器简介

　　路由器是工作在 OSI 模型中网络层的网络互联设备，与物理层或数据链路层的设备相比，其主要功能如下：

1. 提供异构网络的互联

　　路由器可以提供与多种网络连接的接口，从而可以支持各种异构网络的互联，包括 LAN—LAN、LAN—MAN、LAN—WAN、MAN—MAN 和 WAN—WAN 等多种互联方式。

路由器通过在网络层进行数据的操作，屏蔽了物理层及数据链路层的差异，从而实现了基于 IP 协议的分组转发。只要所有互联的网络、主机及路由器能够支持 IP 协议，那么位于不同 LAN、MAN 和 WAN 的主机之间就都能以统一的 IP 数据报形式实现相互通信。

2. 实现网络的逻辑划分

除了在物理上扩展网络，路由器还提供了在逻辑上划分网络的强大功能。路由器不同接口所连的网络属于不同的广播域，通过支持 VLAN 间通信、VRF 技术、VPN 技术等，实现网络的逻辑划分，提高了网络的安全性和管理性。根据前面的任务可以进一步看出，网络设备所关联的 OSI 层次越高，它的能力就越强。物理层设备只能简单地提供物理连接；数据链路层设备在提供物理连接的同时，还能进行冲突域的逻辑划分；而网络层设备则在提供了逻辑划分冲突域的基础上还能进行广播域隔离，可有效地防止广播风暴。

3.2.2 路由器的组成与结构

路由器是组建互联网的重要设备，它和 PC 机非常相似，由硬件部分和软件部分组成，只不过它没有键盘、鼠标、显示器等外设。目前市场上路由器的种类很多，尽管不同类型的路由器在处理能力和所支持的接口数上有所不同，但它们的核心部件是一样的，都由 CPU、ROM、RAM、I/O 等硬件组成。

3.2.2.1 路由器的组成

1. 中央处理器（CPU）

和计算机一样，路由器也包含"中央处理器"（CPU）。不同系列和型号的路由器，所使用的 CPU 也不尽相同。路由器的处理器负责许多运算工作，比如维护路由表以及做出路由选择等。路由器处理数据包的速度在很大程度上取决于处理器性能。某些高端路由器上会拥有多个 CPU 并行工作。

2. 内　存

1）RAM（随机存取存储器）

RAM 是一种易失性存储器，用于临时存储路由器在运行过程中所需的数据，包括路由表、缓存、配置文件、操作系统等。当路由器关闭后，RAM 中的数据会丢失。RAM 的速度较快，对于路由器实时处理数据包和执行任务至关重要。

2）ROM（只读存储器）

ROM 是一种非易失性存储器，用于存储路由器的基本固件和引导程序。它在路由器启动时负责初始化硬件组件并加载操作系统。ROM 还提供故障恢复功能，当主操作系统出现问题时，可以从 ROM 中加载一个简化的操作系统进行恢复。

3）Flash（闪存）

Flash 是一种非易失性存储器，用于存储路由器的操作系统（如 Cisco IOS）和配置文件。Flash 通常可以被擦写和重新编程，这使得升级操作系统和备份配置文件变得容易。当路由器启动时，设备会将操作系统从 Flash 拷贝到 RAM 中运行。

4）NVRAM（非易失性随机存取存储器）

NVRAM 是一种非易失性存储器，用于存储路由器的持久配置文件，如启动配置。NVRAM 在路由器关闭后仍能保留数据。当路由器启动时，启动配置会从 NVRAM 复制到 RAM 中，以便路由器按照配置文件进行操作。

3. 接口（Interface）

路由器的接口提供了异构网络连接的通道，通常来说路由器的一个接口就是一个网络，路由器通过接口在物理上把处于不同逻辑地址的网络连接起来。这些网络的类型可以相同，也可以不同。路由器的接口主要有局域网接口、广域网接口和路由器配置接口三种，如图 3-18 所示。

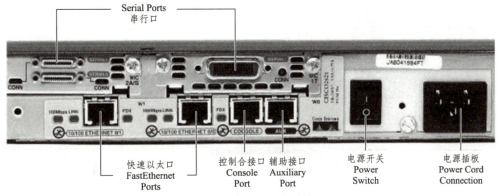

图 3-18 路由器的各种接口

1）局域网接口

主要用于路由器与局域网的连接。由于目前局域网多以以太网为主，所以常见的局域网接口主要是 RJ45 和光纤以太网接口。

2）广域网接口

在网络互连中，路由器主要用于局域网与广域网、广域网与广域网之间的互连。路由器的广域网接口主要有高速同步串口、异步串口、ISDN BRI 接口等。应用最多的是高速同步串口，其最高速率可达 2.048 Mb/s，主要用于 DDN、帧中继、X.25 等专线。异步串口主要用于远程计算机通过公用电话网拨入网络，最高速率可达 115.2 Kb/s。ISDN BRI 接口用于 ISDN 线路与 Internet 或其他远程网络的连接。骨干层路由器还提供了 ATM、POS（IP Over SDH）以及高速率以太网接口（100 Gb/s）。

3）路由器配置接口

路由器配置接口主要有 CONSOLE 和 AUX 两个。CONSOLE 口通过专用配置线缆连接计算机串口，利用终端程序实现路由器的本地配置。AUX 口为异步口，主要功能是在主要管理通道出现问题时，提供一种远程访问路由器的方式。

4. 路由器的软件

如 PC 机一样，路由器也需要操作系统才能运行。例如，思科路由器的操作系统软件叫作 IOS（Internetwork Operating System）。路由器的平台（platform）不同、功能不同，运行的系统软件也不尽相同。

3.2.2.2　路由器结构

交换、转发 IP 报文是路由器在网络层的主要工作。图 3-19 展示了路由器的组成框图。从图中可以看出，其组成结构可分为路由选择机构和报文转发机构两大部分。

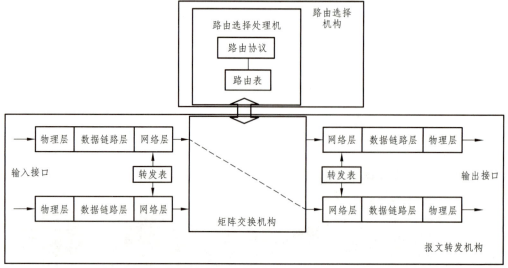

图 3-19　路由器的结构

1. 路由选择机构

路由选择的主要部件是路由选择处理机。路由选择机构负责确定数据包从源地址到目的地址的最佳路径。为了实现这一目标，路由选择机构使用路由协议（如 RIP、OSPF、EIGRP 或 BGP）来收集并维护路由信息。这些信息被存储在路由表中，路由表包含了从路由器到达其他网络的路径信息。

路由选择机构还负责处理路由更新，以便在网络拓扑发生变化时更新路由表。此外，路由选择机构还可以根据策略和负载均衡需求对路由进行筛选和优化。

2. 报文转发机构

报文转发机构也称为报文交换机构，由矩阵交换机构、报文输入、输出接口两部分组成。报文转发机构负责将数据包从路由器的一个接口转发到另一个接口，以便数据包沿着最佳路径传输。在接收到数据包时，报文转发机构首先会检查数据包的目的地址，并根据路由表中的信息确定下一跳地址。然后，报文转发机构会将数据包发送到相应的接口，以便数据包能够到达下一跳。

报文转发机构还需要处理各种网络层问题，如分片、重新组装和差错处理。此外，报文转发机构还可以实现一些高级功能，如流量策略、负载均衡和安全过滤等。

3.2.3　路由器的工作原理

路由器是一个重要的网络互连设备，它的主要作用是为收到的报文寻找正确的路径，并把它们转发出去。下面用一个例子来说明路由器的工作原理。我们可以把互联网上数据传输的过程分为三个步骤：源主机发送数据包、路由器转发数据包、目的主机接收数据包，如图 3-20 所示。

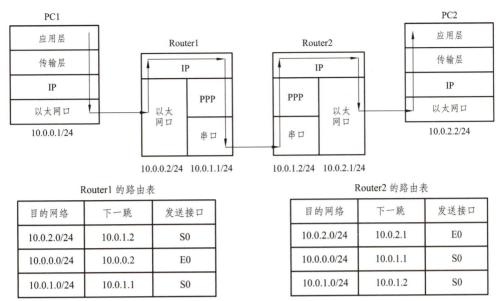

图 3-20　路由器的工作流程

当 PC1 主机的 IP 层接收到要发送一个数据包到 10.0.2.2 的请求后，就用该数据构造 IP 报文，并计算 10.0.2.2 是否和自己的以太网接口 10.0.0.1/24 处于同一网段，计算后发现不是，它就把这个报文发给它的默认网关 10.0.0.2 去处理，由于 10.0.0.2 和 10.0.0.1/24 在同一个网段，于是将构造好的 IP 报文封装目的 MAC 地址为 10.0.0.2 的 MAC 地址，然后向 10.0.0.2 转发。当然，如果 ARP 表中没有和 10.0.0.2 相对应的 MAC 地址，就发 ARP 请求得到这个 MAC 地址。

下面我们来描述路由器对于接收到的包的转发过程：

（1）Router1 从以太网口收到 PC1 发给它的数据后，去掉链路层封装后将报文交给 IP 路由模块。

（2）然后 Router1 对 IP 包进行校验和检查，如果校验和检查失败，这个 IP 包将会被丢弃。同时会向源主机 10.0.0.1 发送一个参数错误的 ICMP 报文。

（3）若校验成功，IP 路由模块会根据目的 IP 地址进行查表，然后确定这个报文的下一跳为 10.0.1.2，发送接口为 S0。如果未能查找到关于这个目的地址的匹配项，则这个报文将会被丢弃，并向源主机 10.0.0.1 发送 ICMP 目的不可达报文。

（4）确定了下一跳之后，Router1 会将这个报文 TTL 减 1，并进行合法性检查，如果报文 TTL 为 0，则丢弃该报文，并向源主机 10.0.0.1 发送一个 ICMP 超时报文。

（5）若 TTL 不为 0，则 Router1 会根据发送接口的最大传输单元（MTU）决定是否需要进行分片处理。如果报文需要分片但是报文的 DF 标志被置位，则丢弃该报文，并向源主机 10.0.0.1 发送一个 ICMP 的不可达报文。

（6）正常分片处理后，Router1 才将这个报文交给数据链路层处理，封装为 PPP 帧后将其从 S0 口发送出去。

Router2 重复与 Router1 同样的动作，最终将数据包传送到 PC2。目的主机接收数据的过程，我们就不再讨论了。从整个处理过程来看，路由器是 IP 网络中负责数据交换的核心设备，路由表是路由器转发过程的核心依据。

3.2.4 路由与路由表

路由是数据包从源节点传输到目标节点的过程。通俗地讲，就是解决"何去何从"的问题。路由是网络层最重要的功能，在网络层完成路由功能的专有网络互连设备称为路由器。除了路由器外，某些交换机也能通过集成路由模块来实现网络层的路由功能，这种带路由模块的交换机又被称为三层交换机。另外，在网络操作系统软件中也可以实现网络层的路径选择功能，在操作系统中实现的路由功能也被称为软路由。不管是软件路由、三层交换机还是路由器，虽然它们存在一些性能上的差异，但在实现路由功能的原理上都是类似的。

路由器将所有到达目标网络的最佳路径信息以数据表的形式存储起来，这种专门用于存放路由信息的数据表被称为路由表。路由表中的不同表项给出了到达不同目标网络数据包需要经过的路由器接口或下一跳（next hop）。路由表的组成要素主要包含三项：标识目的地的"目的网络"、到目的网络路径上的"下一跳地址"和到目的网络路径上的本地"出接口"。这三个参数决定了数据包的详细转发路径。

路由表的组成要素除了有"目的网络""下一跳地址""出接口"以外，还有"管理距离（Administrative Distance）"和"度量值（Metric）"，如表 3-6 所示。"管理距离"是一种评估路由协议可靠性的指标，用于比较不同路由来源的可信度，其数值越低则表示可信度越高。"度量值"是衡量同一路由来源下路径优劣的参数，其数值越低则表示路径越优，不同路由来源的度量值的计算方式是不同的，比如 RIP 的度量值是按照距离（跳数）来算的，而 OSPF 的度量值则是按照带宽来计算。这两个参数是路由器衡量路径优劣的重要依据。

表 3-6　某路由器的路由表

目的网络	下一跳地址	出接口	管理距离	度量值
10.2.0.0/16	10.2.0.6	G0	0	0
10.3.0.0/16	10.3.0.6	G1	0	0
10.1.0.0/16	10.2.0.5	G0	100	1
10.4.0.0/16	10.3.0.7	G1	60	0

这里用一个例子简单介绍一下路由器的查表过程。

图 3-21 显示了通过 3 台路由器互联的拓扑，表 3-7 给出了路由器 R 的路由表。如果路由器 R 收到一个目的地址为 10.4.0.16 的 IP 数据报，那么它在进行路由选择前，首先将该 IP 地址与目的网络的子网掩码 255.255.0.0 进行"与"操作，由于得到的结果 10.4.0.0 与本表项目的网络地址 10.2.0.0 不相同，说明这一条路由选择不成功，需要对路由表的下一个表项进行上述操作。当对路由表的最后一个表项操作时，发现目的地址 10.4.0.16 与子网掩码 255.255.0.0 相"与"后的结果，同目的网络地址 10.4.0.0 一致，说明选路成功。于是路由器 R 将报文从自己的出接口 G1 转发至该表项指定的下一跳地址 10.3.0.7（即路由器 S 的入接口）。当然，路由器 S 接收到该 IP 数据报后也需要按照自己的路由表，决定数据报的去向。

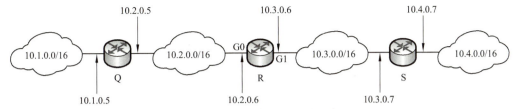

图 3-21　通过 3 台路由器互联 4 个子网

表 3-7　路由器 R 的路由表

目的网络	下一跳地址	出接口
10.2.0.0/16	10.2.0.6	G0
10.3.0.0/16	10.3.0.6	G1
10.1.0.0/16	10.2.0.5	G0
10.4.0.0/16	10.3.0.7	G1

微课：路由与路由表

3.2.5　路由来源

维持一个能正确反映网络拓扑与状态信息的数据表对于路由器来说至关重要。路由器中路由表的来源有三种，分别是静态路由、动态路由和直连路由。

1. 静态路由

静态路由是指网络管理员根据其所掌握的网络连通信息以手工配置的方式创建的路由表项，也称为非自适应路由。静态路由实现简单而且开销较小，配置静态路由时要求网络管理员对网络的拓扑结构和网络状态有非常清晰的了解，而且当网络拓扑发生变化时，静态路由的更新也要通过手工方式完成。静态路由通常用于网络结构简单、稳定且不需要实时更新路由信息的场景。

2. 动态路由

显然，当网络连接规模增大或网络中的变化因素增加时，仅依靠手工方式生成和维护路由表将会变得非常困难，同时也很难及时适应网络状态的变化。此时，可采用一种能自动适应网络状态变化，并且能够对路由表项进行动态更新和维护的路由生成方式，即动态路由。

动态路由是依靠路由协议自主学习、计算而获得的路由信息，又称为自适应路由。通过在路由器上运行路由协议就能使路由器自动生成并动态维护相关的路由信息。使用路由协议动态构建的路由表不仅能较好地适应网络状态的变化，同时也大大减少了人工生成与维护路由表的工作量。大型网络或网络状态变化频繁的网络通常都会采用动态路由。但动态路由的开销相对较大，其开销一方面来自交换路由信息所消耗的网络带宽资源，另一方面来自计算最佳路径时所占用的路由器本地资源，包括路由器的CPU 与存储资源。

3. 直连路由

路由器直接连接的接口若正确配置 IP 地址以后且接口是 UP 的，就会自动生成直连路由条目（direct），来指示路由器身边的网络在哪里。这种路由条目是由链路层自动发现的，不需要运行路由协议，没有任何开销。

微课：路由来源

3.2.6　路由协议

从前面的路由过程来看，路由器不是直接把数据送到目的地，而是把数据送给朝向目的地更近的下一台路由器，称为下一跳（Next Hop）。为了确定下一跳，路由器必须知道有哪些非直连网络，这可以通过动态路由协议（Routing Protocol）来实现。

路由协议是路由器之间通过交换路由信息来建立、维护动态路由表，并计算最佳路径的网络协议。路由器通过路由协议把自己的直连信息通告给它的邻居，再由邻居通告给邻居的邻居，这样逐级传递使网络中的每一台路由器都了解到了远程的网络，达到学习路由的目的。当网络发生变化时，路由器会向外通告这个变化，直至全网知晓，进而使全网路由器及时调整自己的路由表以反映当前的网络状况。

路由协议有两种分类方式。

1. 按照算法分类

按路由选择算法的不同，路由协议分为距离矢量（distance vector）路由协议和链路状态（link state）路由协议两大类。距离矢量路由协议的典型例子为路由消息协议（Routing Information Protocol，RIP）；链路状态路由协议的典型例子有开放最短路径优先协议（Open Shortest Path First，OSPF）和中间系统到中间系统协议（Intermediate System to Intermediate System，IS-IS）。

2. 按照作用范围分类

按照作用范围和目标的不同，路由协议可分为内部网关协议和外部网关协议。内部网关协议（Interior Gateway Protocols，IGP）是指作用于自治系统以内的路由协议；外部网关协议（Exterior Gateway Protocols，EGP）是指作用于不同自治系统之间的路由协议。

自治系统（Autonomous System，AS）是指网络中那些由同一个机构操纵或管理、对外表现出相同路由视图的路由器所组成的网络系统。例如，一所大学、一家公司的网络都可以构成自己的自治系统。自治系统由两个字节的自治系统号进行标识，该标识由国际互联网络信息中心指定并具有唯一性。一个自治系统的最大特点是它有权决定在本系统内所采用的路由协议。

引入自治系统的概念，相当于将复杂的互联网分成了两部分，一个是自治系统的内部网络，另一个是将自治系统互连在一起的骨干网络。通常，自治系统内的路由选择被称为域内路由（intra-domain routing），而自治系统之间的路由选择则称为域间路由（inter-domain routing）。

关于内部网关协议和外部网关协议作用的简单示意图如图 3-22 所示。域内路由采用内部网关协议，域间路由使用外部网关协议。内部网关协议和外部网关协议的主要区别在于其工作目标不同，前者关注于如何在一个自治系统内部提供从源到目标的最佳路径，后者关注于如何在不同自治系统之间进行路由信息的传递或转换，并为不同自治系统之间的通信提供多种路由策略。

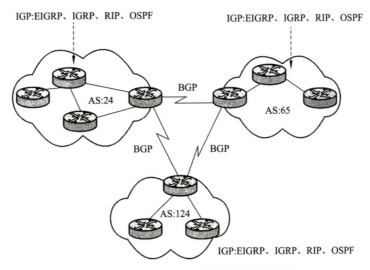

图 3-22　IGP 和 EGP 的作用范围示意图

前面所提到的 RIP、OSPF 和 IS-IS 协议属于内部网关协议。目前在 Internet 上广为使用的边界网关协议（Border Gateway Protocol，BGP）则属于典型的外部网关协议。

课后思考题

1. 简析路由、路由器、路由表的关系。
2. 简述路由器的作用。
3. 简述路由器的工作原理。

任务 3.3　实训：配置单臂路由实现 VLAN 间互访

任务简介

局域网通常会使用 VLAN 技术来隔离二层广播域以减少广播的影响，但是此做法同时也会隔离不同 VLAN 之间的业务流量。在生产环境，经常会出现某些用户需要跨越 VLAN 通信的情况，这虽然可以使用三层交换机来实现，但是多数企业在网络建设初期，购买的仅是二层交换机，不具备路由功能。而单臂路由技术就是最好的利旧解决方案，它能够实现跨 VLAN 的通信。本任务介绍了华为路由器配置单臂路由的方法。学完本任务，读者能够了解路由器的基本管理方法，掌握单臂路由的配置方法。

任务目标

根据生产环境需求，部署单臂路由实现网络连通。

3.3.1　单臂路由的实现原理

单臂路由的原理是使用路由器来转发不同 VLAN 间的数据。在路由器上为每个 VLAN 分配一个单独的三层接口作为网关是能够实现流量互通的，但是如果虚拟局域网的数量过多的话，路由器本身的物理三层口数量是无法满足的，这就需要在路由器的一个物理接口上派生多个子接口，如图 3-23 所示，来实现以一当多的功能。路由器同一物理接口的不同子接口作为不同 VLAN 的默认网关，当不同 VLAN 间的用户主机需要通信时，只需将数据包发送给网关，网关处理后再发送至目的主机所在 VLAN，就能实现 VLAN 间通信。由于从拓扑结构图上看，在交换机与路由器之间，数据仅通过一条物理链路传输，故形象地称之为"单臂路由"。

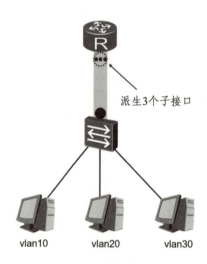

图 3-23　单臂路由示意图

3.3.2　任务书

某企业购置了一台路由器 R1 及一台二层交换机 S1 组建局域网，建设初期由于企业规模小，没有划分 VLAN 来隔离各部门网络，现在企业规模扩大，要求网络管理员在现有设备条件下为各部门划分 VLAN 隔离广播以优化网络性能，同时保证各部门间的业务互通。网络拓扑如图 3-24 所示。

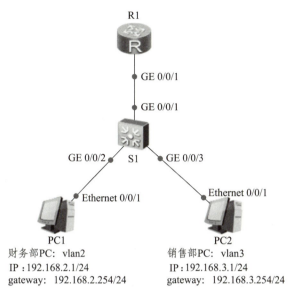

图 3-24　网络拓扑

3.3.3　任务准备

1. 分组情况

填写表 3-8。

表 3-8　学生任务分配表

班级		姓名		组号		指导老师	
组长							
组员							
任务分工							

2. 工具选择

本任务使用的工具包括 Console 线、笔记本电脑、shell 终端软件，如图 3-25 所示。

（a）Console 线　　　　（b）笔记本电脑　　　　（c）终端软件

图 3-25　设备配置工具

3. 路由器配置基础

1）路由器的启动过程

路由器主要存储组件包括非易失性存储器（NVRAM）、主 RAM（SDRAM）、启动只读存储器（BootROM）、闪存（Flash），如图 3-26 所示。

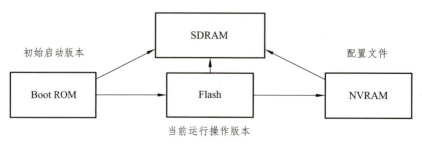

图 3-26　路由器储存组件

路由器启动时，先读取 Boot ROM 中的启动版本进行自检操作，紧接着读取 Flash 中的软件，进行网络操作系统的加载，最后会到 NVRAM 中读取启动时应该使用的配置文件。这些都完成之后，就进入用户操作模式，可以进行路由器的初始配置了。

2）路由器的配置方式

一般的路由器操作系统都支持多种方式对路由器进行配置。路由器有 5 种配置方式：

（1）利用终端通过 Console 控制口进行本地配置。

（2）利用异步口 Aux 连接 Modem 进行远程配置。

（3）通过 Telnet 方式进行远程配置。

（4）预先编辑好配置文件，通过 TFTP 方式进行网络配置。

（5）通过局域网上的 SNMP 网管工作站进行配置。

如图 3-27 所示，通过 Console 接口是常用的配置方式，且第一次配置路由器时必须采用该方式。

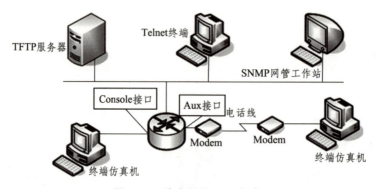

图 3-27　路由器的配置方式

3.3.4　实施步骤

（1）在 S1 上配置 VLAN，注意路由器的 g0/0/1 口需使用 trunk 口放行 vlan2 和 vlan3 的流量。

```
<Huawei>system-view              #进入系统视图
[Huawei]sysname S1               #修改设备名称为 S1
[S1]vlan batch 2 3               #创建 vlan2 和 vlan3
```

[S1]interface g 0/0/1	#进入 g0/0/1 接口
[S1-GigabitEthernet0/0/1]port link-type trunk	#配置 g0/0/1 口链路类型为 trunk
[S1-GigabitEthernet0/0/1]port trunk allow-pass vlan 2 3	#放行 vlan2 和 vlan3
[S1-GigabitEthernet0/0/1]interface g 0/0/2	#进入 g0/0/2 口
[S1-GigabitEthernet0/0/2]port link-type access	#配置 g0/0/2 口链路类型为 access
[S1-GigabitEthernet0/0/2]port default vlan 2	#将 vlan2 划分给 g0/0/2
[S1-GigabitEthernet0/0/2]interface g 0/0/3	#进入 g0/0/3
[S1-GigabitEthernet0/0/3]port link-type access	#配置 g0/0/3 口链路类型为 access
[S1-GigabitEthernet0/0/3]port default vlan 3	#将 vlan3 划分给 g0/0/3
[S1-GigabitEthernet0/0/3]quit	#退出

（2）在路由 R1 的 g0/0/1 口上创建两个子接口并正确配置相应网段的 IP 地址，分别作为 vlan2 和 vlan3 的网关。

<Huawei>system-view	#进入系统视图
[Huawei]sysname R1	#修改设备名称为 R1
[R1]interface g 0/0/1.2	#创建子接口 g0/0/1.2
[R1-GigabitEthernet0/0/1.2]dot1q termination vid 2	
#配置接口封装为 dot1q 并在收帧时终结 vlan2 的标签	
[R1-GigabitEthernet0/0/1.2]arp broadcast enable	#使能 arp 广播报文
[R1-GigabitEthernet0/0/1.2]ip address 192.168.2.254 24	#配置 IP 地址
[R1-GigabitEthernet0/0/1.2]interface g 0/0/1.3	#创建子接口 g0/0/1.3
[R1-GigabitEthernet0/0/1.3]dot1q termination vid 3	
#配置封装为 dot1q 并在收帧时终结 vlan3 的标签	
[R1-GigabitEthernet0/0/1.3]arp broadcast enable	#使能接收 arp 广播报文
[R1-GigabitEthernet0/0/1.3]ip address 192.168.3.254 24	#配置 IP 地址
[R1-GigabitEthernet0/0/1.3]quit	#退出

（3）验证配置，在 S1 中使用"display port vlan active"查看 vlan 接口配置，如图 3-28 所示，在 R1 中使用"display ip interface brife"查看三层口信息，使用"display ip routing-table"查看路由表项，如果三层口物理状态及协议状态全部都是"up"，如图 3-29 所示，就会生成直连路由，如图 3-30 所示，以指导不同网段间数据的转发。

```
[S1]display port vlan active
T=TAG U=UNTAG
---------------------------------------------------------
Port              Link Type      PVID      VLAN List
---------------------------------------------------------
GE0/0/1           trunk          1         U: 1
                                           T: 2 to 3
GE0/0/2           access         2         U: 2
GE0/0/3           access         3         U: 3
```

图 3-28　S1 的 vlan 接口信息

```
[R1]display ip interface brief
*down: administratively down
^down: standby
(l): loopback
(s): spoofing
The number of interface that is UP in Physical is 4
The number of interface that is DOWN in Physical is 2
The number of interface that is UP in Protocol is 3
The number of interface that is DOWN in Protocol is 3

Interface                       IP Address/Mask       Physical   Protocol
GigabitEthernet0/0/0            unassigned            down       down
GigabitEthernet0/0/1            unassigned            up         down
GigabitEthernet0/0/1.2         192.168.2.254/24      up         up
GigabitEthernet0/0/1.3         192.168.3.254/24      up         up
```

图 3-29　R1 的三层接口信息

```
[R1]display ip routing-table
Route Flags: R - relay, D - download to fib
------------------------------------------------------------
Routing Tables: Public
           Destinations : 10        Routes : 10

Destination/Mask       Proto   Pre   Cost       Flags  NextHop

       127.0.0.0/8     Direct  0     0          D      127.0.0.1
       127.0.0.1/32    Direct  0     0          D      127.0.0.1
 127.255.255.255/32    Direct  0     0          D      127.0.0.1
    192.168.2.0/24     Direct  0     0          D      192.168.2.254
0/0/1.2
  192.168.2.254/32     Direct  0     0          D      127.0.0.1
0/0/1.2
  192.168.2.255/32     Direct  0     0          D      127.0.0.1
0/0/1.2
    192.168.3.0/24     Direct  0     0          D      192.168.3.254
```

图 3-30　R1 路由表信息

（4）在终端正确配置网关地址如图 3-31、图 3-32 所示。

图 3-31　PC1 网卡设置

图 3-32　PC2 网卡设置

（5）使用 ping 命令进行终端的三层连通性测试，如图 3-33 所示。

图 3-33　PC1 ping PC2 的回显

微课：单臂路由配置

3.3.5 评价反馈

1. 评价考核评分

填写表 3-9。

表 3-9 评价评分考核表

项目名称	评价内容	分值	评价分数		
			自评	互评	师评
职业素养考核项目 40%	穿戴规范、整洁	10			
	积极参加教学活动	10			
	团队合作情况	10			
	现场管理 6S 标准	10			
专业能力考核项目 60%	终端连通性	20			
	子接口的配置情况	25			
	配置效率	15			
	总分				
总评	自评（20%）＋互评（20%）＋师评（60%）＝		综合等级		

2. 总结反思

任务中遇到的问题：_____

_____

问题分析：_____

_____

解决方案：_____

_____

结果验证：_____

_____

课后思考题

1. 交换机的上联口能否使用 access 接口，为什么？
2. 简析单臂路由任务中数据包的转发流程。

任务 3.4 实训：配置三层交换机实现 VLAN 间互访

任务简介

任务 3.3 介绍了使用路由器实现 VLAN 间互联的技术。但是，随着 VLAN 之间流量的不断增加，路由器由于自身成本高、转发性能低、接口数量少等特点无法很好地满足网络发展的需求，很可能导致路由器成为整个网络的瓶颈。因此，出现了三层交换机这样一种能实现高速三层转发的设备。本任务介绍了三层交换机的基本原理，配置 SVI 实现 VLAN 间流量互通的方法。学习完本任务，读者能够了解三层交换机与路由器的区别，掌握 SVI 接口的配置方法。

任务目标

根据生产环境需求，配置三层交换机实现 VLAN 间流量互通。

3.4.1　使用三层交换机的意义

为什么需要三层交换机？

1. 网络核心层少不了三层交换

三层交换机在网络中的作用，用"中流砥柱"形容并不为过。在校园网、教育城域网中，从汇聚层到核心层都有三层交换机的用武之地，尤其是在核心层一定要部署三层交换机，否则整个网络成千上万台的计算机都在一个子网中，不仅毫无安全可言，还容易引起广播风暴。如果采用传统的路由器，虽然可以隔离广播，但是性能又得不到保障。而三层交换机除了必要的路由决策过程外，大部分数据转发过程由二层硬件交换机构处理，提高了数据包转发的效率。因此可以说，三层交换机具有"路由器的功能、交换机的性能"。

2. 连接子网少不了三层交换机

同一网段上的计算机如果超过一定数量（通常为 200 台左右），就很可能会因为网络上大量的广播而导致网络传输效率低下。为了避免广播域过大，可将其进一步划分为多个 VLAN。但是这样使 VLAN 之间的通信必须通过路由器来实现，由于传统路由器存在自身成本高、转发性能低、接口数量少等缺点，难以胜任 VLAN 间高带宽数据的转发。如果使用三层交换机连接不同的子网或 VLAN，就能在保持性能的前提下，经济地实现流量互通，因此三层交换机是连接子网的理想设备。

3.4.2　三层交换机工作原理

三层交换机本质上是具备路由功能的二层交换机。因为路由功能是 OSI 参考模型中第三层网络层的功能，所以三层交换机因此而得名。如图 3-34 所示为三层交换机的内部结构图。三层交换机内部设有交换模块和路由模块，内置的路由模块与交换模块相同，使用 ASIC 硬件处理路由，可以实现高速转发，并且路由模块与交换模块的链接属于内部高带宽的汇聚链路，可以确保大容量的数据流转。

三层交换机处理 VLAN 间的流量和单臂路由的情形大致相同，只是原来路由器中用于连接不同 VLAN 的三层子接口用三层交换机内路由模块中的 SVI（交换机虚拟接口）替代。

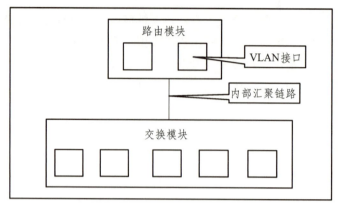

图 3-34　三层交换机的内部结构图

　　三层交换机处理相同 VLAN 的数据流量与二层交换机一样，如图 3-35 所示，4 台计算机 A、B、C、D 与三层交换机互联，其中 A、B 属于一个 VLAN，C、D 属于另一个 VLAN。若 A 与 B 需要通信，A 首先将数据帧发送到交换机，交换机通过检索同一 VLAN 的 MAC 地址列表发现计算机 B 连在交换机的端口 2 上，遂将数据帧转发给端口 2，完成整个通信。

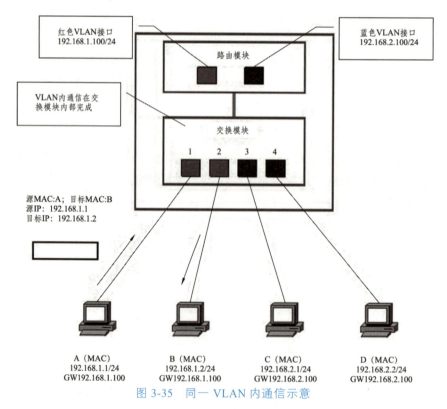

图 3-35　同一 VLAN 内通信示意

　　接下来讨论一下计算机 A 与计算机 C 间通信时的情况，如图 3-36 所示。
　　首先计算机 A 通过报文的目标 IP 地址判断与通信对象不在同一个网段，因此向默认网关发送数据（Frame 1）。交换机通过检索 MAC 地址列表后，经由内部汇聚链，将数据帧转发给路由模块。在通过内部汇聚链路时，数据帧被附加了属于红色 VLAN 的标签信息（Frame 2）。

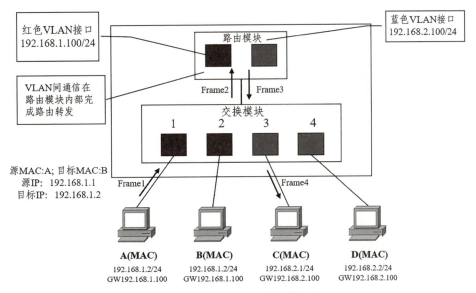

图 3-36　不同 VLAN 内通信示意

路由模块在收到数据帧时，先由数据帧附加的 VLAN 标签分辨出它属于红色 VLAN，据此判断由红色 VLAN 接口负责接收并进行路由处理。路由处理后就会将数据包从蓝色 VLAN 接口经由内部汇聚链路转发回交换模块。在通过汇聚链路时，数据帧会被附加上属于蓝色 VLAN 的标签（Frame 3）。

交换机收到这个帧后，检索蓝色 VLAN 的 MAC 地址列表，确认需要将它转发给接口 3。由于接口 3 是连接终端的 access 链路，因此转发前会先将 VLAN 标签除去（Frame 4）。最终，计算机 C 成功地收到交换机转发来的数据帧。

整体的流程与单臂路由情况十分相似，都需要经过发送方→交换模块→路由模块→交换模块→接收方。

从硬件实现上看，三层交换机的路由模块直接插接在高速背板/总线上，使得路由模块可以与交换模块高速地交换数据，从而突破了传统外接路由器的接口速率限制。在软件方面，三层交换机将传统的基于软件的路由器重新进行了界定：数据封包的转发，如 IP/IPX 封包的转发，这些有规律的处理过程通过硬件实现；设备的路由处理，如路由更新、路由表维护、路由计算、路由选择等功能，由软件实现。

三层交换技术的出现，解决了局域网中网段划分之后，子网必须依赖路由器进行管理的局面，解决了传统路由器三层接口紧缺所造成的网络瓶颈。当然，三层交换技术并不是交换机与路由器的简单叠加，而是二者的有机结合形成一个集成的、完整的解决方案。

3.4.3　三层交换机的接口

1. 二层接口

三层交换机的二层接口主要负责数据链路层功能，在物理上与其他设备（如计算机、打印机等）连接，以实现局域网内的通信。二层接口使用 MAC 地址进行通信，支持 VLAN（虚拟局域网）功能，可以将不同接口划分到不同的 VLAN 中，从而实现网络隔离。然而，二层接口通常不具备路由功能，无法在不同网络之间进行通信。

2. 三层接口

三层交换机的 SVI（交换虚拟接口）是一种逻辑三层接口，主要负责网络层功能。SVI 不直接与物理设备连接，而是与 VLAN 相关联，每个 VLAN 可以关联一个 SVI，以实现不同 VLAN 间的通信。SVI 使用 IP 地址进行通信，可以实现路由功能，此外，SVI 还可以用于管理交换机，通过为 SVI 分配 IP 地址，管理员可以远程登录交换机进行配置和管理。

3.4.4 任务书

某校园使用交换机 S1 来组建局域网，为了数据安全使用 VLAN 技术将教学区计算机与数据中心服务器进行二层隔离，因业务需要，教学区域的计算机必须访问服务器获取资源，由于该校园并没有购置路由器，请网络管理员使用三层交换技术实现该需求。网络拓扑如图 3-37 所示。

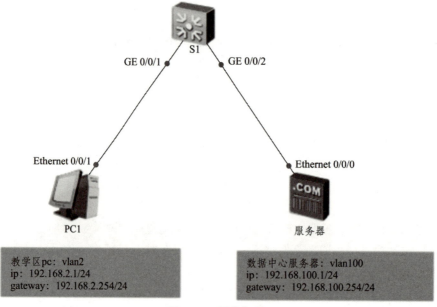

图 3-37　网络拓扑

3.4.5 任务准备

1. 分组情况

填写表 3-10。

表 3-10　学生任务分配表

班级		姓名		组号		指导老师	
组长							
组员							
任务分工							

2. 工具选择

该任务需要使用的工具包括 Console 线、笔记本电脑、shell 终端软件，如图 3-38 所示。

（a）Console 线　　　　（b）笔记本电脑　　　　（c）终端软件

图 3-38　设备配置工具

3.4.6　实施步骤

（1）配置 VLAN。

<Huawei>system-view	#进入系统视图
[Huawei]sysname S1	#修改设备名称为 S1
[S1]vlan batch 2 100	#创建 vlan2 和 vlan100
[S1]interface g 0/0/1	#进入接口 g0/0/1
[S1-GigabitEthernet0/0/1]port link-type access	#调整接口类型为 access
[S1-GigabitEthernet0/0/1]port default vlan 2	#将 vlan 划分给 g0/0/1
[S1-GigabitEthernet0/0/1]int g 0/0/2	#进入 g0/0/2 口
[S1-GigabitEthernet0/0/2]port link-type access	#调整接口类型为 access 口
[S1-GigabitEthernet0/0/2]port default vlan 100	#将 vlan100 划分给 g0/0/2 口
[S1-GigabitEthernet0/0/2]quit	#退出接口视图

（2）在 S1 上创建两个交换机虚拟接口（SVI）关联 VLAN2 和 VLAN100，并且为其配置相应网段的 IP 地址作为各 VLAN 的网关地址

[S1]interface Vlanif 2	#创建 vlanif2 接口（SVI）
[S1-Vlanif2]ip address 192.168.2.254 24	
#在 vlanif2 下配置 ip 地址及掩码为 192.168.2.254/24 作为教学区 pc 的网关	
[S1-Vlanif2]int vlanif 100	#创建 vlanif100 接口（SVI）
[S1-Vlanif100]ip address 192.168.100.254 24	
#在 vlanif100 下配置 IP 地址及掩码为 192.168.100.254/24 作为数据中心服务器的网关	
[S1-Vlanif100]quit	

（3）验证配置，在 S1 上使用"display ip interface brife"查看三层口信息，使用"display ip routing-table"查看路由表项，如果三层口物理状态及协议状态全部都是"up"，如图 3-39 所示，就会生成直连路由，如图 3-40 所示，以指导不同 VLAN 间数据的转发。

```
[S1]display ip interface brief
*down: administratively down
^down: standby
(l): loopback
(s): spoofing
The number of interface that is UP in Physical is 3
The number of interface that is DOWN in Physical is 2
The number of interface that is UP in Protocol is 3
The number of interface that is DOWN in Protocol is 2

Interface                          IP Address/Mask      Physical    Protocol
MEth0/0/1                          unassigned           down        down
NULL0                              unassigned           up          up(s)
Vlanif1                            unassigned           down        down
Vlanif2                            192.168.2.254/24     up          up
Vlanif100                          192.168.100.254/24   up          up
```

图 3-39　S1 的三层接口信息

```
[S1]display ip routing-table
Route Flags: R - relay, D - download to fib
--------------------------------------------------------------------------------
Routing Tables: Public
           Destinations : 6          Routes : 6

Destination/Mask       Proto   Pre  Cost       Flags NextHop          Interface

      127.0.0.0/8      Direct  0    0            D   127.0.0.1        InLoopBack0
      127.0.0.1/32     Direct  0    0            D   127.0.0.1        InLoopBack0
   192.168.2.0/24      Direct  0    0            D   192.168.2.254    Vlanif2
 192.168.2.254/32      Direct  0    0            D   127.0.0.1        Vlanif2
 192.168.100.0/24      Direct  0    0            D   192.168.100.254  Vlanif100
192.168.100.254/32     Direct  0    0            D   127.0.0.1        Vlanif100
```

图 3-40　S1 的路由表信息

（4）在终端正确配置网关地址，如图 3-41、图 3-42 所示。

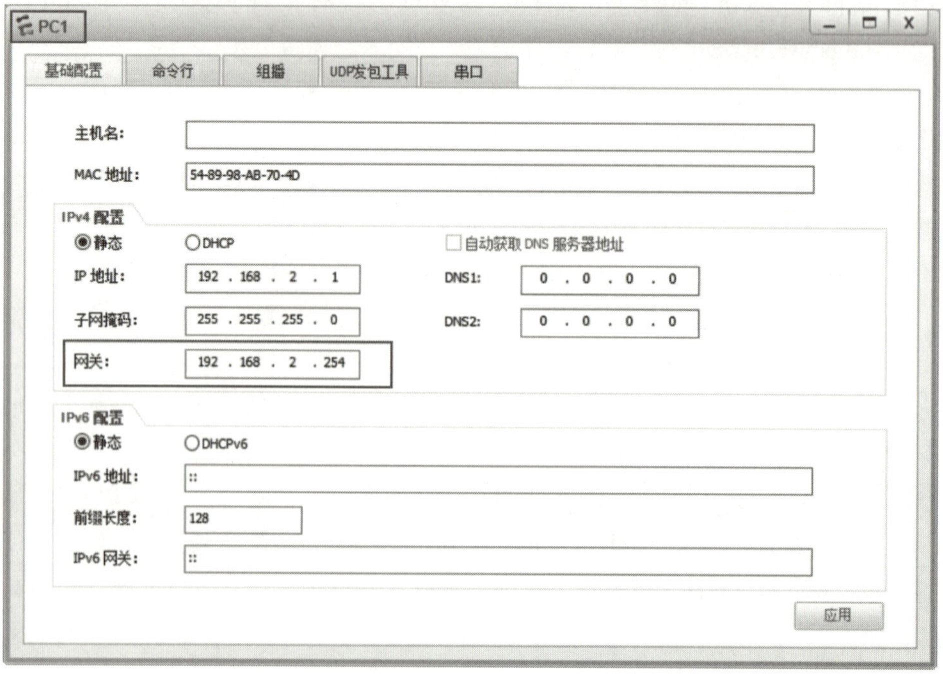

图 3-41　PC1 的 IP 地址设置信息

图 3-42 数据中心服务器的 IP 地址设置信息

（5）测试终端之间的三层连通性，如图 3-43 所示

图 3-43 PC1ping 服务的回显

微课：三层交换配置

3.4.7 评价反馈

1. 评价考核评分

填写表 3-11。

表 3-11 评价评分考核表

项目名称	评价内容	分值	评价分数		
			自评	互评	师评
职业素养考核项目 40%	穿戴规范、整洁	10			
	积极参加教学活动	10			
	团队合作情况	10			
	现场管理 6S 标准	10			
专业能力考核项目 60%	终端连通性	20			
	交换机的三层接口情况	25			
	配置效率	15			
总分					
总评	自评（20%）+ 互评（20%）+ 师评（60%）=		综合等级		

2. 总结反思

任务中遇到的问题：_____

_____

问题分析：_____

_____

解决方案：_____

_____

结果验证：_____

_____

课后思考题

1. 简述三层交换机与二层交换机的区别。
2. 简析三层交换中数据包的转发流程。

任务 3.5 实训：配置静态路由实现网络互联

任务简介

任务 3.2 介绍了路由器的路由表项可通过手动配置和使用动态路由算法计算产生，其中手动配置产生的路由条目就是静态路由。静态路由配置简单、不额外消耗系统带宽、节省设备资源。但是当网络发生变化后，必须手动维护更新。本任务介绍了静态路由的配置方法。学习完本任务，读者能够掌握静态路由的配置指令。

任务目标

根据生产环境需求，配置静态路由实现网络互通。

3.5.1 静态路由的概念

静态路由是管理员站在全局视角，手工为路由器填写的路由条目，以静态路由的方式增加的路由表项只需要写明目标网络和下一跳地址即可，配置简单、控制强、开销小，但是当网络发生变化时，需要手工维护。

如图 3-44（a）所示，PC 如果要发送数据到 10.1.1.0/24、10.2.2.0/24 两个网络，它会首先将数据发送给网关 R1，如果 R1 中没有任何非直连路由的话，这个数据包会在 R1 被终结。如果采用静态路由的方式在 R1 上补充非直连路由，就能使数据包正常通信，如图 3-44（b）所示。

图 3-44　静态路由示意图

3.5.2 任务书

某企业有总部和一个分支机构，总部和分支机构通过各自的边界路由器 R1、R2接入公网，为了业务需求，租用运营商 VPN 链路连接总部和分支机构，如图 3-45 所示。现要求网络管理员通过配置路由器让两个区域互通，由于网络规模不大，建议采用静态路由的方式配置。

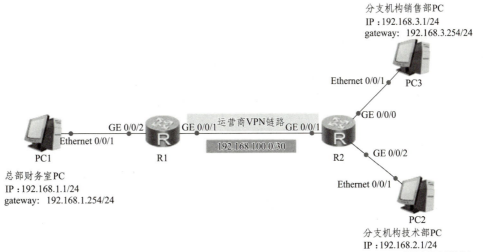

图 3-45　网络拓扑

3.5.3 任务准备

1. 分组情况

填写表 3-12。

表 3-12 学生任务分配表

班级		姓名		组号		指导老师	
组长							
组员							
任务分工							

2. 工具选择

本任务使用的工具包括 Console 线、笔记本电脑、shell 终端软件，如图 3-46 所示。

（a）Console 线

（b）笔记本电脑

（c）终端软件

图 3-46 设备配置工具

3.5.4 实施步骤

（1）给路由器 R1、R2 上的接口正确配置 IP 地址。

R1：

```
<Huawei>system-view
[Huawei]sysname R1
[R1]interface g 0/0/2
[R1-GigabitEthernet0/0/2]ip address 192.168.1.254 24        #配置 g0/0/2 口的 IP 地址
[R1-GigabitEthernet0/0/2]int g 0/0/1
[R1-GigabitEthernet0/0/1]ip address 192.168.100.1 30
     #互联接口 IP 一般使用/30 掩码以节约 IP 地址
[R1-GigabitEthernet0/0/1]quit
```

R2：

```
<Huawei>system-view
[Huawei]sysname R2
[R2]interface g 0/0/1
[R2-GigabitEthernet0/0/1]ip address 192.168.100.2 30
     #互联接口 IP 一般使用/30 掩码
```

```
[R2-GigabitEthernet0/0/1]int g 0/0/2
[R2-GigabitEthernet0/0/2]ip address 192.168.2.254 24        #配置 g0/0/2 口的 IP 地址
[R2-GigabitEthernet0/0/2]int g 0/0/0
[R2-GigabitEthernet0/0/0]ip address 192.168.3.254 24        #配置 g0/0/3 口的 IP 地址
```

（2）配置静态路由使总部能够与分支机构互通。

R1：

```
[R1]ip route-static 192.168.2.0 255.255.255.0 192.168.100.2
      #配置静态路由：去往 192.168.2.0 网络的流量下一跳指向 192.168.100.2
[R1]ip route-static 192.168.3.0 255.255.255.0 192.168.100.2
      #配置静态路由：去往 192.168.3.0 网络的流量下一跳指向 192.168.100.2
```

R2：

```
[R2]ip route-static 192.168.1.0 255.255.255.0 192.168.100.1
      #配置静态路由：去往 192.168.1.0 网络的流量下一跳指向 192.168.100.1
```

（3）验证配置，分别在 R1、R2 上使用"display ip routing-table"命令查看静态路由是否配置成功，如图 3-47、图 3-48 所示。

```
[R1]display ip routing-table
Route Flags: R - relay, D - download to fib
------------------------------------------------------------------------
Routing Tables: Public
          Destinations : 12        Routes : 12

Destination/Mask      Proto    Pre  Cost      Flags NextHop        Interface

        127.0.0.0/8    Direct   0    0          D   127.0.0.1      InLoopBack0
        127.0.0.1/32   Direct   0    0          D   127.0.0.1      InLoopBack0
 127.255.255.255/32    Direct   0    0          D   127.0.0.1      InLoopBack0
      192.168.1.0/24   Direct   0    0          D   192.168.1.254  GigabitEthernet
0/0/2
      192.168.1.254/32 Direct   0    0          D   127.0.0.1      GigabitEthernet
0/0/2
      192.168.1.255/32 Direct   0    0          D   127.0.0.1      GigabitEthernet
0/0/2
      192.168.2.0/24   Static   60   0          RD  192.168.100.2  GigabitEthernet
0/0/1
      192.168.3.0/24   Static   60   0          RD  192.168.100.2  GigabitEthernet
0/0/1
```

图 3-47　R1 的路由表

```
[R2]display ip routing-table
Route Flags: R - relay, D - download to fib
------------------------------------------------------------------------
Routing Tables: Public
          Destinations : 14        Routes : 14

Destination/Mask      Proto    Pre  Cost      Flags NextHop        Interface

        127.0.0.0/8    Direct   0    0          D   127.0.0.1      InLoopBack0
        127.0.0.1/32   Direct   0    0          D   127.0.0.1      InLoopBack0
 127.255.255.255/32    Direct   0    0          D   127.0.0.1      InLoopBack0
      192.168.1.0/24   Static   60   0          RD  192.168.100.1  GigabitEther
0/0/1
```

图 3-48　R2 的路由表

（4）终端的三层连通性测试，如图 3-49 所示。

```
E PC1                                                    _  □  X
  基础配置   命令行    组播     UDP发包工具    串口
  WeLcOme tO USE PC SimuLatOr!

  PC>ping 192.168.2.1

  Ping 192.168.2.1: 32 data bytes, Press Ctrl_C to break
  Request timeout!
  Request timeout!
  From 192.168.2.1: bytes=32 seq=3 ttl=126 time=31 ms
  From 192.168.2.1: bytes=32 seq=4 ttl=126 time=15 ms
  From 192.168.2.1: bytes=32 seq=5 ttl=126 time=32 ms

  --- 192.168.2.1 ping statistics ---
    5 packet(s) transmitted
    3 packet(s) received
    40.00% packet loss
    round-trip min/avg/max = 0/26/32 ms

  PC>ping 192.168.3.1

  Ping 192.168.3.1: 32 data bytes, Press Ctrl_C to break
  Request timeout!
  From 192.168.3.1: bytes=32 seq=2 ttl=126 time=16 ms
  From 192.168.3.1: bytes=32 seq=3 ttl=126 time=16 ms
  From 192.168.3.1: bytes=32 seq=4 ttl=126 time=31 ms
  From 192.168.3.1: bytes=32 seq=5 ttl=126 time=32 ms

  --- 192.168.3.1 ping statistics ---
```

图 3-49　PC1 分别 ping PC2 和 PC3 的回显

微课：配置静态路由实现网络互联

3.5.5　评价反馈

1. 评价考核评分

填写表 3-13。

表 3-13　评价评分考核表

项目名称	评价内容	分值	评价分数		
			自评	互评	师评
职业素养考核项目 40%	穿戴规范、整洁	10			
	积极参加教学活动	10			
	团队合作情况	10			
	现场管理 6S 标准	10			
专业能力考核项目 60%	网络连通性	20			
	路由表创建	25			
	配置效率	15			
总分					
总评	自评（20%）＋互评（20%）＋师评（60%）＝		综合等级		

2. 总结反思

任务中遇到的问题： _____

_____

问题分析： _____

_____

解决方案： _____

_____

结果验证： _____

_____

课后思考题

在配置静态路由时填写的"下一跳地址"指的是哪个地址？

任务 3.6　实训：配置浮动静态路由实现路由备份

任务简介

任务 3.2 介绍了路由及路由表的相关知识，由于路由表只会显示最优路径，所以当静态路由在下一跳不可达或者出接口失效时，静态路由条目会从路由表中删除，可以借助此特性，配置浮动静态路由实现主备链路自动倒换。本任务介绍了浮动静态路由的配置方法，学完本任务，读者能够掌握浮动静态路由的配置指令。

任务目标

根据生产环境需求，配置浮动静态路由实现路由备份。

3.6.1　路由的管理距离

管理距离（Administrative Distance）是路由器用来评价路由信息可信度（最可信也意味着最优）的一个指标。每种路由协议都有一个默认的管理距离。管理距离值越小，就表示此路由来源生成的路由越优秀。为了使手工配置的路由（静态路由）和动态路由协议发现的路由处在同等可比的条件下，静态路由也有默认的管理距离。

表 3-14 列举了常见路由来源的管理距离数值。从表中可以看到，路由协议 RIP 和 OSPF 的管理距离分别为 100 和 10。如果在路由器上同时运行这两个协议的话，路由

表中只会出现 OSPF 协议的路由条目。因为 OSPF 的管理距离比 RIP 的小，路由器认为 OSPF 协议发现的路由更可信，所以路由器只显示最佳的路由来源（OSPF）。虽然路由表中没有出现 RIP 协议的路由，但这不意味着 RIP 协议没有运行，它仍然在运行，只是它发现的路由在与 OSPF 协议发现的路由在 PK 时被路由器隐藏了。

表 3-14　常见路由来源的管理距离

路由来源	管理距离
直连路由	0
静态路由	60
OSPF 内部路由	10
IS-IS	15
RIP	100
OSPF 外部路由	150
BGP	256

3.6.2　浮动静态路由

浮动静态路由(Floating Static Route)又称为静态备份路由。到目的网络若存在 2 条及以上链路，在配置静态路由时，将备份链路的管理距离调大，可以实现主链路正常时备份路由静默，主链路故障时提供备份路由。

如图 3-50 所示，该拓扑使用浮动静态路由（Floating Static Route）后，在正常情况下，R1 至 R2 的数据包经由 g0/1；当 g0/1 所在链路故障时，R1 会自动切换流量到 g0/2，故障恢复后流量还原。

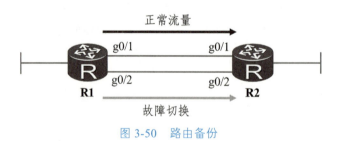

图 3-50　路由备份

3.6.3　任务书

某企业有总部和一个分支机构，总部和分支机构通过各自的边界路由器 R1、R2 接入公网，为了业务需求，租用运营商 VPN 链路连接总部和分支机构，如图 3-51 所示。后期为保障网络的稳定性，决定在总部及分支机构间向运营商额外申请一条专线链路，现要求管理员配置路由器实现路由备份（流量在正常情况下走高带宽的 VPN 链路；当 VPN 链路故障时切换到专线链路上），保障业务不中断。

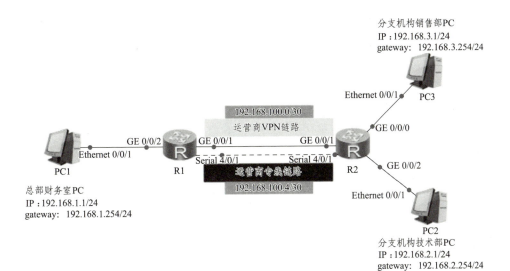

图 3-51　网络拓扑

3.6.4　任务准备

1. 分组情况

填写表 3-15。

表 3-15　学生任务分配表

班级		姓名		组号		指导老师	
组长							
组员							
任务分工							

2. 工具选择

本任务使用的工具包括 Console 线、笔记本电脑、shell 终端软件，如图 3-52 所示。

（a）Console 线　　　　（b）笔记本电脑　　　（c）终端软件

图 3-52　设备配置工具

3.6.5　实施步骤

（1）在 R1、R2 上正确配置各接口 IP 地址。

R1：

```
<Huawei>system-view
```

```
[Huawei]sysname R1
[R1]interface s 4/0/1
[R1-Serial4/0/1]ip address 192.168.100.5 30
[R1-Serial4/0/1]int g 0/0/1
[R1-GigabitEthernet0/0/1]ip address 192.168.100.1 30
[R1-GigabitEthernet0/0/1]int g 0/0/2
[R1-GigabitEthernet0/0/2]ip address 192.168.1.254 24
[R1-GigabitEthernet0/0/2]quit
```

R2：

```
<Huawei>system-view
[Huawei]sysname R2
[R2]interface s4/0/1
[R2-Serial4/0/1]ip address 192.168.100.6 30
[R2-Serial4/0/1]int g 0/0/1
[R2-GigabitEthernet0/0/1]ip address 192.168.100.2 30
[R2-GigabitEthernet0/0/1]int g 0/0/0
[R2-GigabitEthernet0/0/0]ip add 192.168.3.254 24
[R2-GigabitEthernet0/0/0]int g 0/0/2
[R2-GigabitEthernet0/0/2]ip address 192.168.2.254 24
[R2-GigabitEthernet0/0/2]quit
```

（2）配置静态浮动路由，在两台路由器上均需配置主路由与备份路由，并调整备份路由的管理距离（大于静态路由默认的管理距离60）。

R1：

```
[R1]ip route-static 0.0.0.0 0.0.0.0 192.168.100.2
    #R1上去往分部的两个段均需配置静态，我们可以使用静态默认路由简化配置。
[R1]ip route-static 0.0.0.0 0.0.0.0 192.168.100.6 preference 61
    #将备份静态路由的管理距离设置为61
```

R2：

```
[R2]ip route-static 192.168.1.0 255.255.255.0 192.168.100.1
[R2]ip route-static 192.168.1.0 255.255.255.0 192.168.100.5 preference 61
    #将备份路由的管理距离设置为61
```

（3）验证配置，R1在正常状况的路由表只会显示一条主路由，如图3-53所示；将R1的g0/0/1接口down掉模拟故障，查看路由表时主路由会消失，备份路由出现如图3-54所示；一旦故障恢复g0/0/1口"up"，主路由再次出现，如图3-55所示。R2路由表变化参照R1，在此不做赘述。

```
[R1]display ip routing-table
Route Flags: R - relay, D - download to fib
------------------------------------------------------------
Routing Tables: Public
         Destinations : 15        Routes : 15

Destination/Mask     Proto    Pre   Cost      Flags  NextHop

    0.0.0.0/0        Static   60    0         RD     192.168.100.2
0/0/1
    127.0.0.0/8      Direct   0     0         D      127.0.0.1
    127.0.0.1/32     Direct   0     0         D      127.0.0.1
127.255.255.255/32   Direct   0     0         D      127.0.0.1
    192.168.1.0/24   Direct   0     0         D      192.168.1.254
0/0/2
```

图 3-53　故障前 R1 路由表项

```
[R1]display ip routing-table
Route Flags: R - relay, D - download to fib
------------------------------------------------------------
Routing Tables: Public
         Destinations : 12        Routes : 12

Destination/Mask     Proto    Pre   Cost      Flags  NextHop

    0.0.0.0/0        Static   61    0         RD     192.168.100.6
    127.0.0.0/8      Direct   0     0         D      127.0.0.1
    127.0.0.1/32     Direct   0     0         D      127.0.0.1
127.255.255.255/32   Direct   0     0         D      127.0.0.1
    192.168.1.0/24   Direct   0     0         D      192.168.1.254
0/0/2
```

图 3-54　故障后 R1 路由表项

```
[R1]display ip routing-table
Route Flags: R - relay, D - download to fib
------------------------------------------------------------
Routing Tables: Public
         Destinations : 15        Routes : 15

Destination/Mask     Proto    Pre   Cost      Flags  NextHop

    0.0.0.0/0        Static   60    0         RD     192.168.100.2
0/0/1
    127.0.0.0/8      Direct   0     0         D      127.0.0.1
    127.0.0.1/32     Direct   0     0         D      127.0.0.1
127.255.255.255/32   Direct   0     0         D      127.0.0.1
    192.168.1.0/24   Direct   0     0         D      192.168.1.254
0/0/2
```

图 3-55　故障恢复后后 R1 路由表项

微课：浮动静态路由配置

3.6.6 评价反馈

1. 评价考核评分

填写表 3-16。

表 3-16　评价评分考核表

项目名称	评价内容	分值	评价分数		
			自评	互评	师评
职业素养考核项目 40%	穿戴规范、整洁	10			
	积极参加教学活动	10			
	团队合作情况	10			
	现场管理 6S 标准	10			
专业能力考核项目 60%	网络连通性	20			
	主备倒换情况	25			
	配置效率	15			
总分					
总评	自评（20%）＋互评（20%）＋师评（60%）＝		综合等级		

2. 总结反思

任务中遇到的问题：_____

_____

问题分析：_____

_____

解决方案：_____

_____

结果验证：_____

_____

课后思考题

生产环境中一般会用双链路做路由备份还是负载均衡，为什么？

任务 3.7　实训：配置静态黑洞路由预防路由环路

任务简介

黑洞路由是指出接口为 null0 接口的路由条目。黑洞路由的一种用法是解决因静态路由配置错误而产生的路由环路问题。本任务介绍了静态黑洞路由的使用场景及配置方法。学习完本任务，读者能够灵活运用黑洞路由解决网络故障。

任务目标

（1）描述路由环路现象。

（2）配置黑洞路由解决路由环路。

3.7.1　路由环路

路由环路是指数据包在网络中转发出现"兜圈子",从而无法到达目的地的故障现象。路由环路会导致网络掉线甚至瘫痪,该故障产生的原因一般是静态路由的配置错误、路由协议的运行机制等。如图 3-56 所示,由于路由器 R1 和 R2 的静态路由配置不合理,R1 认为到达网络 4 应经过 R2,而 R2 认为到达网络 4 应经过 R1。这样,去往网络 4 的 IP 数据报将在 R1 和 R2 之间来回传递。

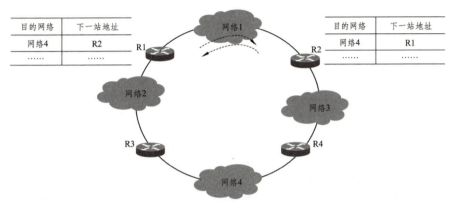

图 3-56　静态路由配置错误导致路由环路

3.7.2　黑洞路由

黑洞路由是指出接口为 null0 接口的路由条目,null0 接口是一个虚拟的接口,所有导向该接口的数据包都会被丢弃。黑洞路由能够解决因静态路由配置不当而产生的路由环路故障。

3.7.3　任务书

某企业有总部和一个分支机构,总部和分支机构通过各自的边界路由器 R1、R2 接入公网,为了业务需求,租用运营商 VPN 链路连接总部和分支网络,如图 3-57 所示。该企业网络管理员在配置静态路由时,由于疏忽在总部及分支机构路由器上均使用默认路由,结果当分支机构销售部链路出现故障时,造成路由环路引起严重的网络拥塞,请在不停业务的情况下做相应配置,解决该环路问题。

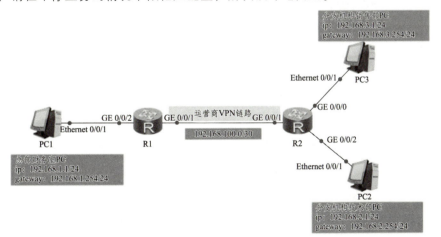

图 3-57　网络拓扑

3.7.4 任务准备

1. 分组情况

填写表 3-17。

表 3-17　学生任务分配表

班级		姓名		组号		指导老师	
组长							
组员							
任务分工							

2. 工具选择

本任务使用的工具包括 Console 线、笔记本电脑、shell 终端软件，如图 3-58 所示。

（a）Console 线　　　　（b）笔记本电脑　　　　（c）终端软件

图 3-58　设备配置工具

3.7.5 实施步骤

（1）测试环路状况，在总部路由器使用 tracert 命令追踪分支机构 PC3，结果发现流量在 R1 和 R2 间互相跳转，如图 3-59 所示，出现路由环路。当分支机构销售部链路发生故障时，路由器 R1 发送到 192.168.3.1 的数据包会先到路由器 R2，但是路由器 R2 中关于 192.168.3.0 的直连路由已断，所以数据包会按照默认路由发送回路由器 R1，而路由器 R1 又会按自己的默认路由发送到路由器 R2，如此循环产生路由环路。

```
<R1>tracert 192.168.3.1

 traceroute to  192.168.3.1(192.168.3.1), ma
CTRL_C to break

1 192.168.100.2 30 ms   20 ms   20 ms

2 192.168.100.1 20 ms   10 ms   10 ms

3 192.168.100.2 40 ms   20 ms   30 ms

4 192.168.100.1 20 ms   30 ms   30 ms

5 192.168.100.2 20 ms   40 ms   50 ms

6 192.168.100.1 30 ms   50 ms   30 ms

7 192.168.100.2 40 ms   60 ms   50 ms
```

图 3-59　R1 上追踪分支机构 PC3 的回显

（2）在 R2 上使用黑洞路由将去往故障链路的错误流量导向 null0 接口。

> [R2]ip route-static 192.168.3.0 255.255.255.0 NULL 0
> #所有去往 192.168.3.0/24 网络的流量都导向 null0 口

注意：

① 黑洞路由相当于故障时的备份路由，本案例中黑洞路由的掩码应设置与 R2 上的故障链路 192.168.3.0/24 的掩码一致，这样根据路由查表最长匹配原则，故障时流量会匹配至黑洞，故障恢复了，流量会因为直连路由管理距离高于黑洞路由，而去匹配直连，从而不影响正常流量。

② 黑洞路由一般配置在故障链路侧的路由器上。

（3）验证配置，在 R1 上使用 cracert 命令测试到故障链路的流量走向，显示环路消除，如图 3-60 所示。

```
<R1>tracert 192.168.3.1

traceroute to  192.168.3.1(192.168.3.1), max hops: 30
CTRL_C to break

1  *  *  *
```

图 3-60　配置黑洞路由后 R1 上追踪分支机构 PC3 的回显

微课：静态黑洞路由基本配置

3.7.6　评价反馈

1. 评价考核评分

填写表 3-18。

表 3-18　评价评分考核表

项目名称	评价内容	分值	评价分数		
			自评	互评	师评
职业素养考核项目 40%	穿戴规范、整洁	10			
	积极参加教学活动	10			
	团队合作情况	10			
	现场管理 6S 标准	10			
专业能力考核项目 60%	检测环路情况	20			
	黑洞路由的配置位置	25			
	配置效率	15			
总分					
总评	自评（20%）+ 互评（20%）+ 师评（60%）=		综合等级		

2. 总结反思

任务中遇到的问题：_____

_____

问题分析：_____

_____

解决方案：_____

_____

结果验证：_____

_____

课后思考题

该任务中，在 R1 上有没有可能出现故障链路，如果有该如何处理？

任务 3.8　实训：部署 RIPv2 实现网络互联

任务简介

路由信息协议（Routing Information Protocol，RIP）是一种内部网关协议，用于自治系统内的路由信息的传递。RIP 协议基于距离矢量算法，使用跳数作为度量衡量到达目的网络的距离，主要应用于小型网络。本任务介绍了 RIPv2 的配置方法。学习完本任务，读者能够掌握该协议的配置方法。

任务目标

根据生产环境需求，部署 RIPv2 实现网络互通。

3.8.1　距离矢量算法与 RIP 协议

距离矢量路由选择算法，也称为 Bellman-Ford 算法。其基本思想是通过周期性地向相邻路由器广播自己知道的路由信息，通知相邻路由器自己可以到达的网络以及到达该网络的距离（通常用"跳数"表示），使相邻路由器可以根据收到的路由信息不断迭代、修改和刷新自己的路由表，从而找到从源节点到目的节点的最短路径。

RIP 为路由消息协议（Routing Information Protocol）的英文简称，RIP 属于距离矢量路由协议，协议实现非常简单。它使用跳数作为路径选择的基本评价因子，跳数可理解为从当前节点到达目标网络所经过路由器的数目。例如，若一个由 RIP 产生的路由表项给出到达某目标网络的跳数为 4，则说明从当前节点到达该目标网络需要经过 4 台路由器转发。

3.8.2 RIP 协议的基本原理

基于距离矢量的路由算法在路由器之间传送路由表的完整复制，如图 3-61 所示。而且这种传送是周期性的，路由器之间通过这样的机制对网络的拓扑变化进行定期更新。即使没有网络拓扑变化，这种更新依然定期发生。

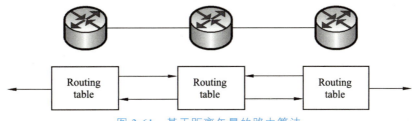

图 3-61　基于距离矢量的路由算法

每个路由器都从与其直接相邻的路由器接收路由表。路由器根据从邻近路由器接收的信息确定到达目的网络的最佳路径。但是距离矢量算法无法使路由器了解网络的确切拓扑信息。一台路由器所了解的路由信息都是它的邻居通告的。而邻居的路由表又是从邻居的邻居那里获得的，这种做法并不一定可靠，所以距离矢量路由协议有"传闻协议"之称。

下面通过一个案例，从路由表构建的角度介绍 RIP 的工作原理。如图 3-62 的拓扑，当路由器的接口配置了 IP 地址并"up"起来后，它们首先会把自己直连的网络写入路由表，为了分析方便，路由表重点关注三列内容，第一列是目的网络，表示去往目标网络的网络地址；第二列是出接口，代表到达该网络的本地出接口编号，即转发方向；第三列是度量值，即距离矢量路由协议中的跳数，因为是直连路由，没有跨越任何路由器，所以距离是 0 跳。

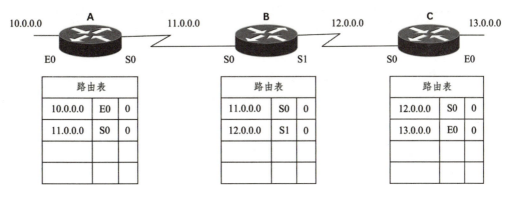

图 3-62　路由表的形成过程

当 A、B、C 运行了 RIP 后，它们会以 30 s 为周期向邻居通告自己的路由表。第一个更新周期到达，A、C 向 B 通告，B 向 A、C 通告。当 A 向 B 通告时，它会将自己当前路由表中的所有路由条目通过 RIP "改装"之后再发送给 B，这个"改装"主要指将原路由条目的度量值加 1。此时 B 收到 A 的通告的两条路由（10.0.0.0、11.0.0.0）后会进行路由更新：对于 11.0.0.0 的路由，由于 B 本身就有，而且度量值为 0，因此

B 收到度量值为 1 的路由时，它会认为没有自己的优而不采纳；对于 10.0.0.0 的路由，由于 B 不具备，因此要进行加表处理，同时根据路由学习方向与数据转发方向相反的原则，将这条路由的出接口确定为本地的 S0 口。同理，C 通告过来的两条路由中 B 只采纳到达 13.0.0.0 这条路由。在 B 通告给 A 和 C 的路由信息中，A 只采纳到达 12.0.0.0 的路由，C 只采纳到达 11.0.0.0 的路由。这次更新过后的路由表如图 3-63 所示。

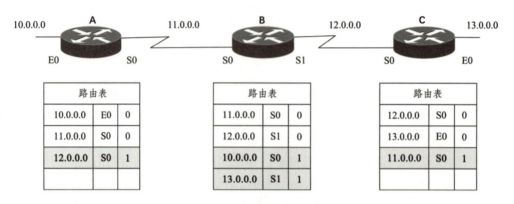

图 3-63　更新过后的路由表

当 B 的下一个更新周期到达时，B 会把自己的最新路由表（11.0.0.0、12.0.0.0、10.0.0.0、13.0.0.0）通告给 A 和 C。A 对照自己的路由表与这些路由进行比较：到达 10.0.0.0 和 11.0.0.0 的路由没有自己所知道的优，不采纳；到达 12.0.0.0 的和现有的路由等价，并且都是从 B 处学习来的，则 A 会对该路由条目的老化时间进行刷新，重新计算老化时间；对于 13.0.0.0 这条路由，由于 A 不具备，所以会直接加表。以此类推，C 经过比较后采纳了到达 10.0.0.0 的路由。

至此，三台路由器的非直连网段均已学习加表，如图 3-64 所示。这种状态称为路由收敛，达到收敛状态所花费的时间叫作收敛时间（Convergence Time）。在网络中，较短的收敛时间意味着路由器能够更快地适应网络变化，从而提高网络性能和稳定性。不同的路由协议具有不同的收敛特性。从上述过程可以看出，RIP 不适合运行在大型网络中，因为网络越大收敛越慢，网络性能就越差

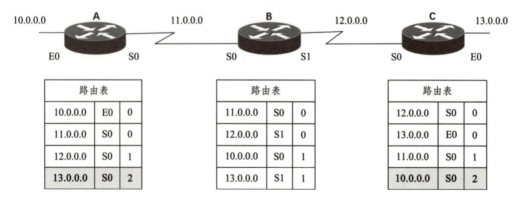

图 3-64　最终的路由表

3.8.3 RIP 协议的特点

（1）RIP 协议的最大跳数限制为 15，这意味着它在较大规模的网络中可能不太适用。超过 15 跳的路由将被认为是不可达。

（2）RIP 路由器会定期（通常为 30 s）向其邻居发送完整的路由表更新，以保持网络拓扑的一致性，这会导致较高的带宽消耗和较长的收敛时间。

（3）RIP 协议存在"计数到无穷大"的问题，即在某些情况下，网络中的路由信息可能在路由器之间循环，导致数据面的路由环路。为解决这一问题，RIP 协议采用了诸如水平分割、毒性反转等机制解决。

（4）RIP 有两个版本，RIPv1 和 RIPv2。RIPv1 不支持 VLSM 和 CIDR，使用广播进行路由更新；RIPv2 支持 VLSM、CIDR 以及认证功能，使用组播地址 224.0.0.9 进行路由更新。

（5）RIP 属于应用层协议在传输层使用 UDP 的 520 端口进行通信

微课：RIP 协议基本原理

3.8.4　任务书

如图 3-65 所示，某企业有总部和两个分支机构（分支机构 A、分支机构 B），为满足业务需求，总部租用运营商链路连接各分支机构。作为网络管理员，请部署 RIP协议实现分支机构网络与总部网络互通。

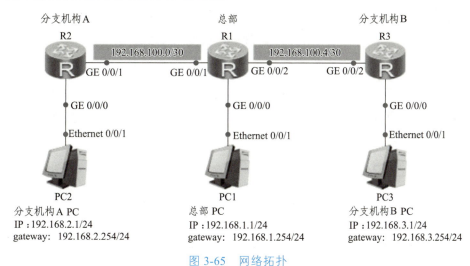

图 3-65　网络拓扑

3.8.5　任务准备

1. 分组情况

填写表 3-19。

表 3-19　学生任务分配表

班级		姓名		组号		指导老师	
组长							
组员							
任务分工							

2. 工具选择

本任务使用的工具包括 Console 线、笔记本电脑、shell 终端软件，如图 3-66 所示。

（a）Console 线　　　　（b）笔记本电脑　　　　（c）终端软件

图 3-66　设备配置工具

3.8.6　实施步骤

（1）按照拓扑规划正确配置各设备接口 IP 地址。（略）

（2）在路由器 R1、R2、R3 上配置动态路由协议 RIPv2。

R2：

```
[R2]rip 1                              #启动 RIP 进程，进程号为 1
[R2-rip-1]version 2                    #声明版本号为 2
[R2-rip-1]undo summary                 #关闭自动汇总功能
[R2-rip-1]network 192.168.100.0        #宣告 g0/0/1 接口地址所属的主类网络号
[R2-rip-1]network 192.168.2.0          #宣告 g0/0/0 接口地址所属的主类网络号
```

R1：

```
[R1]rip 1
[R1-rip-1]version 2
[R1-rip-1]undo summary
[R1-rip-1]network 192.168.1.0
[R1-rip-1]network 192.168.100.0
```

R3：

```
[R3]rip 1
[R3-rip-1]version 2
[R3-rip-1]undo summary
```

> [R3-rip-1]network 192.168.3.0
>
> [R3-rip-1]network 192.168.100.0

注意：

① 所有路由器都需运行 RIP 且版本号一致，各路由器开启的进程号可不一致。

② 路由协议均在接口上运行，因此只需宣告接口即可，华为设备要求宣告接口所属的主类网络地址。

③ 当网络中使用 VLSM 技术时，需要关闭自动汇总功能，因为自动汇总开启状态下，传递路由条目时只携带默认掩码，会引起路由错乱。

（3）验证配置，在各路由器上使用"display ip routing-table"命令查看是否学习到相应的路由条目，如图 3-67～图 3-69 所示。

```
[R1]display ip routing-table
Route Flags: R - relay, D - download to fib
-------------------------------------------------------------------------------
Routing Tables: Public
          Destinations : 15        Routes : 15

Destination/Mask      Proto   Pre  Cost       Flags NextHop         Interface

      127.0.0.0/8     Direct  0    0            D    127.0.0.1       InLoopBack0
      127.0.0.1/32    Direct  0    0            D    127.0.0.1       InLoopBack0
127.255.255.255/32    Direct  0    0            D    127.0.0.1       InLoopBack0
    192.168.1.0/24    Direct  0    0            D    192.168.1.254   GigabitEthernet
0/0/0
    192.168.1.254/32  Direct  0    0            D    127.0.0.1       GigabitEthernet
0/0/0
    192.168.1.255/32  Direct  0    0            D    127.0.0.1       GigabitEthernet
0/0/0
    192.168.2.0/24    RIP     100  1            D    192.168.100.1   GigabitEthernet
0/0/1
    192.168.3.0/24    RIP     100  1            D    192.168.100.6   GigabitEthernet
0/0/2
```

图 3-67　R1 的路由表

```
[R2]display ip routing-table
Route Flags: R - relay, D - download to fib
-------------------------------------------------------------------------------
Routing Tables: Public
          Destinations : 13        Routes : 13

Destination/Mask      Proto   Pre  Cost       Flags NextHop         Interface

      127.0.0.0/8     Direct  0    0            D    127.0.0.1       InLoopBack0
      127.0.0.1/32    Direct  0    0            D    127.0.0.1       InLoopBack0
127.255.255.255/32    Direct  0    0            D    127.0.0.1       InLoopBack0
    192.168.1.0/24    RIP     100  1            D    192.168.100.2   GigabitEthernet
0/0/1
    192.168.2.0/24    Direct  0    0            D    192.168.2.254   GigabitEthernet
0/0/0
    192.168.2.254/32  Direct  0    0            D    127.0.0.1       GigabitEthernet
0/0/0
    192.168.2.255/32  Direct  0    0            D    127.0.0.1       GigabitEthernet
0/0/0
    192.168.3.0/24    RIP     100  2            D    192.168.100.2   GigabitEthernet
0/0/1
    192.168.100.0/30  Direct  0    0            D    192.168.100.1   GigabitEthernet
0/0/1
    192.168.100.1/32  Direct  0    0            D    127.0.0.1       GigabitEthernet
0/0/1
    192.168.100.3/32  Direct  0    0            D    127.0.0.1       GigabitEthernet
0/0/1
    192.168.100.4/30  RIP     100  1            D    192.168.100.2   GigabitEthernet
0/0/1
```

图 3-68　R2 的路由表

```
[R3]display ip routing-table
Route Flags: R - relay, D - download to fib
-------------------------------------------------------------------------------
Routing Tables: Public
         Destinations : 13        Routes : 13

Destination/Mask       Proto   Pre  Cost      Flags NextHop        Interface
      127.0.0.0/8      Direct  0    0            D   127.0.0.1      InLoopBack0
      127.0.0.1/32     Direct  0    0            D   127.0.0.1      InLoopBack0
127.255.255.255/32     Direct  0    0            D   127.0.0.1      InLoopBack0
    192.168.1.0/24     RIP     100  1            D   192.168.100.5  GigabitEthernet
0/0/2
    192.168.2.0/24     RIP     100  2            D   192.168.100.5  GigabitEthernet
0/0/2
    192.168.3.0/24     Direct  0    0            D   192.168.3.254  GigabitEthernet
0/0/0
  192.168.3.254/32     Direct  0    0            D   127.0.0.1      GigabitEthernet
0/0/0
  192.168.3.255/32     Direct  0    0            D   127.0.0.1      GigabitEthernet
0/0/0
  192.168.100.0/30     RIP     100  1            D   192.168.100.5  GigabitEthernet
0/0/2
```

图 3-69　R3 的路由表

微课：RIPv2 基本配置

3.8.7　评价反馈

1. 评价考核评分

填写表 3-20。

表 3-20　评价评分考核表

项目名称	评价内容	分值	评价分数		
			自评	互评	师评
职业素养考核项目 40%	穿戴规范、整洁	10			
	积极参加教学活动	10			
	团队合作情况	10			
	现场管理 6S 标准	10			
专业能力考核项目 60%	网络连通性	20			
	路由表创建	25			
	配置效率	15			
总分					
总评	自评（20%）＋互评（20%）＋师评（60%）＝		综合等级		

2. 总结反思

任务中遇到的问题：＿＿＿＿＿＿＿＿＿＿＿＿＿＿＿＿＿＿＿＿＿＿＿

＿＿＿＿＿＿＿＿＿＿＿＿＿＿＿＿＿＿＿＿＿＿＿＿＿＿＿＿＿＿＿＿＿＿＿

问题分析：_____

_____

解决方案：_____

_____

结果验证：_____

_____

课后思考题

在 RIP 协议的配置中，宣告指令的含义是什么？

任务 3.9　实训：部署 OSPF 实现网络互联

任务简介

开放式最短路径优先（Open Shortest Path First，OSPF）是企业网络中广泛使用的一种动态路由协议，具有收敛速度快、无路由环路、支持区域划分等优点。本任务介绍了 OSPF 的运行原理及 OSPF 的部署方法。学习完本任务，读者能够掌握该协议的配置指令。

任务目标

根据生产环境需求，部署 OSPF 实现网络互通。

3.9.1　链路状态算法与 OSPF 协议

随着网络不断的增大，RIP 协议的问题越来越突出，如收敛时间慢，最大 15 跳限制，不支持区域划分等，因此不能更好地适应大规模的网络。OSPF（Open Shortest Path First）正是为了解决这些问题而开发的链路状态路由协议。OSPF 使用链路状态路由选择算法（Link-State Routing Algorithm），可以在大规模的网络环境下部署。需要注意的是，与 RIP 协议相比，OSPF 协议要复杂得多。这里，仅对链路状态路由选择算法和 OSPF 协议进行简单介绍。链路状态路由选择算法，也称为最短路径优先（Shortest Path First，SPF）算法。其基本思想是网络上的每个路由器周期性地向其他路由器广播自己与相邻路由器的连接信息，包括链路类型、IP 地址、子网掩码、带宽等，使网络中的各路由器能获取远方网络的链路状态信息，各路由器通过同步这些链路状态信息，能够描绘出全局的网络拓扑图。利用这张图和最短路径优先算法，路由器就可以计算出自己到达各个网络的最短路径。

3.9.2 OSPF 协议的基本原理

OSPF 协议的运行原理与 RIP 完全不同，OSPF 从协议启动到生成路由表总共需要经历三个阶段：① 运行 OSPF 发现邻居、② 建立邻接关系并泛洪 LSA 同步 LSDB、③ 运行 SPF 算法生成最优路由表项。在广播多路访问（MA）类型的网络中，路由器在运行 OSPF 经历前两个阶段的时候会经过 7 种状态的切换，分别是第一阶段的 down、init，2-way 和第二阶段的 exstart、exchange、loading、full，这些状态模型被称为 OSPF 的状态机，如图 3-70 所示。

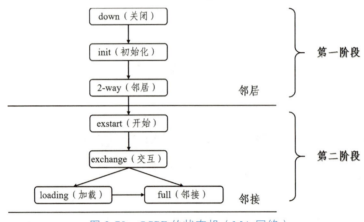

图 3-70　OSPF 的状态机（MA 网络）

下面用一个例子简单说明 OSPF 在前两个阶段的具体工作流程。

1. 第一阶段：运行 OSPF 发现邻居

如图 3-71，两台路由器均有 Router ID，在刚启动 OSPF 的瞬间，双方邻居表都为空，此时两边路由器的状态都是 down（关闭）状态；运行 OSPF 后，各路由器以组播的形式单边发送 hello 报文，收到 hello 包的路由器会将发送者的 Router ID 写入自己邻居表，然后比对 hello 包内邻居字段，由于第一次发送的 hello 包邻居字段为空，则会将自己的邻居表内邻居状态置为 init，此时双方为 init（初始化）状态，如图 3-72 所示；接收到对方的第一次 hello 报文后，路由器会对对面的 hello 做出回应，将自身邻居表内的邻居的 Router ID 写入 hello 包后发送给对方，对方收到第二次 hello 包后会比对邻居表内邻居 Router ID 字段，若一致则会将自身邻居表内邻居状态置为 2-way，当双方状态都变为 2-way（邻居）状态时，第一阶段结束，如图 3-73 所示。

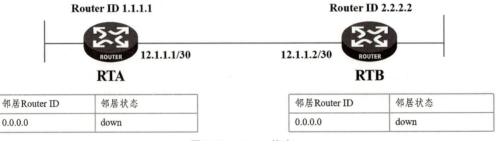

图 3-71　down 状态

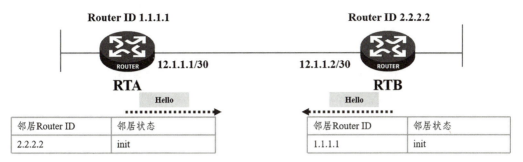

图 3-72　init 状态

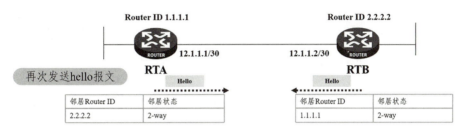

图 3-73　2-way 状态

路由器 ID（Router ID，RID）是 OSPF 和其他一些路由协议（如 BGP）中用于唯一标识路由器的一个参数。路由器 ID 是在路由器启动时确定的，其数值为一组 32 位二进制数，可以以点分十进制的形式配置，它的确定顺序是先看是否在设备中手动配置了路由器 ID；如果没有，那么就会选择路由器上所有 loopback 接口中 IP 地址最大的那个作为路由器的 Router ID；若路由器没有创建任何 loopback 接口，则会从路由器上所有"UP"的物理接口中选择 IP 地址最大的那个作为其 Router ID。

2. 选举 DR、BDR

第一阶段结束后第二阶段开始前，MA 网络需要进行指定路由器（Designated Router，DR）和备份指定路由器（Backup Designated Router，BDR）的选举。

在 MA 网络类型的局域网内，路由器两两之间在建立完邻居关系后还需要建立同等对数的邻接关系。这意味着如果有 N 台路由器，那么就需要建立 N*(N-1)/2 对邻接关系，如图 3-74 所示，过多的邻接关系会造成链路资源极度浪费。为了解决这个问题，OSPF 引入了 DR 和 BDR 的概念。

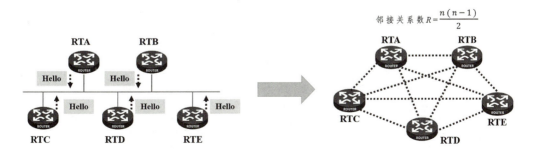

图 3-74　不选举 DR、BDR 的情况

在每个广播域内，路由器通过选举产生一个 DR 和一个 BDR。同时规定所有非 DR 非 BDR 的路由器（称为 DR Other）只与 DR 和 BDR 建立邻接关系，不与 DR Other 建立。这大大减少了需要维护的邻接关系数量，如图 3-75 所示。DR 负责在网段内生成和分发链路状态通告（Link State Advertisement，LSA）。如果 DR 出现故障，BDR 将立即接管 DR 的职责。这样，即使 DR 出现故障，网络也能迅速恢复，不会影响到网络的正常运行。

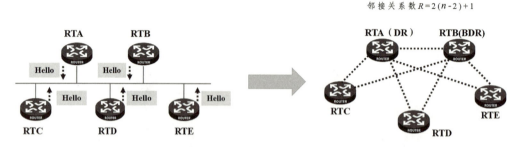

图 3-75　选举 DR、BDR 的情况

当同一个广播域内的路由器接口运行 OSPF 时，首先会选举 BDR，然后再选举 DR。DR、BDR 的选举规则遵循：先比较接口的 DR 优先级，再比较接口所在路由器的 Router ID，以大为优。在一个 OSPF 网络中，每个路由器的接口都可以设置优先级，其取值范围为 0~255。优先级越高的路由器被选为 DR 或 BDR 的机会就越大。如果优先级设置为 0，那么该路由器就不参与竞选。如果所有接口的优先级都相同，那么就会根据接口所在路由器的 Router ID 来选举。Router ID 越大，被选为 DR 或 BDR 的机会就越大。整个选举过程大概需要花费 40 s，这也是制约 OSPF 快速收敛的关键环节。需要注意的是，一旦 DR 和 BDR 被选举出来，除非他们宕机，否则不会再进行重新选举。这是为了保证网络的稳定性。

在图 3-76 所示的例子中，5 台路由器的接口运行 OSPF，最后根据选举规则 A 的下联口成为 DR，B 的下联口成为 BDR，C、D 的上联口成为 DR Other，E 的上联口不具备选举资格。

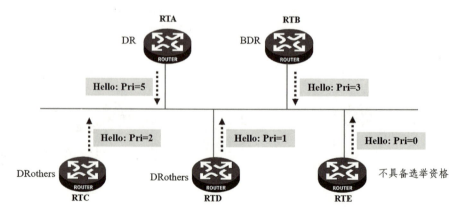

图 3-76　DR、BDR 的选举

3. 第二阶段：建立邻接关系并泛洪 LSA 同步 LSDB

链路状态数据库（Link State Database, LSDB）是每个运行 OSPF 路由器都会维护一个数据库，它包含了整个网络的拓扑信息。这些信息以数个链路状态通告（Link State Advertisement, LSA）的形式存在，描述了网络中所有路由器的本地连接状态和拓扑结构。LSDB 的主要作用是帮助路由器构建路由表和响应网络变化。通过 LSDB，路由器可以运行最短路径优先（Shortest Path First, SPF）算法，计算出到达所有目的地的最佳路径，并将这些路径信息放入路由表中。同时，当网络中的链路状态发生变化时，路由器可以通过更新 LSDB 并重新计算路由表，快速响应网络变化。

此阶段运行过程如图 3-77 所示，双方路由器会通过首次发送的数据库描述报文（Database Description，DD）来确定同步的先后顺序（即主从关系），此时他们的状态会从 2-way 跳转到 exstart（开始）状态；若确定 A 先开始同步，它会在 B 之前再次发送 DD 报文来交换链路状态数据库 LSDB 的摘要信息，此时状态由 exstart 切换到 exchange（交互）；B 收到的 DD 报文后会比对自己的 LSDB 并发送链路状态通告请求报文（Link State Request，LSR）向 A 请求其缺少的 LSA，A 收到 B 的请求后，会将此 LSA 封装到链路状态更新报文（Link State Update，LSU）中以泛洪的形式发送给 B，B 收到后会向 A 发送链路状态确认报文（Link State Acknowledgment，LSAck）以确认数据的接收情况，这个过程的状态为 loading（加载）；当两台设备的 LSDB 同步完成后，他们的状态到达 full（邻接），此时第二阶段结束。

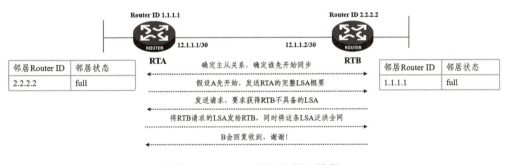

图 3-77　OSPF 运行的第二阶段

4. 第三阶段：运行 SPF 算法生成最优路由表项

最短路径优先（Shortest Path First，SPF）算法又称为迪杰斯特拉算法（Dijkstra's Algorithm）是一种解决加权有向图中单源最短路径问题的算法。它作为链路状态路由选择算法（Link-State Routing Algorithm）的核心组成部分，其基本思想是通过逐步扩展已知最短路径集合，来寻找拓扑中两节点间的最短路径。在 OSPF 路由协议中，相邻节点间路径的长短是通过度量值来确定的，其公式为：度量值 $= 10^8/$链路带宽。也就是说，OSPF 的度量值与链路带宽成反比，带宽越高，度量值就越小，表示 OSPF 到目的地的路径越短。

OSPF 生成路由表的方式与 RIP 完全不同，其基本过程如图 3-78 所示。

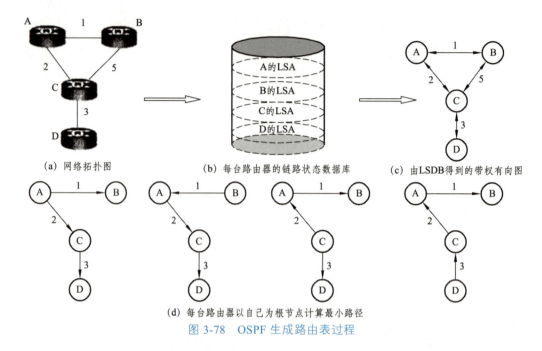

(a) 网络拓扑图   (b) 每台路由器的链路状态数据库   (c) 由LSDB得到的带权有向图

(d) 每台路由器以自己为根节点计算最小路径

图 3-78   OSPF 生成路由表过程

　　假设在前两个阶段中，运行 OSPF 的 A、B、C、D 四台路由器，已经通过同步 LSDB 获取到全网的拓扑结构图（即带权有向图），如图 3-78（a）（b）（c）所示。在第三阶段中，每台路由器会以自己为根节点，依据得到的带权有向图，按照最短路径优先的算法，屏蔽次优路径，最终计算出去往每个网络的最短路径并添加至路由表中，如图 3-78（d）所示。

　　OSPF 与 RIP 的工作原理截然不同，运行 RIP 的路由器依靠它的邻居获取远程网络的路由信息，不需要路由器了解整个互联网的拓扑结构，实际上它对远方的网络状况一无所知，仅是"传闻"而已；OSPF 则不同，它通过相邻路由器获取远方网络的链路状态信息，它对整个网络的认知是直接的、完整的，并且 OSPF 的路由计算必须依靠网络拓扑图。

3.9.3　OSPF 协议的特点

　　与 RIP 相比，OSPF 的性能优越，是组建小型园区网的首选协议。其特点如下：

　　（1）协议的收敛时间短。当网络拓扑发生变化时，可以快速传播链路状态更新并重新计算路由，实现快速收敛。

　　（2）不存在路由环路。OSPF 的路由计算是通过 SPF 算法获得的，SPF 算法的核心机制就是创建无环的最短路径树，能够从根源杜绝环路。

　　（3）协议的开销小。OSPF 使用组播地址 224.0.0.5、224.0.0.6 进行路由更新，并且只发送有变化的链路状态更新。

　　（4）网络的可扩展性强。首先 OSPF 以带宽作为度量衡量路径的优劣，没有跳数的限制。其次 OSPF 支持区域（Area）划分，为不同规模的网络分别提供了单区域（single area）和多区域（multiple area）两种配置模式，前者适用于小型网络。而在大型网络中，网络管理员可以通过良好的层次化设计，将网络划分成多个相对较小且较易管理的区域，以减少链路状态信息的传播范围和计算复杂性，从而更好地适应大型网络。单区域 OSPF 与多区域 OSPF 的简单示意图如图 3-79 所示。

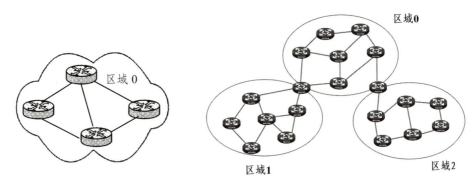

（a）单区域 OSPF　　　　　　　　　　（b）多区域 OSPF

图 3-79　单域 OSPF 与多域 OSPF 的简单示意图

微课：OSPF 协议基本原理

3.9.4　任务书

如图 3-80 所示，某企业有总部和两个分支机构（分支机构 A、分支机构 B），为满足业务需求，总部租用运营商链路连接各分支机构。要求网络管理员，合理划分区域，部署 OSPF 使全网互通，并实现各路由器统一管理。

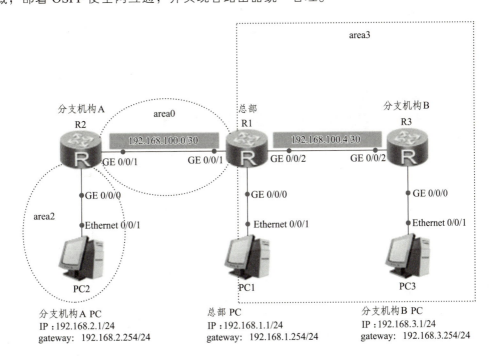

图 3-80　网络拓扑图

3.9.5 任务准备

1. 分组情况

填写表 3-21。

表 3-21　学生任务分配表

班级		姓名		组号		指导老师	
组长							
组员							
任务分工							

2. 工具选择

本任务使用的工具包括 Console 线、笔记本电脑、shell 终端软件，如图 3-81 所示。

（a）Console 线　　　　（b）笔记本电脑　　　　（c）终端软件

图 3-81　设备配置工具

3.9.6 实施步骤

区域划分：R1 与 R2 互联的段为骨干区，R1 与 R3 的互联段及 R3 下挂的业务段属于区域 3，R2 的业务段属于区域 2

（1）按照拓扑规划正确配置各设备接口 IP 地址。（略）

（2）在 R1、R2、R3 上配置 loopback 接口地址作为 OSPF 的 router-id 和路由器的管理地址。

R1：

```
[R1]interface LoopBack 0              #创建 loopback0 接口
[R1-LoopBack0]ip address 1.1.1.1 32   #配置 IP 地址为 1.1.1.1/32
[R1-LoopBack0]quit
```

R2：

```
[R2]interface LoopBack 0              #创建 loopback0 接口
[R2-LoopBack0]ip address 2.2.2.2 32   #配置 IP 地址为 2.2.2.2/32
[R2-LoopBack0]quit
```

R3：

[R3]interface LoopBack 0	#创建 loopback 接口
[R3-LoopBack0]ip address 3.3.3.3 32	#配置 IP 地址为 3.3.3.3/32
[R3-LoopBack0]quit	

（3）在各路由器上配置 OSPF。

R1：

[R1]ospf 1 router-id 1.1.1.1	#启动 ospf 进程 1，同时指定 router-id
为 1.1.1.1	
[R1-ospf-1]area 0	#进入骨干区
[R1-ospf-1-area-0.0.0.0]network 192.168.100.2 0.0.0.0	#在区域 0 宣告 g0/0/1 口
[R1-ospf-1-area-0.0.0.0]network 1.1.1.1 0.0.0.0	#在区域0宣告 loopback0 口
[R1-ospf-1-area-0.0.0.2]area 3	#进入区域 3
[R1-ospf-1-area-0.0.0.3]network 192.168.100.5 0.0.0.0	#在 3 区宣告 g0/0/2 口
[R1-ospf-1-area-0.0.0.3]network 192.168.1.254 0.0.0.0	#在 3 区宣告 g0/0/0 口
[R1-ospf-1-area-0.0.0.3]quit	

R2：

[R2]ospf 1 router-id 2.2.2.2
[R2-ospf-1]area 0
[R2-ospf-1-area-0.0.0.0]network 192.168.100.1 0.0.0.0
[R2-ospf-1-area-0.0.0.0]network 2.2.2.2 0.0.0.0
[R2-ospf-1-area-0.0.0.0]area 2
[R2-ospf-1-area-0.0.0.2]network 192.168.2.254 0.0.0.0
[R2-ospf-1-area-0.0.0.2]quit

R3：

[R3]ospf 1 router-id 3.3.3.3
[R3-ospf-1]area 3
[R3-ospf-1-area-0.0.0.3]network 192.168.3.254 0.0.0.0
[R3-ospf-1-area-0.0.0.3]network 3.3.3.3 0.0.0.0
[R3-ospf-1-area-0.0.0.3]network 192.168.100.6 0.0.0.0
[R3-ospf-1-area-0.0.0.3]quit

注意：

① OSPF 的区域划分是按照网段规划的，宣告时需要在相应区域内宣告相应接口即可。

② 将路由器的 loopback 口宣告进 ospf 进程，可以方便对路由器进行统一管理；ABR 的管理口一般宣告在骨干区内。

（4）验证配置，路由器上使用"display ospf peer brife"命令查看邻居建立状况，以 R1 为例，R1 应该在 0 区与 R2、在 3 区与 R3 分别建立邻居并成为邻接关系如图 3-82 所示；使用"display ip routing-table"命令查看各路由器路由表学习情况，如图 3-83 ~ 图 3-85 所示。

```
[R1]display ospf peer brief

     OSPF Process 1 with Router ID 1.1.1.1
          Peer Statistic Information
  ----------------------------------------------------------------------
  Area Id          Interface                        Neighbor id      State
  0.0.0.0          GigabitEthernet0/0/1             2.2.2.2          Full
  0.0.0.3          GigabitEthernet0/0/2             3.3.3.3          Full
  ----------------------------------------------------------------------
```

图 3-82 R1 的 ospf 邻居建立情况

```
[R1]display ip routing-table
Route Flags: R - relay, D - download to fib
--------------------------------------------------------------------------
Routing Tables: Public
         Destinations : 18       Routes : 18

Destination/Mask     Proto    Pre   Cost        Flags NextHop        Interface

        1.1.1.1/32   Direct   0     0             D   127.0.0.1      LoopBack0
        2.2.2.2/32   OSPF     10    1             D   192.168.100.1  GigabitEthernet
0/0/1
        3.3.3.3/32   OSPF     10    1             D   192.168.100.6  GigabitEthernet
0/0/2
      127.0.0.0/8    Direct   0     0             D   127.0.0.1      InLoopBack0
      127.0.0.1/32   Direct   0     0             D   127.0.0.1      InLoopBack0
127.255.255.255/32   Direct   0     0             D   127.0.0.1      InLoopBack0
    192.168.1.0/24   Direct   0     0             D   192.168.1.254  GigabitEthernet
0/0/0
  192.168.1.254/32   Direct   0     0             D   127.0.0.1      GigabitEthernet
0/0/0
  192.168.1.255/32   Direct   0     0             D   127.0.0.1      GigabitEthernet
0/0/0
    192.168.2.0/24   OSPF     10    2             D   192.168.100.1  GigabitEthernet
0/0/1
    192.168.3.0/24   OSPF     10    2             D   192.168.100.6  GigabitEthernet
0/0/2
```

图 3-83 R1 的路由表

```
[R2]display ip routing-table
Route Flags: R - relay, D - download to fib
--------------------------------------------------------------------------
Routing Tables: Public
         Destinations : 16       Routes : 16

Destination/Mask     Proto    Pre   Cost        Flags NextHop        Interface

        1.1.1.1/32   OSPF     10    1             D   192.168.100.2  GigabitEthernet
0/0/1
        2.2.2.2/32   Direct   0     0             D   127.0.0.1      LoopBack0
        3.3.3.3/32   OSPF     10    2             D   192.168.100.2  GigabitEthernet
0/0/1
      127.0.0.0/8    Direct   0     0             D   127.0.0.1      InLoopBack0
      127.0.0.1/32   Direct   0     0             D   127.0.0.1      InLoopBack0
127.255.255.255/32   Direct   0     0             D   127.0.0.1      InLoopBack0
    192.168.1.0/24   OSPF     10    2             D   192.168.100.2  GigabitEthernet
0/0/1
    192.168.2.0/24   Direct   0     0             D   192.168.2.254  GigabitEthernet
0/0/0
  192.168.2.254/32   Direct   0     0             D   127.0.0.1      GigabitEthernet
0/0/0
  192.168.2.255/32   Direct   0     0             D   127.0.0.1      GigabitEthernet
0/0/0
    192.168.3.0/24   OSPF     10    3             D   192.168.100.2  GigabitEthernet
0/0/1
  192.168.100.0/30   Direct   0     0             D   192.168.100.1  GigabitEthernet
0/0/1
  192.168.100.1/32   Direct   0     0             D   127.0.0.1      GigabitEthernet
0/0/1
  192.168.100.3/32   Direct   0     0             D   127.0.0.1      GigabitEthernet
0/0/1
  192.168.100.4/30   OSPF     10    2             D   192.168.100.2  GigabitEthernet
0/0/1
```

图 3-84 R2 的路由表

```
[R3]display ip routing-table
Route Flags: R - relay, D - download to fib
-------------------------------------------------------------------------------
Routing Tables: Public
          Destinations : 16        Routes : 16

Destination/Mask     Proto    Pre  Cost      Flags NextHop           Interface

        1.1.1.1/32   OSPF     10   1           D   192.168.100.5     GigabitEthernet
0/0/2
        2.2.2.2/32   OSPF     10   2           D   192.168.100.5     GigabitEthernet
0/0/2
        3.3.3.3/32   Direct   0    0           D   127.0.0.1         LoopBack0
      127.0.0.0/8    Direct   0    0           D   127.0.0.1         InLoopBack0
      127.0.0.1/32   Direct   0    0           D   127.0.0.1         InLoopBack0
127.255.255.255/32   Direct   0    0           D   127.0.0.1         InLoopBack0
    192.168.1.0/24   OSPF     10   2           D   192.168.100.5     GigabitEthernet
0/0/2
    192.168.2.0/24   OSPF     10   3           D   192.168.100.5     GigabitEthernet
0/0/2
    192.168.3.0/24   Direct   0    0           D   192.168.3.254     GigabitEthernet
0/0/0
  192.168.3.254/32   Direct   0    0           D   127.0.0.1         GigabitEthernet
0/0/0
  192.168.3.255/32   Direct   0    0           D   127.0.0.1         GigabitEthernet
0/0/0
  192.168.100.0/30   OSPF     10   2           D   192.168.100.5     GigabitEthernet
0/0/2
```

图 3-85　R3 的路由表

微课：OSPF 多区域配置

3.9.7　评价反馈

1. 评价考核评分

填写表 3-22。

表 3-22　评价评分考核表

项目名称	评价内容	分值	评价分数		
			自评	互评	师评
职业素养考核项目 40%	穿戴规范、整洁	10			
	积极参加教学活动	10			
	团队合作情况	10			
	现场管理 6S 标准	10			
专业能力考核项目 60%	网络连通性	20			
	OSPF 邻居建立情况	25			
	配置效率	15			
总分					
总评	自评（20%）＋ 互评（20%）＋ 师评（60%）＝	综合等级			

2. 总结反思

任务中遇到的问题：_____

_____

问题分析：_____

_____

解决方案：_____

_____

结果验证：_____

_____

课后思考题

1. 简析 OSPF 与 RIP 的区别。
2. 简述 OSPF 划分区域的好处。
3. 上面的任务如果用单区域配置，应该怎么做呢？

项目4 部署网络扩展功能及应用

项目介绍

网络建设完成后，需要根据业务的需求对网络进行性能的调优和应用的部署。本项目主要介绍访问控制列表、网络地址转换、IP地址动态分配等扩展功能的应用场景及部署方式。

通过项目学习，读者能够掌握网络扩展业务的基本配置方法，能够根据业务需求合理地对现有网络进行优化。

知识框架

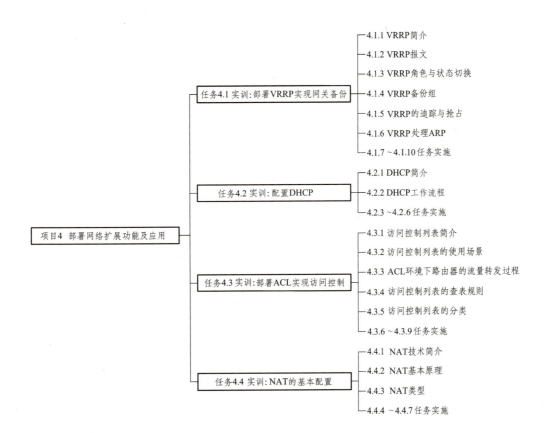

任务 4.1　实训：部署 VRRP 实现网关备份

任务简介

　　虚拟路由冗余协议（Virtual Router Redundancy Protocol，VRRP）是由 IETF 提出的解决局域网中配置静态网关出现单点失效的路由协议。本任务介绍了 VRRP 的部署方式。学习完本任务，读者能够掌握该协议的配置指令。

任务目标

　　根据生产环境需求，部署 VRRP 实现网关备份。

4.1.1　VRRP 简介

　　VRRP 是一种能够解决网关路由器单点故障引起的网络失效的容错协议，该协议的工作机制是将多台网关虚拟成单设备，虚拟设备的 IP 则成为二层网络的唯一网关，为终端提供接入网络的唯一入口，如图 4-1 所示。VRRP 在实际运行中，使用 VRID 给路由进行分组，同一组内的路由器通过选举确定一个主路由器承载流量，实现针对虚拟路由器的各种网络功能，如 ARP 请求、ICMP 询问、数据的路由转发等。小组内其他路由器为备份路由器，这些路由器由于暂时无法使用虚拟 IP 地址，无法执行对外的网络功能，只能接受主路由器发来的控制信息，一旦主路由器出现网络故障，备份路由器会马上切换成主路由从而获得虚拟 IP 地址，接管原来主路由的网络功能，完成故障切换。

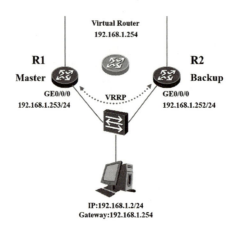

图 4-1　VRRP 简单示意

4.1.2　VRRP 报文

　　VRRP 报文主要用于路由器之间的通信，以确定哪一台路由器应作为主路由器（Master）提供服务。当 Master 路由器出现故障，无法发送 VRRP 报文时，其他路由器将通过优先级和预配置的选举算法选择新的 Master 路由器，使主路由器出现故障，网络通信也能保持连续性和可靠性。

VRRP 是网络层协议，协议号为 112，其报文封装在 IP 数据报中，由 Master 路由器以 1 秒的发送间隔通过组播发送，组播地址是 224.0.0.18。VRRP 协议只有一种报文类型，叫作 VRRP 通告报文。

VRRP 报文的结构如图 4-2 所示。其中重要字段说明如下：

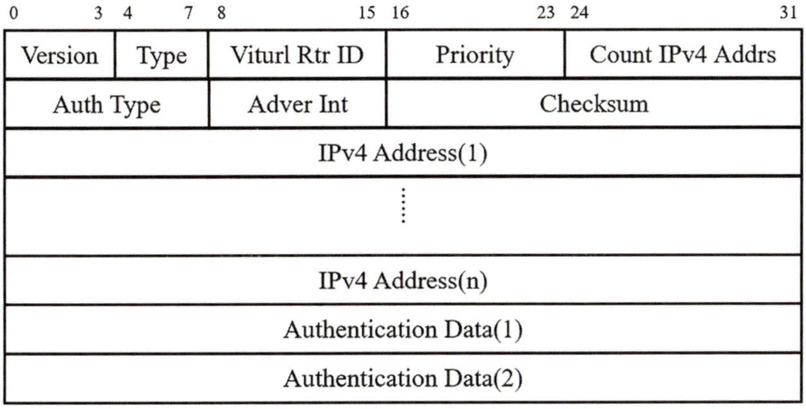

Version	Type	Viturl Rtr ID	Priority	Count IPv4 Addrs
Auth Type		Adver Int	Checksum	
IPv4 Address(1)				
⋮				
IPv4 Address(n)				
Authentication Data(1)				
Authentication Data(2)				

图 4-2　VRRP 报文结构

（1）Version 字段：版本号字段，用于标识 VRRP 协议的版本，一般为 2。

（2）Type 字段：类型子字段，用于标识 VRRP 报文的类型，VRRP 只定义了一种报文类型，即 Advertisement（通告报文）。

（3）Virtual Rtr ID 字段：VRRP 组 ID 字段，标识一个 VRRP 组，用于区分不同的 VRRP 组。

（4）Priority 字段：优先级字段，取值范围为 0～255。其中，0 为系统保留，表示路由器放弃 Master 位置；255 为系统保留，表示 IP 地址的拥有者，即默认为 Master；1～254 可配置，优先级越高，成为 Master 的可能性越大。

（5）Count IPv4 Addrs 字段：IP 地址计数字段，表示在该 VRRP 组中的 IP 地址数量。

（6）Auth Type 字段：认证类型字段，用于验证 VRRP 报文的发送者。

（7）Adver Int 字段：通告间隔字段，指定了主路由器发送 VRRP 通告报文的时间间隔，一般为 1 s，也被称为心跳间隔，可根据网络需求进行调整。

（8）IPv4 Address 字段：地址字段，该字段包含了 VRRP 组中的一个或多个 IP 地址。

4.1.3　VRRP 角色与状态切换

运行 VRRP 的路由器角色主要有两个：Master（主）和 Backup（备份）。

Master 路由器是在 VRRP 组中拥有最高优先级的路由器，或者是在优先级相同的情况下，IP 地址最大的路由器。Master 路由器负责将自己的 IP 地址和 MAC 地址与 VRRP 组的虚拟 IP 地址和虚拟 MAC 地址进行绑定，并向外发送，告知其他设备自己是活跃的 Master。

Backup 路由器是在 VRRP 组中的备份路由器，它们会监听网络中的 VRRP 通告，并处于等待状态，一旦 Master 路由器失效，其中一个 Backup 路由器就会接管 Master 的角色。

在华为设备中，VRRP 的角色是针对路由器中运行 VRRP 的三层接口来说的。

VRRP 协议中定义了三种状态机：初始状态（Initialize）、主动状态（Master）、备份状态（Backup）。其中，只有处于主动状态的设备才可以转发那些发送到虚拟 IP 地址的报文，状态切换如图 4-3 所示。

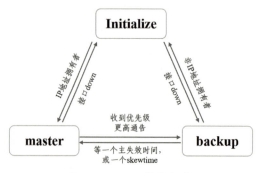

图 4-3　VRRP 状态切换

刚启动 VRRP 的接口的初始状态都是 Initialize，如果不是 IP 地址拥有者则都跳转至 Backup，在主失效时间内，Backup 若没有收到 Master 发来的心跳报文，将切换为 Master。如果 Master 收到优先级更高的报文，则会切换回 Backup。

$$主失效时间（Master\_Down\_Time）= 3×心跳间隔+skewtime$$
$$Skewtime =（256 - 优先级）/256$$

4.1.4　VRRP 备份组

华为设备一共支持 255 个备份组，一个组内必须满足一主多备的角色要求，多组之间可以做负载。即在一个网络中，可以配置多个 VRRP 备份组，每个备份组各有一个独立的虚拟 IP 地址。通过这种方式，可以将网络流量在多个 VRRP 备份组之间进行分配，实现负载均衡。例如，可以将一部分网络流量指向一个备份组的虚拟 IP 地址，将另一部分网络流量指向另一个备份组的虚拟 IP 地址。这样，即使一个备份组的主路由器出现故障，也只会影响到一部分的网络流量，其他的网络流量仍然可以通过其他的备份组正常处理，如图 4-4 所示。

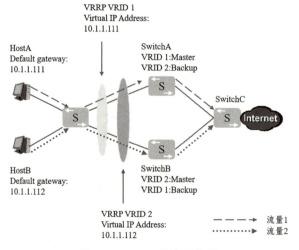

图 4-4　VRRP 的流量负载

4.1.5　VRRP 的追踪与抢占

VRRP 冗余备份功能有时需要额外的功能来完善其工作。在复杂的网络环境中，路由器可能会因为各种原因出现故障，这时就需要其他路由器能够及时检测到这种变化，马上接管服务，保证网络的连续性。VRRP 可以追踪路由器的接口状态。当被追踪的接口状态变化时（如接口 Down），路由器可以根据配置动态调整自身的 VRRP 优先级。这样，当主路由器的关键接口出现故障时，备份路由器可以立即检测到这种变化，并提升自身的 VRRP 优先级，从而准备接管服务。

如图 4-5 所示，如果 interface1 发生故障，VRRP 是无法感知并切换流量，这时需要配置追踪来防范次优路径，当 Master 设备启动追踪功能，发现上行接口或链路发生故障时，Master 设备降低自己的优先级完成角色切换，从而解决次优路径问题。

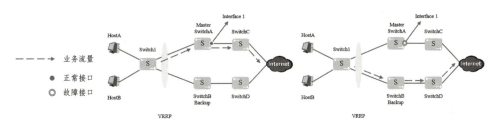

图 4-5　VRRP 的追踪功能

4.1.6　VRRP 处理 ARP

在 VRRP 环境中，ARP（Address Resolution Protocol）的处理主要涉及两个方面：ARP 请求和 ARP 应答。

1. ARP 请求

当客户端需要找到虚拟路由器的 MAC 地址时，它会发送一个 ARP 请求。此时，作为主路由器的设备会响应 ARP 请求，返回虚拟路由器的虚拟 MAC 地址。这样，客户端就可以通过虚拟 MAC 地址与虚拟路由器进行通信。

2. ARP 应答

在 VRRP 切换过程中，新的主路由器会向广播域发送一条无故 ARP 消息，来告诉网络中的其他设备虚拟 IP 地址已经对应到了新的虚拟 MAC 地址。这样，网络中的其他设备就可以更新他们的 ARP 缓存，从而与新的主路由器进行通信，如图 4-6 所示。

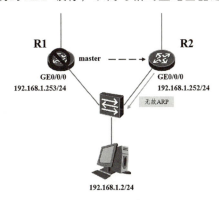

图 4-6　VRRP 处理 ARP

微课：VRRP 协议基本原理

4.1.7　任务书

　　某企业为了保证网络可靠性，使用双路由作为企业的出口网关，如图 4-7 所示。由于终端是以静态的方式配置网关的，流量不能在故障时迅速切换到另一台设备上，导致无法实现网关的备份，需要网络管理员使用 VRRP 协议配置企业出口网关，实现故障时流量自动切换。

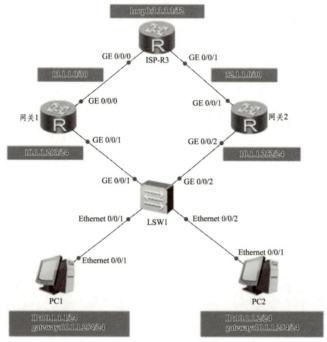

图 4-7　网络拓扑图

4.1.8　任务准备

1. 分组情况

填写表 4-1。

表 4-1　学生任务分配表

班级		姓名		组号		指导老师	
组长							
组员							
任务分工							

2. 工具选择

本任务使用的工具包括 Console 线、笔记本电脑、shell 终端软件，如图 4-8 所示。

（a）Console 线　　　　（b）笔记本电脑　　　　（c）终端软件

图 4-8　设备配置工具

4.1.9　实施步骤

拓扑说明：交换机 LSW1 为企业接入层非网管交换机，路由器 ISP-R3 为运营商路由器，在 ISP-R3 上创建 loopback 接口模拟外网的网段用于测试，网关（R1）、网关（R2）为企业的边界路由器，终端设备的网关配置为 10.1.1.254。

（1）按照拓扑规划正确配置各设备接口 IP 地址。（略）

（2）配置静态路由(仅用于测试)，让流量能够正确到达运营商路由器。

R1：

[R1]ip route-static 0.0.0.0 0.0.0.0 13.1.1.2
　　#在 R1 上配置静态默认路由指向 ISP-R3

R2：

[R2]ip route-static 0.0.0.0 0.0.0.0 32.1.1.1　　#配置静态默认路由指向 ISP-R3

R3：

[ISP-R3]ip route-static 10.1.1.0 255.255.255.0 13.1.1.1
　　#配置主回程路由指向网关 1

[ISP-R3]ip route-static 10.1.1.0 255.255.255.0 32.1.1.2 preference 61
　　#配置备份回程路由指向网关 2，并调整优先级大于主路由，使其静默

（3）配置 VRRP 协议。

R1：

[R1]interface g 0/0/1　　　　　　　　　　#进入 R1 的下行口

[R1-GigabitEthernet0/0/1]vrrp vrid 1 virtual-ip 10.1.1.254
　　#启动 VRRP 协议，创建 VRRP 组 1，虚拟 IP 为 10.1.1.254

[R1-GigabitEthernet0/0/1]vrrp vrid 1 priority 110
　　#调整 R1 在 VRRP 组 1 的优先级为 110（默认是 100），使优先级大的成为主动端

[R1-GigabitEthernet0/0/1]vrrp vrid 1 track interface g 0/0/0 reduced 20
　　#追踪上行口，上行口故障时将自身优先级减 20

[R1-GigabitEthernet0/0/1]vrrp vrid 1 preempt-mode timer delay 10
　　#将 VRRP 的抢占延时调整为 10 s，故障恢复 10 s 后，切换回主动端接管流量。

R2：

[R2]interface g 0/0/2

[R2-GigabitEthernet0/0/2]vrrp vrid 1 virtual-ip 10.1.1.254
　　#配置网关 2 为 VRRP 组 1 的成员，虚拟 IP 为 10.1.1.254

注意：

① 华为 VRRP 的相关配置是在三层接口上进行的。

② VRRP 的优先级、抢占、追踪接口等参数均在主动端配置，被动端仅需配置虚拟 IP 即可。

③ VRID 的指定是基于广播域的，即一个网段指定一个唯一的 VRID，一个 VRRP 组内可以有多个 VRRP 路由器成员，但是这些成员中只能有一位成为主动端，也只允许有一个虚拟 IP。

④ VRRP 配置追踪时，一般追踪上联口，因为追踪下联口没有意义，下行口 "down" 后意味着 VRRP 心跳线 "down"，另一端将自动成为 "Master"。

（4）验证配置，对网关使用 "display vrrp brife" 命令查看 VRRP 情况，由于配置优先级的关系，网关 1 应成为主动端，如图 4-9 所示；将网关 1 的上联口关闭，测试追踪情况，发现上联口 "down" 后优先级减少 10 变成 90，遂成为被动端，如图 4-10 所示。

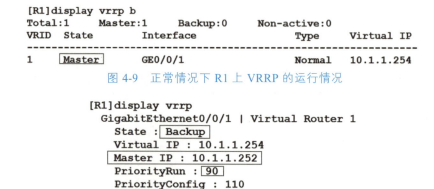

```
[R1]display vrrp b
Total:1      Master:1      Backup:0      Non-active:0
VRID  State          Interface              Type        Virtual IP
-------------------------------------------------------------------
1     Master         GE0/0/1                Normal      10.1.1.254
```

图 4-9　正常情况下 R1 上 VRRP 的运行情况

```
[R1]display vrrp
 GigabitEthernet0/0/1 | Virtual Router 1
   State : Backup
   Virtual IP : 10.1.1.254
   Master IP : 10.1.1.252
   PriorityRun : 90
   PriorityConfig : 110
   MasterPriority : 100
   Preempt : YES    Delay Time : 10 s
```

图 4-10　故障后 R1 上 VRRP 的运行情况

（5）验证流量走向，正常情况流量走左边，故障时流量自动切换至右边链路实现备份，如图 4-11 所示。

图 4-11　PC1 的路由追踪显示

微课：VRRP 基本配置

4.1.10 评价反馈

1. 评价考核评分

填写表 4-2。

表 4-2　评价评分考核表

项目名称	评价内容	分值	评价分数		
			自评	互评	师评
职业素养考核项目 40%	穿戴规范、整洁	10			
	积极参加教学活动	10			
	团队合作情况	10			
	现场管理 6S 标准	10			
专业能力考核项目 60%	网络连通性	20			
	故障切换情况	25			
	配置效率	15			
总分					
总评	自评（20%）+ 互评（20%）+ 师评（60%）=		综合等级		

2. 总结反思

任务中遇到的问题：_____

_____

问题分析：_____

_____

解决方案：_____

_____

结果验证：_____

_____

课后思考题

配置 VRRP 时，VRID 的指定是基于（　　　）。

A. 广播域　　　　B. IP 地址　　　　C. 优先级　　　　D. 物理位置

任务 4.2　实训：配置 DHCP

任务简介

动态主机配置协议（Dynamic Host Configuration Protocol，DHCP）能够给网络中的主机或终端动态分配 IP 地址等参数，利用该协议能够大大减少管理员的工作量，避免手工配置网络参数造成的地址冲突。本任务介绍了 DHCP 的基本概念和工作原理，以及在数据通信设备上配置 DHCP 服务的方法。学完本任务，读者能够了解 DHCP 的基本概念和应用场景，掌握配置 DHCP 的基本方法。

任务目标

（1）描述 DHCP 的工作过程。
（2）配置 DHCP 实现网络参数自动化管理。

4.2.1　DHCP 简介

在 TCP/IP 网络上，每台终端在访问网络及其资源之前，都必须进行基本的网络配置，如 IP 地址、子网掩码、默认网关、DNS 等，还可能需要配置一些附加的参数，如 IP 管理策略之类。

对于大型网络，尤其是包含漫游用户和便携式设备的动态网络，确保所有终端都具备正确配置信息是一项极具挑战性的管理任务。终端设备经常从一个子网移动到另一个子网，或者从网络中完全移除，这就需要频繁地手动更新配置。这不仅消耗大量时间，而且一旦配置错误就会导致该终端无法与网络中的其他终端进行通信。因此，我们需要一种可以简化 IP 地址配置和集中管理 IP 地址的机制。

动态主机配置协议（Dynamic Host Configuration Protocol，DHCP），是由互联网工程任务组（IETF）设计的一款基于客户机/服务器（C/S）模型，能自动分配、管理终端网络参数的协议。它大大简化了终端 IP 地址等参数的配置和管理工作，在网络中，DHCP 服务器维护一个 IP 地址池，任何启用 DHCP 的客户机在连接到网络时，都可以从该地址池中获取 IP 地址。由于 IP 地址是动态分配的，因此不再使用的 IP 地址会自动返回到地址池中，以便重新分配，这大大提高了 IP 地址的利用率。

此外，DHCP 不仅提供 IP 地址的分配，还可以为客户端分配其他的网络参数，如默认网关、子网掩码、DNS 服务器地址等。这些参数的自动分配，进一步简化了网络设备的配置过程，提高了网络的运行效率。同时，DHCP 还支持地址租约机制，可以根据网络环境和需求动态调整 IP 地址租约的时间，从而更加灵活地管理 IP 资源。

4.2.2　DHCP 工作流程

4.2.2.1　DHCP 租赁 IP 地址的过程

从 DHCP 客户端向 DHCP 服务器请求租用 IP 开始，直到完成客户端的 TCP/IP 设置，整个工作流程由 4 个阶段组成，如图 4-12 所示。

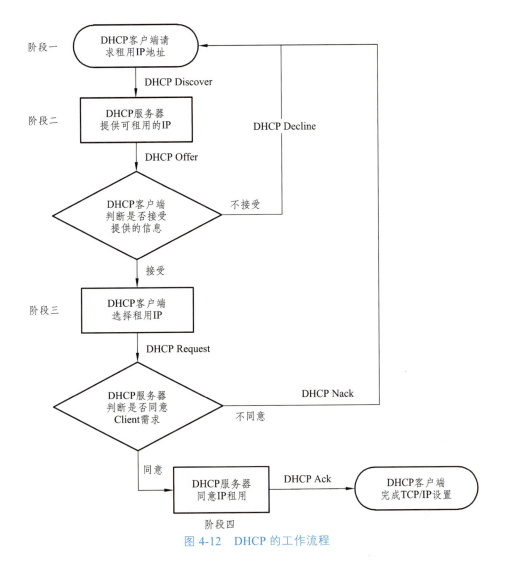

图 4-12　DHCP 的工作流程

1. 请求租用 IP 地址

当我们为计算机安装好 TCP/IP 协议，并设置成 DHCP 客户端，也就是设置 IP 地址为自动获取方式后就会进入此阶段。首先由 DHCP 客户端广播一个 DHCP Discover 信息包，请求广播域内任一部 DHCP 服务器为其提供 IP 租约。

2. 提供可租用的 IP

因为 DHCP Discover 是以广播方式送出，所以网络上所有的 DHCP 服务器都会收到此信息包，而每一台 DHCP 服务器收到此信息包时，都会从自身的地址池中找出一个可用的 IP 地址，设置租约期限后记录在 DHCP Offer 信息包内，再以单播方式送给客户端。

3. 选择租用 IP

因为每一台 DHCP 服务器都会送出 DHCP Offer 信息包，因此 DHCP 客户端会收到多个 DHCP Offer 信息包，按照默认值，客户端会处理最先收到的 DHCP Offer 信息包，以选定提供租约的服务器，其他陆续收到的 DHCP Offer 信息包则不予理会。

客户端接着以广播方式送出 DHCP Request（请求）信息包，除了向选定的服务器申请租用 IP 地址，也让其他曾发送 DHCP Offer 信息包、但未被选定的服务器知道："你们所提供的 IP 地址落选了。不必为我保留，可以租用给其他的客户端啦。"

如果 DHCP 客户端不接受 DHCP 服务器所提供的参数，就会广播一个 DHCP Decline（拒绝）信息包，告知服务器："我不接受你建议的 IP 地址（或租用期限等）。"然后回到第一阶段，再度广播 DHCP Discover 信息包，重新执行整个取得租约的流程。

客户端收到服务器建议的 IP 地址时，通常会以 ARP 协议检查该地址是否已被使用，倘若有其他粗心的用户，手动设置 IP 地址时也占用了相同的地址，客户端就会拒绝租用此 IP 地址。

4. 同意 IP 租用

被选中的 DHCP 服务器收到 DHCP Request 信息包后，假如同意客户端的租用要求，便会单播 DHCP Ack（确认）信息包给 DHCP 客户端，告知其可以使用该参数并开始计算租用时间。

倘若 DHCP 服务器因地址池耗尽而不能给予 DHCP 客户端所请求的信息，则会发出 DHCP Nack（拒绝）信息包。当客户端收到 DHCP Nack 信息包时，便直接回到第一阶段，重新执行整个流程。

4.2.2.2　DHCP 续订租约

取得 IP 租约后，DHCP 客户端必须定期更新（Renew）租约，否则当租约到期，就不能再使用此 IP 地址。按照 RFC 的默认值，每当租用时间超过租约期限的 1/2（50%）及 7/8（87.5%）时，客户端就必须发出 DHCP Request 信息包，向 DHCP 服务器请求更新租约。

特别注意一点，在 1/2 期限更新租约时是以单播方式发出 DHCP Request 信息包，也就是会指定哪一台 DHCP 服务器应该要处理此信息包。如果在 1/2 租期时没有收到续约响应，且剩余租期达到 7/8 时，客户端会以广播形式发送 DHCP Request 报文，以便让网络中的任意 DHCP 服务器对其请求进行响应。

以 Windows 客户端为例，若默认的租约期限为 8 天，则当租用时间超过 4 天时，DHCP Client 会向 DHCP Server 请求续约，将租约期限再延长为原本的期限（也就是 8 天）。若重试 3 次续约请求依然无法取得 DHCP Server 的响应，DHCP Client 将会继续使用此租约，直到租用时间超过 7 天时，会再度向 DHCP Server 请求续约，此时 DHCP Client 改以广播方式送出 DHCP Request 信息包，以向广播域内其他服务器请求 DHCP 的服务。

当然，我们也可以在租约期限内，手动更新租约。在 Windows 客户端中，手动更新租约的方式是在命令提示符下，执行 ipconfig /renew 命令。

4.2.2.3　撤消租约

在 Windows 的命令提示符下，执行 ipconfig /release 命令，即可撤销租约。但如果我们的 Windows 客户端安装有多张网卡，当我们直接执行 ipconfig /release 命令时，默认是会撤消所有网卡的 IP 租约。若只想撤消特定网卡的 IP 租约，则应执行 ipconfig /

release <连接名称>命令。连接名称指的是我们在网络连接窗口中看到的连接名称，例如："本地连接 1""本地连接 2"等。

4.2.2.4　跨子网的 DHCP 服务部署

DHCP 客户端是通过广播的方式和 DHCP 服务器取得联系的。当 DHCP 客户端和 DHCP 服务器不在同一个子网内时，DHCP 服务器虽然可以为不同的子网创建不同的地址数据库，但由于 DHCP 客户端无法使用广播找到 DHCP 服务器，依然无法获得相应的 IP 地址。这时我们可以使用两种方法解决。

（1）在连接不同子网的路由器上允许 DHCP 广播数据报通过。这种方法需要路由器的支持，同时也可能造成广播流量的增加，如图 4-13 所示。

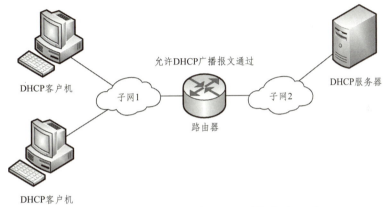

图 4-13　设置路由器允许 DHCP 广播报文通过

（2）在客户端侧部署中继代理服务器。DHCP 中继代理服务器和 DHCP 客户端位于同一个子网，它会侦听广播的 DHCP Discover 和 DHCP Request 消息，然后通过单播方式发送此消息给其指定的 DHCP 服务器来实现跨网段获取地址，此方法目前多用，如图 4-14 所示。

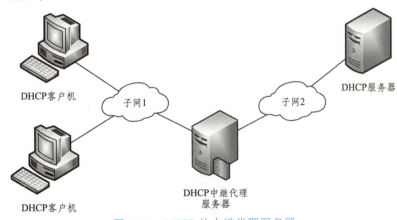

图 4-14　DHCP 的中继代理服务器

微课：DHCP 协议基本原理

4.2.3 任务书

某企业总部和分部网络已经互通，现为了方便管理，要求管理员将总部路由器配置为 DHCP 服务器，并向全网终端分配 IP 地址等相关参数，网络拓扑如图 4-15 所示。

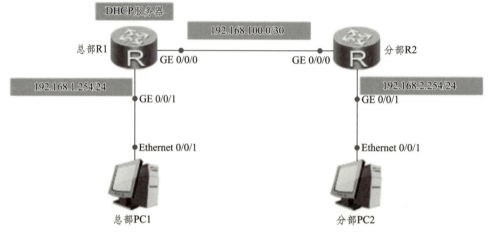

图 4-15　网络拓扑

4.2.4 任务准备

1. 分组情况

填写表 4-3。

表 4-3　学生任务分配表

班级		姓名		组号		指导老师	
组长							
组员							
任务分工							

2. 工具选择

本任务使用的工具包括 Console 线、笔记本电脑、shell 终端软件，如图 4-16 所示。

（a）Console 线　　　　（b）笔记本电脑　　　　（c）终端软件

图 4-16　设备配置工具

4.2.5 实施步骤

（1）按照拓扑规划，正确配置设备接口地址，并使用静态路使网络互通。（略）

（2）在服务端（R1）和中继代理端（R2）均打开 DHCP 服务。

R1：

[R1]dhcp enable	#开启 67 号端口

R2：

[R2]dhcp enable	#中继端开启 67 号端口

（3）服务端创建地址池。

[R1]ip pool zongbu	#创建总部地址池，池子名称为 zongbu
[R1-ip-pool-zongbu]network 192.168.1.0 mask 24	
#池子的地址段为 192.168.1.0/24	
[R1-ip-pool-zongbu]gateway-list 192.168.1.254	#用于分配的网关地址设置为 192.168.1.254
[R1-ip-pool-zongbu]excluded-ip-address 192.168.1.201 192.168.1.253	
#排除该网段内从 192.168.1.201 开始至 192.168.1.253 这一段地址，用于静态分配	
[R1-ip-pool-zongbu]dns-list 114.114.114.114	#用于分配的 DNS 地址设置为 114.114.114.114
[R1-ip-pool-zongbu]lease day 0 hour 12	#配置租期为 12 小时
[R1-ip-pool-zongbu]quit	
[R1]ip pool fenbu	#创建分部地址池，池子名称为 fenbu
[R1-ip-pool-fenbu]network 192.168.2.0 mask 24	#配置网段为 192.168.2.0/24
[R1-ip-pool-fenbu]gateway-list 192.168.2.254	#网关为 192.168.2.254
[R1-ip-pool-fenbu]excluded-ip-address 192.168.2.202 192.168.2.253	
#排开部分地址，以保留用于静态分配	
[R1-ip-pool-fenbu]lease day 0 hour 12	#租期设置为 12 小时
[R1-ip-pool-fenbu]quit	

（4）接口上调用地址池。

R1：

[R1]interface g 0/0/1	
[R1-GigabitEthernet0/0/1]dhcp select global	#在总部终端所在广播域的网关接口设置调用全局地址池，为总部分配地址
[R1-GigabitEthernet0/0/1]int g 0/0/0	
[R1-GigabitEthernet0/0/0]dhcp select global	#在 g 0/0/0 接口设置调用全局地址池，为分部分配地址
[R1-GigabitEthernet0/0/0]quit	

R2：

[R2]interface g 0/0/1	
[R2-GigabitEthernet0/0/1]dhcp select relay	#网关接口上配置 dhcp 中继代理功能
[R2-GigabitEthernet0/0/1]dhcp relay server-ip 192.168.100.1	

#将本地 dhcp discover 报文变为单播中继至 dhcp 服务器端的入接口（R1 的 g 0/0/0），该接口地址为 192.168.100.1

[R2-GigabitEthernet0/0/1]quit

（5）验证配置，在 PC1 上将地址获取方式设置为 DHCP 方式，在控制台输入"ipconfig"查看地址获取情况，如图 4-17、图 4-18 所示；在 PC2 重复上述操作，如图 4-19、图 4-20 所示。

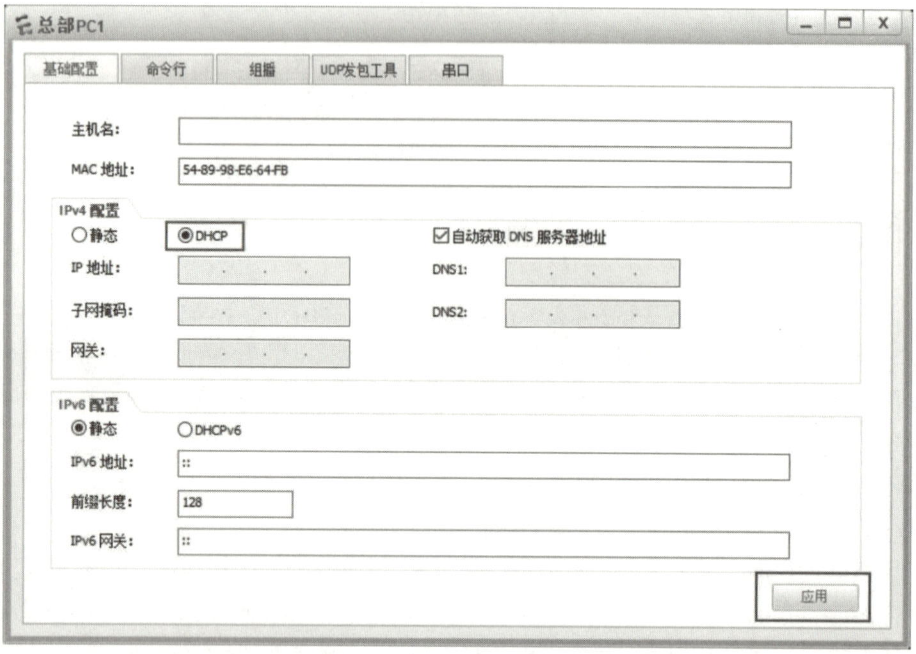

图 4-17　PC1 的 ip 地址获取方式设置

图 4-18　PC1 的 ip 地址获取情况

图 4-19　PC2 的 ip 地址获取方式设置

图 4-20　PC2 的 ip 地址获取情况

微课：DHCP 基本配置

4.2.6 评价反馈

1. 评价考核评分

填写表 4-4。

表 4-4 评价评分考核表

项目名称	评价内容	分值	评价分数		
			自评	互评	师评
职业素养考核项目 40%	穿戴规范、整洁	10			
	积极参加教学活动	10			
	团队合作情况	10			
	现场管理 6S 标准	10			
专业能力考核项目 60%	地址获取情况	20			
	地址池的参数设置	25			
	配置效率	15			
总分					
总评	自评（20%）+ 互评（20%）+ 师评（60%）=		综合等级		

2. 总结反思

任务中遇到的问题：＿＿＿＿＿＿＿＿＿＿＿＿＿＿＿＿＿＿＿＿

＿＿＿＿＿＿＿＿＿＿＿＿＿＿＿＿＿＿＿＿＿＿＿＿＿＿＿＿＿

问题分析：＿＿＿＿＿＿＿＿＿＿＿＿＿＿＿＿＿＿＿＿＿＿＿＿

＿＿＿＿＿＿＿＿＿＿＿＿＿＿＿＿＿＿＿＿＿＿＿＿＿＿＿＿＿

解决方案：＿＿＿＿＿＿＿＿＿＿＿＿＿＿＿＿＿＿＿＿＿＿＿＿

＿＿＿＿＿＿＿＿＿＿＿＿＿＿＿＿＿＿＿＿＿＿＿＿＿＿＿＿＿

结果验证：＿＿＿＿＿＿＿＿＿＿＿＿＿＿＿＿＿＿＿＿＿＿＿＿

＿＿＿＿＿＿＿＿＿＿＿＿＿＿＿＿＿＿＿＿＿＿＿＿＿＿＿＿＿

课后思考题

DHCP 有何作用？简述 DHCP 的工作流程。

任务 4.3　实训：部署 ACL 实现访问控制

任务简介

访问控制列表（Access Control List，ACL）是一种基于包过滤的流量控制技术。它通过比对数据包中的五元组信息与列表中的规则，允许或拒绝特定的数据包，达到控制流量的效果。企业网络可以通过部署 ACL 来合理管控流量。学完本任务，读者能够掌握 ACL 的部署方式和技巧。

任务目标

根据生产环境需求，部署 ACL 进行流量管控。

4.3.1 访问控制列表简介

访问控制列表（Access Control List，ACL）是一种基于数据包过滤实现网络访问控制的机制。网络设备可以根据 ACL 中预先定义的一系列访问控制规则，对进出本设备的数据流进行筛选，以实施网络访问管理。这些访问控制规则中包括匹配条件和相应的动作。匹配条件基于报文的五元组信息，如源 IP 地址、目标 IP 地址、协议类型、源端口、目标端口。动作通常包括允许通过（permit）和拒绝通过（deny）两种。将 ACL 应用到网络设备的某个接口后，通过该接口的流量会严格按照 ACL 规则匹配并执行相应动作，从而实现对网络访问的控制，有效保证网络安全。图 4-21 展示了 ACL 的基本应用。

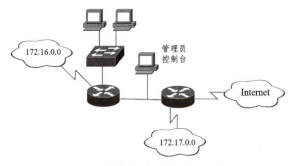

图 4-21 访问控制列表应用示意图

4.3.2 访问控制列表的使用场景

ACL 作为流量管控工具，其应用场景主要有两大类：流量过滤和流量抓取。

1. 流量过滤

用于过滤流量的 ACL 一般会调用至设备接口处，此时 ACL 能够根据列表中的匹配条件对进站和出站的报文进行过滤处理，如图 4-22 所示。打个比方，ACL 其实是一种报文过滤器，ACL 规则就是过滤器的滤芯。安装什么样的滤芯（即根据报文特征配置相应的 ACL 规则），ACL 就能过滤出什么样的报文。

图 4-22 调用在接口上的 ACL

2. 流量抓取

若 ACL 没有应用在设备接口处，那么此时 ACL 的作用就是匹配并抓取流量，用于其他协议后一步处理。如图 4-23 所示，管理员可以构建 ACL 规则来抓取关注的数据流量，以供设备进一步处理，如用于在 NAT 中定义被转换的 IP 地址。

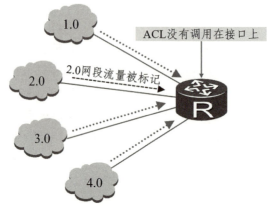

图 4-23　用于抓取流量的 ACL

4.3.3　ACL 环境下路由器的流量转发过程

在 ACL 环境下，路由器对于数据包的处理过程如下。

数据包进站首先看有无进方向 ACL，如果有则查看 ACL 规则，如果 ACL 允许则继续查路由表决定是否转发，如果 ACL 拒绝那么数据包将不经过路由表直接丢弃；出站方向会先看路由表是否转发，如果能够转发再继续查出站方向的 ACL 表，最终决定数据包是否能从此接口发出，如图 4-24 所示。

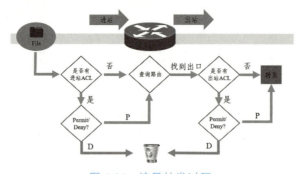

图 4-24　流量转发过程

若 ACL 应用在设备接口入方向，当接口收到数据包时，先根据应用在接口上的 ACL 条件进行匹配，如果允许则根据路由表进行转发，如果拒绝则直接丢弃；若 ACL 应用在设备接口出方向，报文先经过路由表路由后转发至出接口，根据接口上出方向 ACL 条件进行匹配，如果是允许，就直接转发数据，如果是拒绝就将数据包丢弃。简单来说就是：入向 ACL，先匹配后路由；出向 ACL，先路由后匹配。

4.3.4 访问控制列表的查表规则

访问控制列表在处理数据流量时满足顺序匹配规则。如图 4-25 所示，ACL 的顺序匹配是指当报文入栈时，报头信息会自上而下逐条与 ACL 规则进行匹配。一旦命中了某条规则，就会执行该规则的动作（允许或拒绝），不再匹配后续规则。同时在 ACL 的最后，一般会有一个隐式的拒绝规则，即如果一个数据包没有与任何 ACL 规则匹配，那么将被默认拒绝。这是为了确保未被定义的流量不会被允许通过，而设置的安全机制。

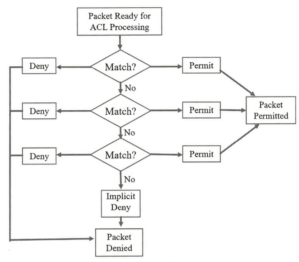

图 4-25　ACL 查表规则

下面用一个案例来说明，图 4-26 中 RTA 收到了来自两个网络的报文。RTA 会依据 ACL 的配置顺序来匹配这些报文。网络 172.16.0.0/24 发送的数据流量将被 RTA 上配置的 ACL2000 的规则 15 匹配，因此会被拒绝。而来自网络 172.17.0.0/24 的报文不能匹配访问控制列表中的任何规则，遂执行隐式拒绝所有，因此也会被拒绝。

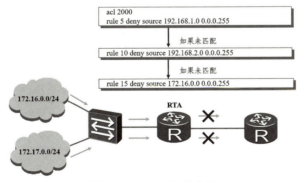

图 4-26　ACL 查表案例

4.3.5 访问控制列表的分类

根据不同的划分规则，ACL 可以有不同的分类。最常见的两种 ACL 类型是标准 ACL 和扩展 ACL，如表 4-5 所示。

表 4-5　标准 ACL 和扩展 ACL

分类	编号范围	匹配参数
标准 ACL	2000～2999	源 IP 地址等
扩展 ACL	3000～3999	源 IP 地址、目的 IP 地址、源端口、目的端口、特定协议

　　标准 ACL 使用报文的源 IP 地址来匹配报文，其编号取值范围是 2000-2999。由于其仅仅依据源 IP 地址进行判断，相比之下，其控制粒度较大，不能区分不同类型的网络服务或应用。但在一些简单的网络环境中，比如需要阻止特定 IP 地址访问网络，或者限制某个网络区域的访问，标准 ACL 是一个有效且简单的解决方案。

　　扩展 ACL 可以使用报文的源/目 IP 地址、源/目端口号以及协议类型来匹配报文，其编号取值范围是 3000-3999。它可以定义比基本 ACL 更准确、更丰富、更灵活的规则，例如，可以允许某个 IP 地址通过特定的端口访问网络，或者允许某种协议的数据包通过。为复杂的网络环境提供了更为灵活和精细的访问控制机制。

微课：ACL 基本原理

4.3.6　任务书

　　某企业总部及分部网络已搭建完毕且实现了互联互通，如图 4-27 所示。现希望通过配置 ACL 来控制员工的上网行为：① 在总部只允许管理 PC 远程登录至分部 R2 进行管理；② 总部的 PC 不允许在工作时间 8:00—17:00 浏览网页，但是可以进行收发邮件、QQ 办公等上网行为。

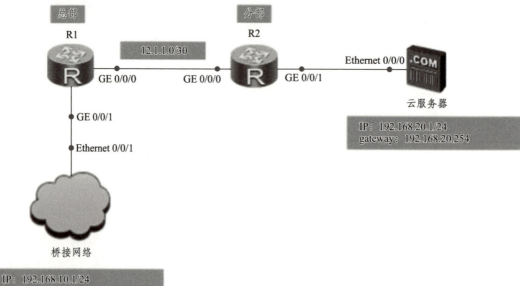

图 4-27　网络拓扑

4.3.7 任务准备

1. 分组情况

填写表 4-6。

表 4-6 学生任务分配表

班级		姓名		组号		指导老师	
组长							
组员							
任务分工							

2. 工具选择

本任务使用的工具包括 Console 线、笔记本电脑、shell 终端软件，如图 4-28 所示。

（a）Console 线 （b）笔记本电脑 （c）终端软件

图 4-28 设备配置工具

4.3.8 实施步骤

拓扑说明：R1、R2 分别为总部及分部路由器，云服务器为全网提供 http 服务，拓扑中的桥接网络（云）桥接至真实物理网卡做业务测试，如图 4-26 所示。

（1）按照拓扑规划正确配置 IP 地址及路由。（略）

（2）在 R2 上配置 telnet 服务。

```
[R2]user-interface vty 0 4                      #创建 0-4 共 5 条虚拟线程
[R2-ui-vty0-4]authentication-mode password      #设置认证方式为本地密码认证
Please configure the login password (maximum length 16)：huawei123
    #按照提示设置密码为 huawei123
[R2-ui-vty0-4]user privilege level 15
    #设置登录后的用户级别为最高级别
```

（3）配置基本 acl 和扩展 acl，分别实现需求①和需求②。

R1：

```
[R1]time-range working-time 8:00 to 17:00 working-day
```

#定义时间段，时间段名字为 working-time，每周工作日从 8 点至下午 5 点

[R1]acl name shangwang advance

#创建命名的扩展 acl 表项，名称为 shangwang

[R1-acl-adv-shangwang]rule 5 deny tcp source 192.168.10.0 0.0.0.255 destination 192.168.20.1 0.0.0.0 destination-port eq 80 time-range working-time

#拒绝 192.168.10.0 的网段在 working-time 这个时间段访问服务器的 http 服务

[R1-acl-adv-shangwang]rule permit ip   #允许所有流量

[R1-acl-adv-shangwang]quit

[R1]interface g 0/0/1   #进入 g0/0/1 接口

[R1-GigabitEthernet0/0/1]traffic-filter inbound acl name shangwang

#在接口的 in 方向调用 shangwang 这个 acl

R2：

[R2]acl 2000   #创建编号为 2000 的标准 acl

[R2-acl-basic-2000]rule permit source 192.168.10.1 0.0.0.0

#允许源地址为 192.168.10.1 的流量

[R2-acl-basic-2000]quit

[R2]user-interface vty 0 4   #进入 vty 虚拟终端

[R2-ui-vty0-4]acl 2000 inbound   #在虚拟终端的 in 方向调用编号为 2000 的 acl

（4）验证配置，用物理真机远程"telnet"R2，再在 R2 上使用"display acl all"命令查看 acl 的匹配情况，如图 4-29、图 4-30 所示；用物理真机的浏览器访问服务器地址，并在 R1 上使用"display acl all"命令查看 acl 的匹配情况，如图 4-31、图 4-32 所示。

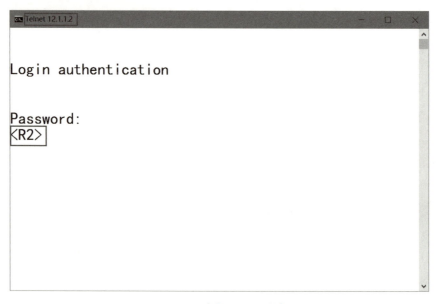

图 4-29   真机 telnet 测试

```
[R2]display acl all
 Total quantity of nonempty ACL number is 1

Basic ACL 2000, 1 rule
Acl's step is 5
 rule 5 permit source 192.168.10.1 0 (4 matches)
```

图 4-30　R2 上 ACL 的匹配情况

欢迎来到测试页面！

图 4-31　真机浏览网页情况

```
[R1]display acl all
 Total quantity of nonempty ACL number is 1

Advanced ACL shangwang 3999, 2 rules
Acl's step is 5
 rule 5 deny tcp source 192.168.10.0 0.0.0.255 destination 192.168.20.1
ation-port eq www time-range working-time (Inactive)
 rule 10 permit ip (248 matches)
```

图 4-32　R1 上 ACL 的匹配情况

ACL 在部署时应注意以下几点：

①ACL 用于流量过滤时只能过滤穿过它的流量，不能过滤本地始发流量

② ACL 用于流量过滤是做在接口上的，同一个接口同一个方向只能调用一个 ACL 表项(一个接口不同方向可以调用不同表)，一个 ACL 内能有多个策略条目

③ ACL 用于流量过滤时，为了减少不必要的网络流量，最好尽早阻止不需要的流量。即扩展 ACL 尽量部署靠近信源，而标准 ACL 因为匹配宽泛，不建议应用在流量过滤场景。

④ ACL 的条目是按顺序检查的，一旦找到匹配的条目，就会采取相应的动作（允许或阻止），并停止进一步检查。因此，应将最具体的规则放在列表的顶部，最不具体的规则放在底部。

微课：部署 ACL 实现访问控制

4.3.9 评价反馈

1. 评价考核评分

填写表 4-7。

表 4-7　评价评分考核表

项目名称	评价内容	分值	评价分数		
			自评	互评	师评
职业素养考核项目 40%	穿戴规范、整洁	10			
	积极参加教学活动	10			
	团队合作情况	10			
	现场管理 6S 标准	10			
专业能力考核项目 60%	实现业务需求	20			
	ACL 语句的规范性	25			
	配置效率	15			
总分					
总评	自评（20%）＋互评（20%）＋师评（60%）＝		综合等级		

2. 总结反思

任务中遇到的问题：＿＿＿＿＿＿＿＿＿＿＿＿＿＿＿＿

＿＿＿＿＿＿＿＿＿＿＿＿＿＿＿＿＿＿＿＿＿＿＿＿＿＿＿＿

问题分析：＿＿＿＿＿＿＿＿＿＿＿＿＿＿＿＿＿＿＿＿

＿＿＿＿＿＿＿＿＿＿＿＿＿＿＿＿＿＿＿＿＿＿＿＿＿＿＿＿

解决方案：＿＿＿＿＿＿＿＿＿＿＿＿＿＿＿＿＿＿＿＿

＿＿＿＿＿＿＿＿＿＿＿＿＿＿＿＿＿＿＿＿＿＿＿＿＿＿＿＿

结果验证：＿＿＿＿＿＿＿＿＿＿＿＿＿＿＿＿＿＿＿＿

＿＿＿＿＿＿＿＿＿＿＿＿＿＿＿＿＿＿＿＿＿＿＿＿＿＿＿＿

课后思考题

简述 ACL 的查表规则。

任务 4.4　实训：NAT 的基本配置

任务简介

网络地址转换（Network Address Translation，NAT）是一种替换数据包内源 IP 地址或目的 IP 地址的技术。这种技术被普遍用于共享公有 IP 地址访问因特网的私有网络中，该技术能够节约公网 IP 地址。学完本任务，读者能够掌握 NAPT、端口映射的配置方法。

任务目标

（1）根据生产环境需求，配置 NAT 使企业网络接入 Internet。

（2）部署端口映射，为外网特定用户提供相应服务。

4.4.1　NAT 技术简介

目前，私有地址已经在企业或组织机构的内部网络中得到了广泛应用。私网地址为企业组建内部网络提供了足够充裕的地址空间，减少了企业对 IP 地址资源的需求。但是，所有携带私网地址的 IP 数据包都不可能被路由至 Internet 上。因此，当使用私网地址的内部网络节点要与外部网络进行通信时，就会面临地址无法传递的问题。解决这个问题的思路之一是改用公网地址，但在公网地址极度匮乏的今天，这个解决方法是不可行的。为此，引入了网络地址转换（Network Address Translation，NAT）技术。

NAT 技术是由 IETF 于 1994 年提出。是一种通过将私网地址转换为可以在公网上被路由的公网 IP 地址，实现私网地址节点与外部公网节点之间相互通信的技术。通过使用 NAT，内部主机可以使用同一个公网 IP 地址来与外部网络通信，这样只需较少的公网地址就可以使众多内部主机接入 Internet，从而节省了 IP 地址。另一方面，在 NAT 环境中，由于私有网络不通告其地址和内部拓扑，隐藏了内部网络及地址结构，从而提高了网络的私密性。

4.4.2　NAT 基本原理

图 4-33 为 NAT 工作原理的简单示意图，图中路由器为内部网络提供 NAT 服务，像这种提供 NAT 功能的设备一般运行在内部网络与外部网络的边界上。

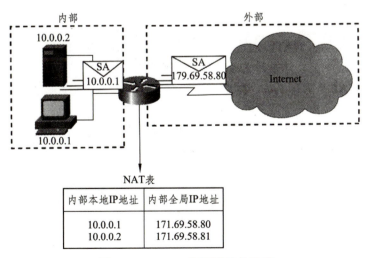

图 4-33　NAT 工作原理简单示意

当内部网络的一台主机想要向外部网络中的主机进行数据传输时，它先将数据包发到 NAT 设备，NAT 设备将 IP 报文头部与自己的 NAT 表进行比对，然后用 NAT 表内的内部全局 IP 地址替换掉包头内源地址字段中的私有 IP 地址，最后将数据包转发到外部网络的目标主机上。当外部主机回应包被发送回来时，NAT 进程将接收它，并通过查看当前的 NAT 表，用原来的内部主机私网地址替换掉回应包中的公网地址，然后将该回应包发送到内部网的相应源主机上，完成整个通信过程。

通过多个私网地址共享一个或若干个全局地址，NAT 不仅有效实现了私网地址节点与公网节点之间的相互通信，还大幅降低了对全局地址的需求。然而，NAT 从根本上破坏了设计 TCP/IP 协议时所承诺的端到端通信原则，这个缺陷导致了某些应用（如 FTP、IPSEC 等）需要使用 NAT 应用层网关（NAT-ALG）技术才能成功通信。另外，网络边界上运行的 NAT 设备也很容易成为网络中的性能瓶颈。

4.4.3 NAT 类型

按照 NAT 转换方式不同可分为：静态 NAT、动态 NAT、NAPT 和 NAT 服务器。

1. 静态 NAT（Static NAT）

静态 NAT 是最基本的 NAT 类型，它将私网地址直接映射到公网地址。在此过程中，网络管理员需要手动配置这些映射，每一个私网地址都需要一个对应的公网地址。这种方式保证了网络内部的设备可以被网络外部直接访问，如图 4-34 所示。在实际应用中，静态 NAT 常被用于部署服务器，如邮件服务器、Web 服务器等。

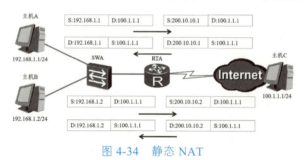

图 4-34　静态 NAT

2. 动态 NAT（Dynamic NAT）

动态 NAT 不同于静态 NAT 的是，它不需要手动配置 IP 地址映射，而是从公网 IP 地址池中动态地分配 IP 地址。当内部设备需要与外部网络通信时，NAT 设备会为其分配一个可用的公网地址。一旦通信结束，这个公网地址就会被释放并返回到地址池中，供其他设备使用，如图 4-35 所示。这种方式一般用于以前的 DDN 专线接入。

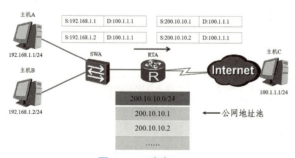

图 4-35　动态 NAT

3. 网络地址端口转换（Network Address Port Translation，NAPT）

网络地址端口转换也被称为端口重载（Port Address Translation，PAT），是最常见的 NAT 类型。它不仅将内部设备的 IP 地址映射到公网 IP 地址，还会更改数据包的源端口号，如图 4-36 所示。这使得 NAT 设备可以使用单一的公网 IP 地址来支持多台设备的互联网访问，极大地节省了公网 IP 地址资源。NAPT 广泛应用于家庭和小型企业网络中，如家用宽带路由器就使用了 NAPT 技术。

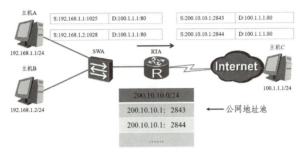

图 4-36　网络地址端口转换（NAPT）

4. NAT 服务器（NAT Server）

NAT 服务器是一种特殊的 NAT 类型，它可以将公网 IP 地址的特定端口映射到内部网络设备的特定端口，如图 4-37 所示。在这种方式下，外部网络的设备可以通过访问指定的公网 IP 和端口来访问内部网络设备的某些服务。这种方式常被用于需要对外提供服务的设备，如 FTP 服务、远程桌面服务、SSH 服务等。

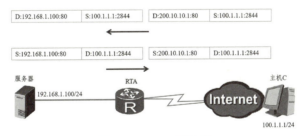

图 4-37　NAT 服务器

微课：NAT 技术基本原理

4.4.4 任务书

某小型企业内部局域网已搭建完毕，遂向运营商租用一个 12.1.1.1/30 的公网 IP 地址用于接入 Internet，网络拓扑如图 4-38 所示。现希望网络管理员配置网络实现需求：① 企业内部各终端均能通过唯一的公网地址上网；② 将企业内部服务器的 80 端口映射至公网，让公网上的 PC 能够访问公司内网的网站。

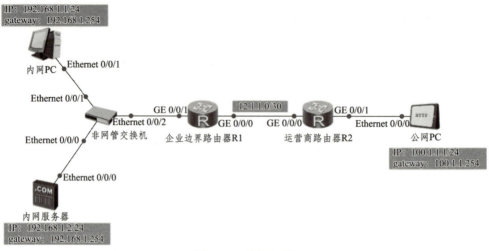

图 4-38　网络拓扑

4.4.5　任务准备

1. 分组情况

填写表 4-8。

表 4-8　学生任务分配表

班级		姓名		组号		指导老师	
组长							
组员							
任务分工							

2. 工具选择

本任务使用的工具包括 Console 线、笔记本电脑、shell 终端软件，如图 4-39 所示。

（a）Console 线　　　（b）笔记本电脑　　　（c）终端软件

图 4-39　设备配置工具

4.4.6　实施步骤

拓扑说明：企业边界路由器使用静态默认路由下一跳指向运营商路由器。由于运营商不会有去往私网地址段的路由条目，所以在运营商路由器 R2 上不做任何路由配置，模拟公网真实环境。

（1）按照拓扑规划正确配置 IP 地址及路由。（略）

（2）在企业路由器出接口上配置 NAPT 及端口映射。

[R1]acl 2000　　　　　　　　　　　　　　#创建编号为 2000 的基本 acl

[R1-acl-basic-2000]rule permit source 192.168.1.0 0.0.0.255

　　#配置规则允许源 IP 地址为 192.168.1.0/24 的网段的所有地址

[R1-acl-basic-2000]quit

[R1]interface g 0/0/0　　　　　　　　　　#进入 R1 的 g0/0/0 口

[R1-GigabitEthernet0/0/0]nat outbound 2000

　　#在出接口配置 NAPT，用该接口的 IP 地址来转换 ACL 2000 匹配的流量，此配置在华为官方文档上被称为 Easy IP。

[R1-GigabitEthernet0/0/0]nat server protocol tcp global current-interface 80 inside 192.168.1.2 80

　　#g0/0/0 口上配置端口映射，将内网 192.168.1.2 的 80 端口映射至出接口 g0/0/0 的 80 端口

（3）验证配置，在 R1 上使用"display nat outbound all"命令和"display nat server"命令查看 NAT 转换表和端口映射情况，如图 4-40、图 4-41 所示。

```
[R1]display nat outbound
 NAT Outbound Information:
 --------------------------------------------------------------
 Interface              Acl      Address-group/IP/Interface    Type
 --------------------------------------------------------------
 GigabitEthernet0/0/0   2000                     12.1.1.1      easyip
 --------------------------------------------------------------
 Total : 1
```

图 4-40　R1 的 NAT 转换表

```
[R1]display nat server

 Nat Server Information:
 Interface  : GigabitEthernet0/0/0
  Global IP/Port   : current-interface/80(www)  (Real IP : 12.1.1.1)
  Inside IP/Port   : 192.168.1.2/80(www)
  Protocol : 6(tcp)
  VPN instance-name : ----
  Acl number   : ----
  Description : ----

 Total :    1
```

图 4-41　R1 的端口映射情况

（4）终端业务验证，内网 PC、服务器均能"ping"通外网 PC，如图 4-42、图 4-43所示；外网 PC 通过浏览器访问 12.1.1.1:80 能够访问到内网服务器，如图 4-44 所示。

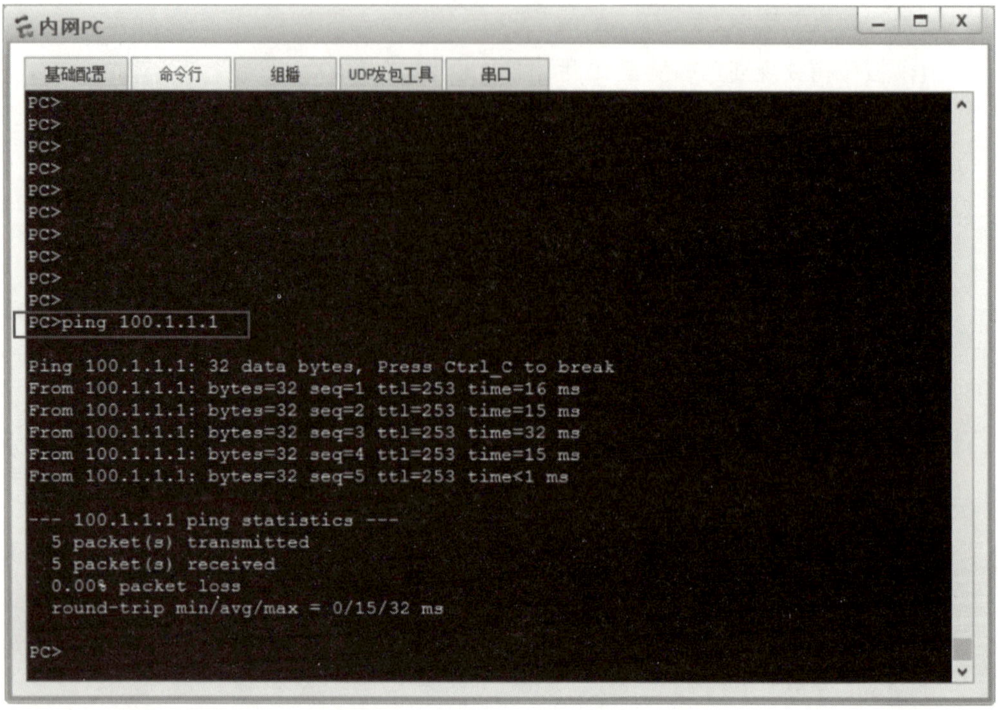

图 4-42　内网 PC "ping" 外网 PC

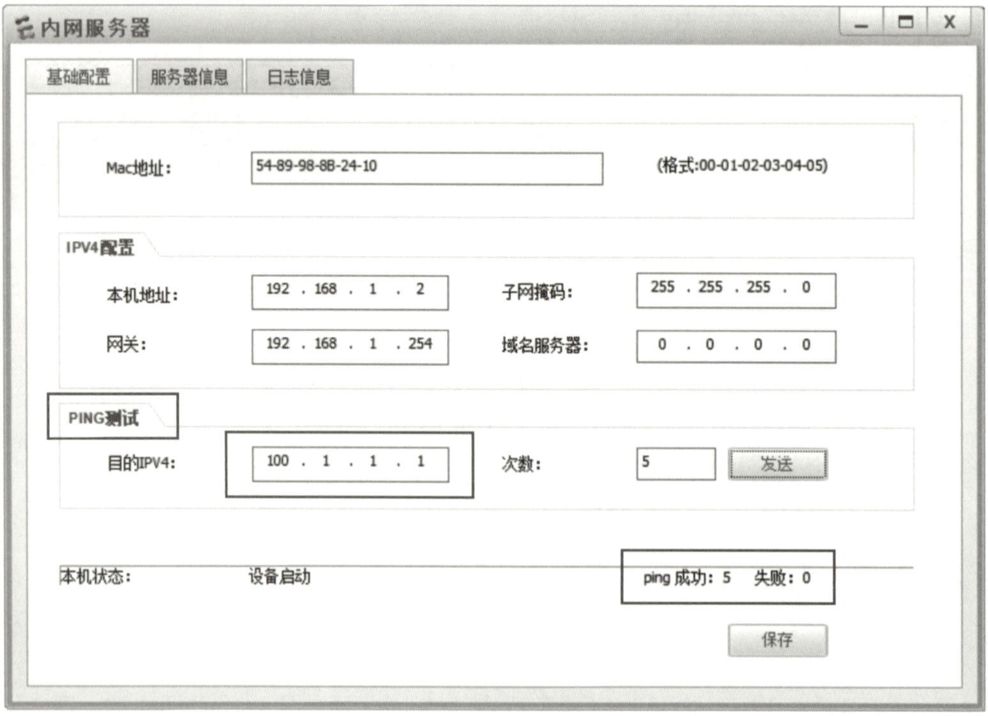

图 4-43　内网服务器 "ping" 外网 PC

图 4-44　外网 PC 访问内网服务器

微课：NAT 基本配置

4.4.7　评价反馈

1. 评价考核评分

填写表 4-9。

表 4-9　评价评分考核表

项目名称	评价内容	分值	评价分数		
			自评	互评	师评
职业素养考核项目 40%	穿戴规范、整洁	10			
	积极参加教学活动	10			
	团队合作情况	10			
	现场管理 6S 标准	10			
专业能力考核项目 60%	业务验证	20			
	NAT 的转换情况	25			
	配置效率	15			
总分					
总评	自评（20%）＋互评（20%）＋师评（60%）＝		综合等级		

2. 总结反思

任务中遇到的问题：_____

_____

问题分析：_____

_____

解决方案：_____

_____

结果验证：_____

_____

课后思考题

简述 NAPT 的工作原理。

项目 5 广域网及 VPN 技术

项目介绍

　　城域网是覆盖一个城市的数据通信网而广域网的覆盖范围更广，可以覆盖一个国家、地区或横跨几个洲。根据服务范围上的差异，网络会采用不同的组网技术。本任务主要介绍了广域网的基本概念、广域网使用的主要技术和 VPN 技术，最后，通过具体案例简要介绍了铁路数据网架构。

　　通过项目学习，读者能够了解城域网、广域网的基本概念，能够描述局域网与广域网的区别，能够简述 VPN 的应用场景。

知识框架

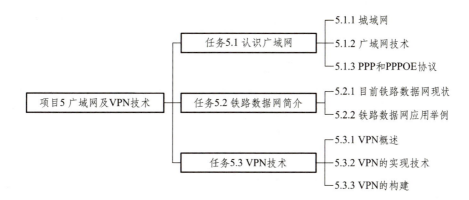

任务 5.1　认识广域网

任务简介

广义上，广域网指的是覆盖广阔地域的网络；而狭义上，广域网指的是一种连接技术。本任务介绍了城域网、广域网的基本概念、广域网使用的主要技术。学完本任务，读者能够了解广域网的基本概念和技术特点。

任务目标

（1）描述广域网的基本概念。
（2）描述广域网使用的主要技术。

5.1.1　城域网

5.1.1.1　城域网概述

1. 城域网概念

按照覆盖范围不同，数据通信网络可分为：局域网（LAN）、城域网（MAN）和广域网（WAN）。城域网（Metropolitan Area Network，MAN）是指互联多个局域网、覆盖整个城市的数据通信网络。在电信网中，城域网泛指在地理上覆盖整个城市的信息传输网络，主要用于连接省骨干网和业务接入主体网，是一个提供多种业务接入、汇聚、传输和交换的区域性多业务平台。

从广域网的角度来看，城域网是广域网的汇聚层，它汇聚某一地区、某一城市的信息流量，是广域网不可分割的重要部分。从本地区、本城市来看，城域网又是本地的骨干网，它由运营商建设，主要承载整个城市的互联网业务、电话业务、电视业务。

在轨道交通系统中，IP 城域网可作为该系统的统一通信平台，在此平台上构建公务电话系统、专用电话系统、无线集群调度系统、视频监控系统、广播系统、行车控制信号传输系统、售票验票系统、办公网络系统，这样的设计可以实现各系统数据的高效流转和交换。

2. 城域网的分层

城域网的网络架构分为：核心层、汇聚层、接入层。核心层具有高带宽、高吞吐量和高可靠性，负责本城区主要信息的传输、交换，实现本地区各网络的互连，提供本地进入省骨干网的接口。汇聚层主要聚集、分散服务区的业务流量，实现用户管理、计费管理。接入层为用户提供数据接入，实现业务分配和带宽分配。城域网的分层结构如图 5-1 所示。

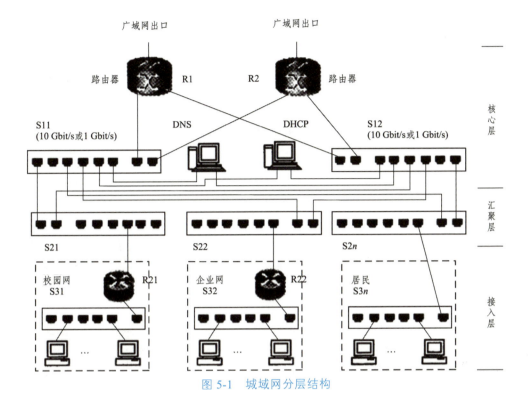

图 5-1　城域网分层结构

5.1.1.2　城域网采用的技术

由于城域网的服务范围介于局域网和广域网之间，因此城域网组网可以采用局域网技术，也可以采用广域网技术。

早期由于路由器交换能力较低，城域网采用 IP over ATM 技术，即在 ATM 网络上传输 IP 报文，由于该网络存在地址转换、协议转换、系统复杂、造价昂贵、运载效率低等问题，该技术已经淘汰。

后来 IP 路由器交换能力提高，接口速率也达到千兆，城域网采用了高速路由器作为交换节点，直接传输交换 IP 数据包，不必作协议和地址转换，提高了网络的效率，降低了网络的管理难度。IP over SDH、IP over DWDM 成为当时城域网的主流技术。

近年来随着城域网承载 IP 业务的种类不断增多，出口带宽需求已达 Tb/s 级别，加上各种承载网的新技术不断涌现（OTN、SDN、SR、FlexE 等），IP over OTN 和 SPN 成为现在城域网的主流技术。

5.1.2　广域网技术

5.1.2.1　广域网概述

1.　广域网概念

广域网（Wide Area Network，WAN）是连接不同地区局域网或城域网的远程网络。其覆盖范围为几千到上万公里，可以跨越大的地理区域，如城市、国家，甚至大洲。

我国的广域网是覆盖全国的公用数据通信网络。广域网由电信运营商运营管理，由于我国有多家电信运营商，因此有多个平行的数据广域网。广域网互联各个省市的数据通信网，在全国形成统一的网络平面，它设有到国际 Internet 的出口和到其他运营商的出口。企业可以通过广域网组建覆盖全国的内部专网。它由节点交换机和高速链路组成，现在主流的广域网节点交换机采用高速路由器，链路采用光纤。

广域网的主要特点有：

（1）广域网的通信范围覆盖全国。

（2）广域网使用高速的节点交换机，现在主要使用高速路由器作为节点交换机。

（3）使用高带宽的光纤链路连接节点交换机，我国现在广域网的带宽为 10 ~ 40 Gb/s。

（4）采用高可靠性的网络拓扑，如网状网络等。

2. 广域网的分层

现运行的广域网是指 IP 广域网。其规划、建设、管理采用分层结构，与城域网一样分为核心层、汇聚层和接入层。下面以国内某个正在运行的广域网（简称广域网 C）为案例，介绍广域网的基本架构。

1）广域网的核心层

广域网 C 的核心层将全国划分为东北区、华北区、西北区、华中区、华东区、华南区、西南区 7 个服务区。每个服务区设立 2 个核心路由器，核心路由器之间使用光纤链路互联。每个服务区最少有两条光纤链路与其他服务区的路由器互联，形成具有高度健壮性的网状结构网络。IP 广域网的核心层是数据传输、交换的骨干，在广域网的核心层设有 3 个到国际互联网的出口和到国内其他运营商的出口。

IP 广域网的核心层使用高速路由器作为节点交换机，如 Cisco 12416 路由器。广域网链路带宽达到 10 Gb/s，随着数据业务量的增长，链路带宽可以按 10 Gb/s 的倍数扩展。广域网 C 的核心层如图 5-2 所示。

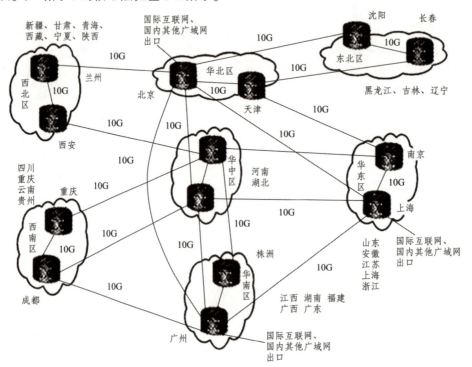

图 5-2　广域网 C 的核心层

2）广域网的区域汇聚层

广域网的区域汇聚层汇聚、分散各个服务区的数据流量。如华南区汇聚层汇聚、分散湖南、广西、广东、福建的数据流。其汇聚层网络结构如图 5-3 所示。

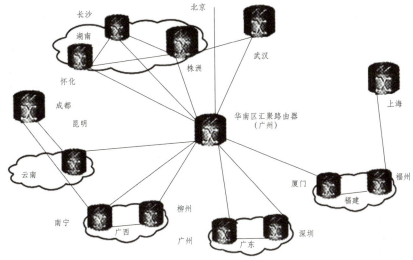

图 5-3　华南区汇聚层

3）广域网接入层

广域网接入层由运营商省一级公司的数据通信网络组成，将省内各地区、城市的城域网连接到省会广域网的节点交换机上，使省内各个城市、地区的网络用户可以接入广域网。

图 5-4 所示为某省广域网接入层，利用两个 NE80E 路由器汇接省内省会城市、各个地级市的城域网，省内各个地市的城域网使用两条链路接入 NE80E 路由器。两个 NE80E 路由器上联到路由器 12406，通过 12406 路由器接入到广域网的两个核心路由器。

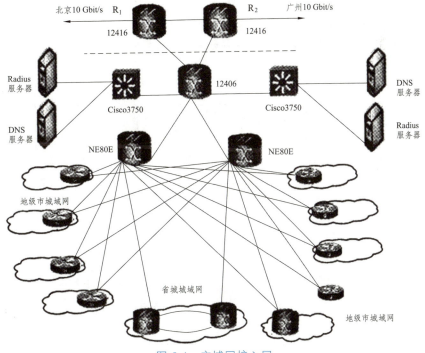

图 5-4　广域网接入层

5.1.2.2　广域网采用的技术

当前广域网采用的主要技术有以下几种：

1. IP over OTN

OTN 是以 DWDM 为基础，在光层组织网络的传送网，是 DWDM 下一代的骨干传送网，可以解决传统 WDM 网络对于波长/子波长业务调度能力差，组网保护能力弱等问题，真正实现在光层面调度业务的传输技术，是目前广域网组网的主流技术。

2. IP over SDH/SONET

IP over SDH/SONET 是广域网早期使用的主流技术，它能将 IP 数据有效地映射到同步数字系列（SDH）或同步光网络（SONET）中，实现高速、灵活、可靠的数据传输。

3. IP over DWDM

由于路由器采用的是电交换技术，所以现在的 IP over DWDM 实际上是 IP Over SDH Over DWDM。只是光纤链路采用密集波分技术，成倍地提高了链路的带宽。

4. IP + Optical

IP+Optical 是光分组交换机（也称为光波长路由器）和密集波分复用（DWDM）相结合的技术。光分组交换机可以直接将 IP 地址转换为光信号的波长，然后根据波长进行 IP 报文的交换。同时光纤链路采用密集波分技术，成倍地提高了链路的带宽，从而实现更高的数据传输速率。因此，IP+Optical 才是真正的 IP over DWDM。

5. IP over ATM

IP over ATM 是一种将 IP 报封装在 ATM 信元中传输的技术。我国电信部门在 20 世纪末就建有 ATM 交换网络，用 ATM 网络传输、交换因特网的 IP 数据报。由于 ATM 运载效率低、系统造价高、地址转换复杂，因此该技术已经淘汰。

IP 广域网采用的几种技术如图 5-5 所示。

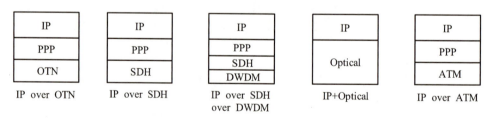

图 5-5　IP 广域网采用的几种技术

5.1.2.3　广域网提供的服务

1. IP 广域网提供无连接的服务

在 IP 广域网中，每个数据包都独立地路由和转发，可以通过不同的路径到达目的地。这种方式提供了极高的灵活性和可扩展性，使得网络能够适应变化的流量状态和网络条件。此外，IP 广域网还支持各种应用和服务，包括电子邮件、Web 浏览、文件传输等。

2. ATM、FR、X.25 网络提供面向连接的虚电路服务

在这些广域网中，数据在发送之前，需要先建立一个虚拟连接。然后所有的数据都沿着这个预先设定的路径进行传输，确保了数据传输的顺序和完整性。这种方式提供了高品质的服务，适合于需要保证数据传输质量的应用，如音频通话、视频会议等。

3. DDN 网络提供面向连接的服务

数字数据网（Digital Data Network，DDN）是为用户提供传输数据的专线服务。DDN 基于时分复用（TDM）为用户提供一条独享时隙的端到端透明传输通道。用户可在该通道上传输数字语音、数字数据业务。由于 DDN 通道之间是完全隔离的，其数据安全性表现出色。因此，金融机构和企业集团通常选择租用 DDN 线路。

5.1.3 PPP 和 PPPOE 协议

5.1.3.1 PPP 协议

1. PPP 协议概述

点对点链路控制协议（Point to Point Protocol，PPP）是一种数据链路层协议，主要应用于路由器之间对接的广域网链路。在早期的个人电脑中，PPP 协议也被广泛用于拨号访问互联网。PPP 协议具有强大的适应性，能够支持多种网络层协议，包括 IP、IPX 等。除此之外，PPP 协议还具有验证功能，能够在链路建立阶段进行身份验证，进一步提高了数据传输的安全性。然而，PPP 仅支持点对点链路，并不适用于多点链路。PPP 协议的体系结构如图 5-6 所示。

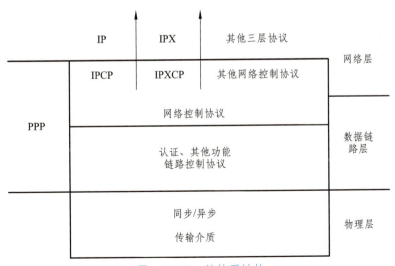

图 5-6 PPP 的体系结构

PPP 协议主要包括 4 部分：多协议数据报的封装方法、LCP（Link Control Protocol）链路控制协议、网络控制协议 NCP（NetworkControl Protocol）和认证协议（PAP、CHAP）

1）多协议数据报的帧格式

PPP 协议的帧格式来源于 HDLC 协议。HDLC 是较早使用的数据链路层协议，许多常用的数据链路层协议的帧格式都是源于 HDLC 的帧格式。

图 5-7 所示是 HDLC 帧与 PPP 帧格式的比较，最明显的区别在地址域、控制域和协议域：PPP 由于链路上只有 2 个站，因此使用的地址固定为 0xFF，而 HDLC 的地址域存放的是从站的地址，它是可变的；PPP 的控制域固定为 0x03，而 HDLC 的控制域是可变的，取决于信息帧类型；PPP 有协议域，用来指明上层协议，而 HDLC 不支持多种协议，因此没有协议域。

（a）HDLC帧格式

（b）PPP帧格式

图 5-7　PPP 帧和 HDLC 帧的比较

（1）标志域：表示 PPP 数据帧的开始和结束，该字节固定为 0x7E。

（2）地址域：在 PPP 中地址域固定位为 0xFF，可以理解为 PPP 链路上一个站向另一个站广播数据。

（3）控制域：PPP 数据帧的控制域规定该字节的内容填充为 0x03，表示无编号信息帧。

（4）协议域：用来区分 PPP 数据帧中信息域所承载的数据报文的类型。协议字段的内容为 0x0021 时，说明数据字段承载的是 IP 数据报；协议字段的内容为 0xC021 时，数据字段承载的是 LCP 报文；协议字段的内容为 0x8021 时，数据字段承载的是 NCP 报文，如图 5-8 所示。

| 标志 | 地址 | 控制 | 0x0021 | IP数据报文 | 校验 | 标志 |

| 标志 | 地址 | 控制 | 0xC021 | LCP数据报文 | 校验 | 标志 |

| 标志 | 地址 | 控制 | 0x8021 | NCP数据报文 | 校验 | 标志 |

指明信息字段　　　　PPP帧承载的常见报文
数据报类型

图 5-8　PPP 协议承载的报文类型

（5）信息域：用于封装上层数据，缺省时最大长度不能超过 1500 字节。

（6）校验域：用于错误检测，填充的对 PPP 数据帧使用 CRC 校验的序列。

2）链路控制协议 LCP

LCP 用来配置和测试数据通信链路，协商 PPP 链路的配置参数，处理不同大小的数据帧，检测链路环路、链路错误，以及创建、终结 PPP 链路。

3）网络控制协议 NCP

NCP 根据不同用户的需求，配置上层协议所需环境，为上层提供服务接口，以及解决上层网络协议发生的问题。如对 IP 提供 IPCP 接口，对 IPX 提供 IPXCP 接口。

4）认证协议

最常用的认证协议包括口令验证协议（Password Authentication Protocol，PAP）和挑战握手验证协议（Challenge Handshake Authentication Protocol，CHAP）。

2. PPP 链路建立的过程

图 5-9 所示为 PPP 链路建立过程。一个典型的链路建立过程分为 3 个阶段：创建阶段、链路质量协商阶段和调用网络层协议阶段。

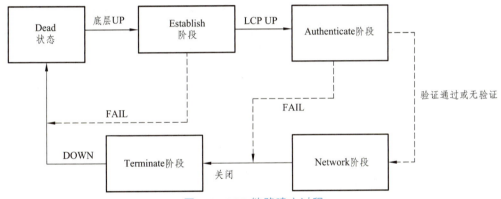

图 5-9　PPP 链路建立过程

1）创建 PPP 链路阶段

在这个阶段，两个 PPP 对等体尝试建立数据链路连接。它们通过 LCP 向对方发送配置信息报文（configure packets），并协商链路参数。这些参数包括最大接收单元（MTU）、认证协议、压缩协议等。一旦配置信息报文交付成功，就进入 LCP 开启状态。

2）链路质量协商阶段（可选阶段）

在这个阶段主要用于对链路质量进行测试，以评估能否为上层协议提供足够的支持。另外，若双方要求采用安全认证，则在该阶段还要按所选定的认证方式进行相应的身份认证。在认证完成之前，禁止前进到网络层协议阶段。如果认证失败，认证者应该跃迁到链路终止阶段

3）调用网络层协议阶段

链路质量协商阶段完成之后，PPP 将调用在链路创建阶段选定的各种网络控制协议（NCP）。通过交换一系列的 NCP 分组来配置网络层。例如，如果要使用 IP 协议，就会使用 IPCP（IP Control Protocol）来协商 IP 地址、压缩选项等参数。

三个阶段完成后，一条完整的 PPP 链路就建立成功，可以开始进行数据传输了。当数据传送完成后，一方会发起断开连接的请求。这时，首先使用 NCP 来释放网络层的连接，归还 IP 地址；然后利用 LCP 来关闭数据链路层连接；最后，双方的通信设备或模块关闭，物理链路回到空闲状态。

3. PPP 验证

PPP 的验证是在链路质量协商阶段进行的，有两种类型的 PPP 验证可供选择：口令验证协议（PAP）、挑战握手验证协议（CHAP）。

1）口令验证协议（PAP）

口令验证协议（Password Authentication Protocol，PAP）是一种基于密码的认证协议，用于验证用户。它是点对点协议（PPP）的一部分，用于在 PPP 会话建立过程中进行身份验证。

如图 5-10 所示为 PAP 的工作过程。PAP 协议使用两次握手过程进行身份验证，客户端在第一次握手中向服务器发送包含用户名和密码的认证请求，服务器在第二次握手中通过比对用户名和密码验证收到的请求。如验证通过则会给对端发送 ACK 报文，通告对端已被允许并进入下一阶段协商；否则发送 NACK 报文，通告对端验证失败。此时，并不会直接将链路关闭，只有当验证失败次数达到一定值（默认为 4）时，才会关闭链路，以此防止因误传、网络干扰等因素造成的 LCP 重协商。

图 5-10 PAP 工作过程

PAP 的特点是在网络上以明文的方式传递用户名及密码，如在传输过程中被截获，便有可能对网络安全造成极大的威胁。因此，PAP 不能防范再生和错误重试攻击。它适用于对网络安全要求相对较低的环境。

2）挑战握手验证协议（CHAP）

挑战握手验证协议（Challenge Handshake Authentication Protocol，CHAP）是 PPP 协议中常用的一种认证协议。CHAP 提供了比 PAP 更高的安全性，因为它不会以明文传输密码。

CHAP 通过三次握手验证对端身份，其验证的过程如图 5-11 所示。CHAP 的三次握手过程其实是一个挑战-响应-验证的过程。这三个步骤如下：

（1）挑战（Challenge）：服务器向客户端发送一个挑战消息。这个消息包含一个随机生成的值（也就是"挑战"）和一个 ID。这个 ID 用于区分不同的挑战。

（2）响应（Response）：客户端接收到挑战后，会将挑战值与其密钥（通常是密码）结合，通过一个一致的哈希函数（如 MD5）计算出一个哈希值。然后，客户端将这个哈希值和在挑战阶段接收到的 ID 一起作为响应消息发送回服务器。

（3）验证（Verification）：服务器接收到响应后，会执行与客户端相同的哈希函数操作，也就是将发送的挑战值与服务器存储的客户端密钥结合，生成一个哈希值。然后，服务器将这个哈希值与客户端发送的哈希值进行对比。如果两个值相同，说明客户端拥有有效的密钥，服务器则接受认证。如果两个值不同，则认证失败，断开连接。

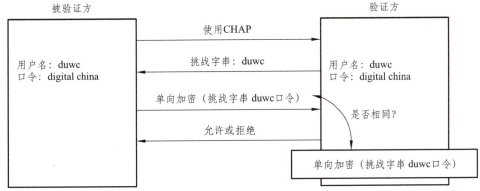

图 5-11　CHAP 验证的过程

此过程不仅在 PPP 连接建立时执行，之后也会周期性地执行。这样可以保证连接的持续安全，因为即使攻击者在某个时刻截获了挑战和响应，由于服务器发送的挑战值是随机的，攻击者无法预测下一次的挑战值，因此也就无法伪造有效的响应，从而有效避免第三方冒充远程客户进行攻击。

5.1.3.2　PPPOE 协议

1. PPPOE 概述

电信运营商通常用以太网汇聚服务区的数据流量，将用户接入因特网。但传统的以太网不是点对点的网络，不能对单个用户进行验证、计费。PPP 协议是点对点的链路控制协议，能在点对点的网络对用户验证，然而 PPP 无法在以太网这种广播式网络中运行。为了实现在以太网上对接入的用户进行身份验证，IETF 在 2005 年发布了 RFC 2516，正式确定了 PPPoE 的标准规范。

电信服务商使用 PPPOE（PPP Over Ethernet）协议，实现了在广播多点类型的以太网上建立点对点的 PPPOE 虚拟连接，并在此虚链接上使用 PPP 协议对用户进行验证、接入和数据传输。其具体应用如图 5-12 所示。

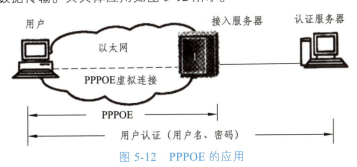

图 5-12　PPPOE 的应用

PPPOE 协议规范如图 5-13 所示。PPPOE 是数据链路层的协议，封装在同为数据链路层的以太网协议内，采用客户机/服务器工作方式。

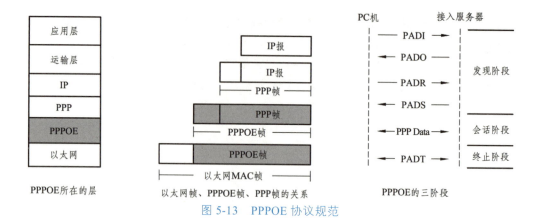

图 5-13　PPPOE 协议规范

2. PPPOE 的工作过程

PPPOE 工作过程分为 3 个阶段：发现阶段、会话阶段和终止阶段。

1）PPPOE 的发现阶段

PPPOE 发现阶段也称连接建立阶段，在这阶段中入网主机发出请求与接入服务器建立点对点的 PPPOE 连接，并获取会话 ID。

如图 5-14 所示，当一个主机希望接入运营商网络时，首先发送 PPPOE 探索报文（PADI）寻找接入服务器，报文被封装在以太网帧并以广播方式在网络上发送；同一广播域的接入服务器收到探索报文后会向该主机发送给予报文（PADO）；随后该主机会选择一台接入服务器，以单播的形式向它发送会话请求报文（PADR）；最后被选中的接入服务器向接入主机发送确认报文（PADS），同时为其分配一个会话 ID（Session ID），至此连接建立成功。入网主机用这个 ID 作为标识传送数据，未获得 ID 的主机将不能传送数据。

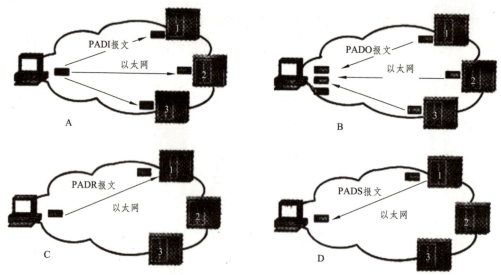

图 5-14　PPPOE 的发现阶段

2）PPPOE 的会话阶段

PPPOE 的会话阶段也称 PPP 数据传输阶段。在这个阶段双方在点对点的 PPPOE

逻辑链路上传输 PPP 数据帧，PPP 数据帧封装在 PPPOE 数据报文中，而 PPPOE 数据报文封装在以太网帧的数据域中。

3）PPPOE 终止阶段

PPPoE 的终止阶段是指 PPPoE 会话的结束阶段，这个阶段使用终结报文（PADT）来终止已经建立的 PPPoE 会话。当客户端或服务器任一方想要结束会话时，它会发送一个 PADT 包。接收到 PADT 包的一方会立即终止这个 PPPoE 会话，并释放所有与这个会话相关的资源。PPPoE 的终止阶段保证了会话的正常结束，避免了资源的浪费。

3. 装载 PPPOE 的以太网帧

前面我们提到 PPPOE 报文是封装在以太网帧的数据域中的，标准 EthernetII 的帧格式如图 5-15 所示。而 PPPOE 报文分为控制报文和数据报文两大类，因此装载 PPPOE 的以太网帧有两种格式。PPPOE 的发现阶段，在以太网帧的类型域填充 0x8863，表示这是一个 PPPOE 控制报文，用于链路的建立和终止，如图 5-16 所示；而 PPPOE 的会话阶段，在以太网帧的类型域填充 0x8864，表示为 PPPOE 数据报文，用于传输 PPP数据，如图 5-17 所示。

目标地址 48 bit	源地址 48 bit	类型域 16 bit	数据域 ≤ 1500B	帧校验 32 bit

图 5-15　以太网帧结构

目标地址 48 bit	源地址 48 bit	类型域 0x8863	PPPOE 控制报文	校验域 32 bit

图 5-16　PPPOE 发现阶段以太网帧格式

目标地址 48 bit	源地址 48 bit	类型域 0x8864	PPPOE 数据报文	校验域 32 bit

图 5-17　PPPOE 会话阶段以太网帧格式

课后思考题

1. 简述广域网的基本概念及特点。
2. 简述 CHAP 认证过程。

任务 5.2　铁路数据网简介

任务简介

本任务主要介绍铁路数据网的网络架构及运行现状。学完本任务，读者能够了解铁路数据网的组网情况。

任务目标

描述铁路 IP 数据网的基本架构。

5.2.1 目前铁路数据网现状

我国铁路数据通信网络是为满足铁路信息化业务承载而建设的企业专网。铁路数据通信网主要承载的业务包括：

（1）会议系统、综合视频监控系统、应急通信系统、G 网分组域互通、动环监控系统和各子系统网管。

（2）灾害监测、轴温监控、信号集中监测、CTC/TDCS 查询系统、行车设备监测。

（3）安全生产网、内部服务网、外部服务网所承载的各类铁路信息化业务。

该网络由骨干网和区域网构成。骨干网采用网孔型结构，实现国铁集团到 18 个铁路公司的高速数据互通；区域网采用环形结构，实现铁路沿线各站、段、工区业务系统的接入。

随着计算机和通信技术的发展，各行各业迫切要求建立先进的数据通信网络，铁道部从 1992 年开始，先后建设了 X.25 网络、帧中继网络、ATM 网络。其地理位置设置在铁路沿线，网络规模覆盖全国各铁路局及铁路站段。

X.25 网络原来主要承载铁路 MIS（Management Information System）系统的业务，为其提供低速数据通道，随着业务量的增加，业务通道需要的带宽逐渐增大，而 X.25 网络提供的通道带宽较小（在 2M 以下），无法满足当时业务需求。后来将 X.25 网络原有业务导入帧中继或 ATM 网络，X.25 网络目前已不再使用。

帧中继/ATM 网络主要为铁路各 MIS 系统提供通道，其中继带宽大多采用 2M 或 $N \times 2M$ 速率，少数链路采用 STM-1 速率。ATM/帧中继网络在铁通成立后，已移交铁通，铁路局仅作为铁通 ATM/帧中继网络的大客户，由于业务容量及成本等因素，ATM/帧中继网络已退出历史舞台。2007 年 4 月，铁路进行了第六次提速，列车行驶速度提高到 200 km/h，随着列车行驶速度的加快，需要更多实时、精准、全面的信息，辅以更加先进的技术手段来保证列车的行车安全。铁路信息化的发展需求也向 IP 需求集中。

2014 年，铁总对基础通信网进行整体改造，逐步形成了基于 TCP/IP 并具有铁路特色路由规范，覆盖全国各路局、调度中心、运输站段的一整张数据通信网络。

2019 年，建成外部服务数据网骨干网，使原部署在铁总、路局两级的对外经营系统数据及客服中心系统数据无需经过 TMIS 和外网摆渡，就能直接实现互联互通。

2021 年，响应国家 IPv6 战略，推进 IPv6 规模部署，中国铁路在原数据网基础上成功启用 IPv6 协议，整体实现 IPv6/IPv4 双栈部署并全面支持 IPv6 应用，成为行业内率先实现 IPv6/IPv4 双栈部署的全国性企业网。

5.2.2 铁路数据网应用举例

铁路数据网络是为了适应铁路的持续发展，更好地服务铁路生产指挥，以及满足 5T 业务需求而建设的，同时建设该网络也是为了满足视频监控、动力环境监控和视频会议等多元化的业务需求。目前，各铁路局（如北京局集团公司、西安局集团公司、郑州局集团公司、呼和浩特局集团公司、乌鲁木齐局集团公司、广州局集团公司、上海局集团公司以及南昌局集团公司等）均已经建立了高效稳定的铁路 IP 数据网络，其各项业务系统运行状况良好。下面以郑州局为例，介绍其数据网的应用情况。

郑州铁路局 IP 数据网是内部专用的"互联网",组网基于 TCP/IP 技术,用于实现铁路局、各站段到各中间站、车间、班组的办公联网系统、视频会议系统、远程监视系统、监测系统、铁路信息系统、运输指挥管理系统、行车安全监测系统等不同系统的接入,为铁路信息化建设提供通道承载服务。

1. 郑州局集团公司 IP 数据网网络结构

该网络为三层结构,分为核心层、汇聚层、接入层。核心层节点为路局节点,汇接本路局业务,上联总部和国铁集团,负责给各汇聚层节点提供高带宽的业务承载平面和业务交换通道,是郑州局 IP 数据网的基石,核心层采用高性能、高吞吐的路由器,以保证网络的稳定、可靠和业务畅通。汇聚层节点为本路局内的地区汇接节点,负责本地区业务的汇聚和转发,在网络中起到承上启下的作用,是接入侧连接骨干的桥梁,一般部署较高性能的路由器。接入层节点按近、中、远的顺序逐步覆盖本路局内各个站点。

2. 郑州局集团公司 IP 数据网网络组成

核心层:设置主、备两台 T128 路由器。汇聚层:在郑州支撑中心、南阳通信站、洛阳东通信站、新乡通信站分别设置两台 T64E 汇聚路由器。接入层:在郑州分局传输室,郑州北、许昌、开封、商丘、西峡、南阳、宝丰、唐河、三门峡、洛阳东、济源、长治北、新乡、焦作和安阳通信机械室各配置 1 台 GER08 路由器,如图 5-18 所示。

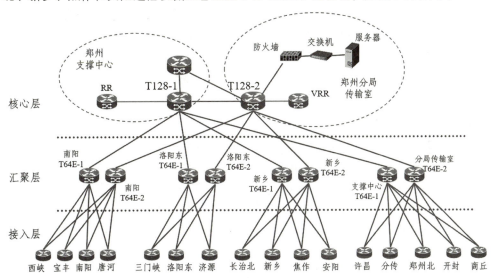

图 5-18 郑州局 IP 数据网网络结构

3. 郑州局集团公司 IP 数据网连接方式

核心层:分别在郑州支撑中心和郑州分局传输室设置主、备两台路由器,采用 GE 接口互联,互为备份。核心层设备预留与全国骨干网互联的接口(GE 或 622M POS)。

汇聚层:每个汇聚节点设置两台路由器,采用 GE 接口互联,互为备份。南阳、洛阳东、新乡和郑州汇聚节点的两台路由器分别通过 GE 接口上联至郑州核心层路由器。接入层:根据既有传输资源情况,边缘路由器通过 FE、155M POS 或 $N \times 2M$ 接口双(直连或经过两套不同的传输系统)或单上联至所属区域汇聚路由器。

4. 郑州局集团公司 IP 数据网用户接入方式

根据各站段具体的业务需求和传输资源情况，用户的接入方式有三种：

二层交换机接入方式：在车站机械室设置二层交换机，通过传输链路上联至所属骨干网接入层的 GER08 上。其结构简单，建设成本低。但由于单链路上联，无法实现电路和业务保护。

路由器接入方式：在车站机械室设置路由器，通过两条传输链路分别上联至骨干网接入层的两台 GER08 上。这种方式可以实现电路和业务的保护。但受路由器端口数量限制，接入能力有限。

路由器 + 二层交换机接入方式：在车站机械室设置路由器和二层交换机，通过两条传输链路分别上联至骨干网接入层的两台 GER08 上。不同的业务可以分别接到路由器不同的接口上。此方式支持多业务接入，用户数量不受限制，但建设成本较高。

5. 郑州局集团公司 IP 数据网承载的业务

综合视频监控系统：这个系统主要应用于铁路运输生产、行车安全、应急救援指挥、货运安全、客运组织、治安防范等领域。该系统遵循传输网络和视频信息资源共享、平台构建和 IP 地址统一规划的设计原则，在不同的场所和线路，针对不同的监控对象，设置摄像机、照明设备、网络设备、传输设备、存储设备以及监控终端等设备，以完成对监控对象的图像、声音等信息进行采集、存储、查询、分析和处理。

信号微机监测系统：该网络系统由车站基层网、电务段管理网和远程访问用户网三部分组成：其中车站基层网由沿线各站主机和车间机构成，车间机负责管理各站的监测信息，带宽需要 64 kb/s；电务段管理网由数据库服务器和若干台终端构建，数据库服务器兼作通信服务器和远程访问服务器，负责监测信息的集中管理，并接收终端用户的访问；远程访问用户网由用户终端机组成，远程用户可通过拨号网络与电务段服务器或各站工控机连接，索取所需信息。

红外轴温探测系统：各红外轴温探测点接入到郑州局集团公司红外中心服务器，同时各行车调度台也可以作为复视点进行接入。每个探测点需要 4～8 个 IP 地址，每台计算机终端需要 1 个 IP 地址。红外轴温探测系统的主要功能是实时监测轴承的温度，一旦发现温度异常，它会自动报警，以便操作人员及时处理。

各类办公及综合管理系统：这些系统主要应用于电务、工务等部门，支撑铁路局的日常运营和管理工作。每台服务器根据不同的业务分类需要若干 IP 地址。每台计算机终端需要 1 个 IP 地址，带宽需满足 64～200 kb/s。这些系统自动化各种业务流程，提高了铁路局的工作效率和服务质量。

课后思考题

简述铁路数据网的基本架构。

微课：铁路数据网简介

任务 5.3　VPN 技术

任务简介

VPN 即虚拟专用网，是通过 Internet 或其他公共互联网络的基础设施为用户建立的一个临时的、安全的连接，是一条穿越公用网络的安全、稳定的隧道。通常，VPN是对企业内部网的扩展，通过它可以帮助远程用户、公司分支机构、商业伙伴与公司的内部网建立可信的安全连接，并保证数据的安全传输。本任务介绍了 VPN 的基本概念、特点和实现技术。学完本任务，读者能够了解 VPN 基本概念和应用场景。

任务目标

（1）描述 VPN 技术的基本概念。

（2）描述 VPN 的实现技术。

5.3.1　VPN 概述

VPN 即虚拟专用网（或虚拟私有网），是通过 Internet 或其他公共互联网络的基础设施为用户建立的一个临时的、安全的连接，是一条越公用网络的安全、稳定的隧道。通常，VPN 是对企业内部网的扩展，通过它可以帮助远程用户、公司分支机构、商业伙伴与公司的内部网建立可信的安全连接，并保证数据的安全传输。

5.3.1.1　VPN 的定义

利用公共网络来构建的私人专用网络称为虚拟私有网络（Virtual Private Network，VPN），这些公共网络包括 Internet、帧中继、ATM 等。由于 VPN 架构中采用了多种安全机制，如隧道技术（Tunnel）、加解密技术（Encryption）、密钥管理技术、身份认证技术（Authentication）等，能确保数据在公用网络中传输时不被窃取或解读。因此，在公共网络上组建的 VPN 可以像企业的私有网络一样提供安全、可靠的服务。

"虚拟"的概念是相对于传统私有网络的构建方式而言的。在过去，私网间的广域连接主要是通过远程拨号或专线来实现的，这些方式往往成本高昂且不易扩展。然而，VPN 技术的出现改变了这一局面。VPN 是利用公共网络基础设施来创建保密、安全的远程连接。这种方式不仅大大降低了网络建设和维护的成本，而且由于互联网的普遍性和可扩展性，VPN 可以轻松实现全球范围内的连接。由于 VPN 网络虽然在物理上可能跨越广阔的地理区域，但在逻辑上，它们仍属于私有网络，所以称其为"虚拟"。

通过 VPN，企业可以以更低的成本连接它们的远地办事机构、出差工作人员以及业务合作伙伴。如图 5-19 所示，用户只需连入本地 ISP 的接入服务提供点（Point of Presence，POP）即可访问企业内部资源，而利用传统的 WAN 组建技术，彼此之间要有专线相连才可以达到同样的目的。

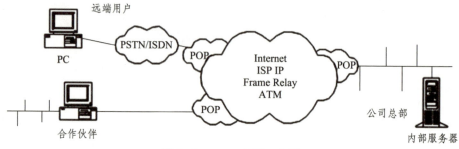

图 5-19　VPN 应用示意图

虚拟网组成后，出差员工和外地客户只需拥有本地 ISP 的上网权限就可以访问企业内部资源。这对于流动性很大的出差员工和分布广泛的客户与合作伙伴来说是很有意义的。而且，企业开设 VPN 服务所需的设备很少，只需对边界路由器作相应设置即可。

5.3.1.2　VPN 的类型

VPN 分为三种类型：远程访问虚拟网（Access VPN）、企业内部虚拟网（Intranet VPN）和企业扩展虚拟网（ExtranetVPN），这三种类型的 VPN 分别与传统的远程访问网络、企业内部的 Intranet 以及企业网与合作伙伴网络所构成的 Extranet 相对应。

1. Access VPN

Access VPN 是一种为远程用户提供安全访问企业网络资源的解决方案。通常，远程用户通过使用 VPN 客户端软件与企业的 VPN 服务器建立加密的虚拟隧道，从而连接企业的私网。这种方式允许远程用户就像在企业内部网络一样访问内网资源，同时保证了数据的安全性和完整性。这种类型的 VPN 是对传统的远程拨号或专用线路访问的优化，降低了成本，提高了效率，增强了灵活性。Access VPN 一般使用 L2TP、PPTP、SSL 等技术实现。

2. Intranet VPN

Intranet VPN 又称企业内部虚拟网，这种类型的 VPN 主要应用于企业的多个地点之间，例如公司的总部、分支机构和远程办公室。通过建立 VPN 隧道，企业可以在不同地点之间安全地共享网络资源，就像所有设备都在同一内部网络中一样。这种 VPN 提供了一种比传统的专用线路更为经济和灵活的解决方案，允许企业根据业务需求灵活地扩展其网络。Intranet VPN 通常是使用 MPLS、GRE、IPsec 等技术实现。

3. Extranet VPN

Extranet VPN 又称企业扩展虚拟网，用于连接企业和其合作伙伴，如供应商、分销商或客户。Extranet VPN 允许企业和合作伙伴之间安全地共享特定的业务信息或应用，而不必完全开放内部网络。这种解决方案提供了一种安全、可控的方式来扩展业务关系，提高业务效率，同时保护企业的关键信息。Extranet VPN 采用与 Intranet VPN 类似的技术去实现，但在安全策略上会更加严格。

上述 3 种 VPN 的简单示意图如图 5-20 所示。

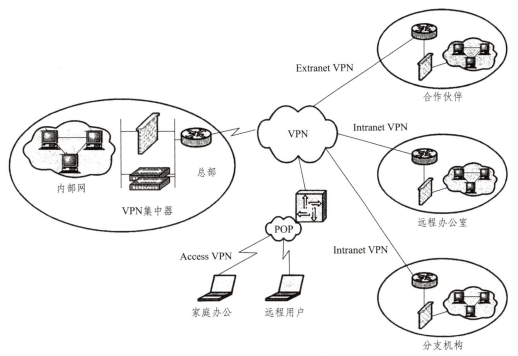

图 5-20　Intranet VPN、Access VPN 和 Extranet VPN

5.3.2　VPN 的实现技术

VPN 实现的三关键技术是隧道技术、加密技术和 QoS 技术。

5.3.2.1　隧道技术

在现实生活中，隧道允许你从一个点穿过山脉或水域直接到达另一个点，而不需要绕道。在网络中，隧道技术也是类似的概念。它的工作原理简单的说就是通过某种技术手段将原始报文在 A 地进行封装，到达 B 地后把封装去掉还原成原始报文，从而形成一条由 A 到 B 的通信隧道。目前实现隧道技术的协议有通用路由封装（Generic Routing Encapsulation，GRE）协议、二层隧道协议（Layer 2 Tunneling Protocol，L2TP）和点对点隧道协议（Point-to-Point Tunneling Protocol，PPTP）协议。

1. GRE

GRE 是一种用于在源路由和终路由之间建立隧道的三层协议。例如，将通过隧道的报文用一个新的报文头（GRE 报文头）进行封装然后携带隧道终点地址放入隧道中传输。当报文到达隧道终点时，GRE 报文头被剥掉，接着使用原始报文的目标地址进行寻址，最终完成整个通信过程。GRE 隧道通常是点到点的，即隧道只有一个源地址和一个终地址。

GRE 隧道技术是应用在路由器中的，可以满足 Extranet VPN 以及 Intranet VPN 的需求。但是在远程访问 VPN 中，多数用户是采用拨号上网。这时可以通过 L2TP 和 PPTP 来解决。

2. L2TP

L2TP 是数据链路层协议。它用于在物理层之上创建逻辑隧道，然后在这个隧道上运行任何二层协议，如以太网或帧中继。和 GRE 一样，L2TP 本身也不提供加密或安全性，因此 L2TP 通常与 IPSec 一起使用，以提供加密和认证功能。L2TP/IPSec 可以在路由器和拨号用户之间使用，以满足各种 VPN 需求。其优点在于安全性高，兼容性好，但由于其复杂的加密机制，可能会降低网络性能，而且在某些防火墙机制作用下或 NAT 环境中会出现连接问题。

3. PPTP

PPTP 是微软公司开发，用于实现虚拟私有网络（VPN）的数据链路层协议，可以在网络之间创建一个加密的隧道，以安全地传输数据。它使用 PPP 协议来封装网络数据。使得数据可以在公共网络上安全地传输，同时保持其私有性。它相对简单易于设置，但是安全性较低。

5.3.2.2　加密技术

数据加密的基本思想是通过变换信息的表示形式来伪装需要保护的敏感信息，使非授权者不能解读被保护的信息。常见的加密算法有 MD5、SHA1、DES、AES、RSA 等。AES 和 RSA 算法安全性和性能都比较好，可用于加密敏感的商业信息。

加密技术可以在协议栈的任意层进行，可以对数据或报文头进行加密。

在网络层中的加密标准是 IPSec。网络层加密的操作方法有两种："端到端加密"和"隧道模式"，其中端到端加密是最安全的做法，因为在隧道模式中，加密只在路由器中进行，而终端与第一跳路由之间不加密，这就可能导致数据在终端到第一跳路由之间被截取而危及数据安全。

在数据链路层中，目前还没有统一的加密标准，因此所有链路层加密方案基本上是设备制造商自己设计的，需要特定的加密硬件支持。

5.3.2.3　QoS 技术

通过隧道技术和加密技术，已经能够建立起一个安全的 VPN 链路。但是该链路在性能上并不稳定，不能满足企业的管理需求，这就要加入 QoS 技术。

服务质量（Quality of Service，QoS）是网络工程中的重要概念，它描述的是网络能够在各种负载条件下提供的服务质量。QoS 技术主要用于保证网络中的关键应用和服务能够达到所需的带宽，延迟，抖动和丢包率等性能要求。

在虚拟私有网络（VPN）中，QoS 发挥着至关重要的作用。由于 VPN 通常在公共网络上运行，因此，其性能可能会受到网络拥塞、数据丢失等问题的影响。通过使用 QoS，网络管理员可以优先处理关键的 VPN 流量，确保其在网络中的传输质量，以满足应用需求。

基于公共网络的 VPN 通过隧道技术、数据加密技术以及 QoS 技术，使得企业能够低成本、高效、安全地实现网络互联。VPN 产品从第一代的 VPN 路由器、交换机，发展到第二代的 VPN 集中器，性能不断提高。在网络时代，企业发展取决于是否最大限度地利用网络，而 VPN 将是企业的最终选择。

5.3.3　VPN 的构建

VPN 的构建主要有两类：基于 VPN 服务器构建虚拟专用网和基于 VPN 路由器构建虚拟专用网。

1. 基于 VPN 服务器构建虚拟专用网络

基于 VPN 服务器构建的虚拟专用网络如图 5-21 所示。在公司局域网中配置一台 VPN 服务器，该服务器设置双网卡，网卡 1 获取公网地址接入 Internet，网卡 2 配置私网地址连接企业内网，通过对服务器和客户机做相应配置即可完成远程接入内网，具体的设置在本书不做详细介绍。

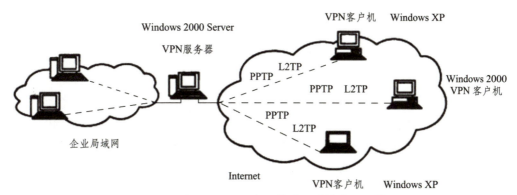

图 5-21　基于 VPN 服务器构建的虚拟专用网络

2. 用 VPN 路由器构建虚拟专用网络

如图 5-22 所示为基于 VPN 路由器构建的虚拟专用网络。通过配置两个私有网络（192.168.0.0、192.168.1.0）的边界路由器 A、B，在网络层建立 IPsec 隧道穿越公网，使两个私有网络互联成为虚拟专用网络。具体的配置在本书不做详细介绍，读者可以参考其他资料进行设置。

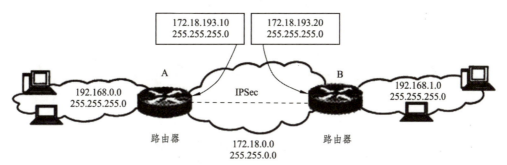

图 5-22　基于 VPN 路由器构建的虚拟专用网络

课后思考题

什么是 VPN？VPN 有哪些类型？

项目 6　网络维护与网络安全

项目介绍

　　如何正确地维护网络，确保在网络出现故障之后能够迅速、准确地定位问题，并排除故障，对网络维护人员和网络管理人员来说是一项挑战，这不但要求他们对网络协议和技术有着深入的理解，更重要的是要建立系统化的故障排除思想，并合理应用于实践中，从而及时修复网络故障。

　　本项目前半部分主要介绍网络故障分类、检测和排除等网络维护的基本方法，后半部分简要介绍网络安全的一些基本概念和技术。通过项目学习，读者能够了解网络故障的分类、故障的检测手段、网络维护相关标准、网络安全的基本概念，能够排除简单网络故障。

知识框架

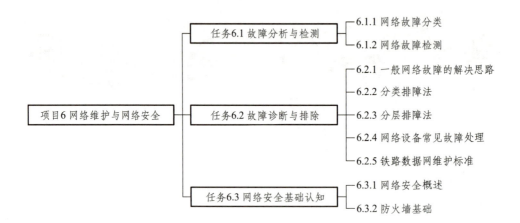

任务 6.1 故障分析与检测

任务简介

网络中可能出现多种多样的故障，如不能登录服务器、无法连接网络打印机、断网等。为排除故障，首先就需要对故障进行分析判断，利用故障分类的思想有助于快速判断故障性质，并找出故障原因。在初步推测故障原因之后，就要着手对故障进行具体的检测，以准确判断故障原因，定位故障位置。本任务介绍了网络故障的分类、基本故障的检测手段，常用检测工具的使用方法。学完本任务，读者能够了解网络故障的分类，掌握检测工具的使用方法。

任务目标

使用网络检测工具定位故障点。

6.1.1 网络故障分类

6.1.1.1 根据网络故障性质分类

根据网络故障的性质把故障分为连通性故障、协议故障与配置故障。

1. 连通性故障

连通性故障是指网络设备之间无法建立或保持通信连接。它是网络中最常见的故障之一，具体体现为网络设备之间"ping 不通"。导致连通性故障的原因很多，比如：网卡硬件故障、网卡驱动程序未安装正确、传输介质损坏、网络设备故障等。由此可见，硬件本身或者软件设置的错误都可能导致网络不能连通。要解决连通性故障，通常需要检查网络设备的硬件、传输介质、设备接口的参数配置。

2. 协议故障

协议故障是指网络中的一种或多种协议无法正常工作，从而导致通信中断。这可能是由于协议实现中的软件缺陷、设备资源限制（例如，内存或 CPU 不足）或协议之间的兼容性问题引起的。比如：TCP/IP 协议栈未安装、路由协议参数不兼容、IP 地址冲突等。要解决协议故障，可能需要更新设备固件、优化网络设计或调整协议配置。

3. 配置故障

配置故障是指由于主机或网络设备中的错误配置导致的通信问题。这可能包括错误的 IP 地址分配、不正确的路由配置、访问控制列表（ACL）设置错误、VPN 参数配置错误等。要解决配置故障，需要检查受影响设备的配置，并进行相应的调整以确保设备正常运行。

由此可见，配置故障和协议故障多数表现为不能实现或提供网络中的部分功能和服务，如不能接入外网、不能访问 WWW 服务、IPSec 协商失败等。而硬件连通性故障通常表现为所有的网络服务都不能使用。这是判定硬件连通性故障和其他故障的重要依据。

6.1.1.2 根据 OSI 模型层次分类

根据 OSI 七层模型的层次可以把故障分为物理层故障、数据链路层故障、网络层故障、传输层故障、会话层故障、表示层故障和应用层故障。在 OSI 分层网络体系结构中，每个层次都可能发生网络故障。据相关资料统计，大约 70%以上的网络故障发生在 OSI 模型的下三层。表 6-1 总结了各层故障对应的故障原因。

表 6-1　各层故障对应的故障原因

故障类型	引起故障的可能因素
物理层故障	主要涉及网络设备的物理连接问题，如电缆损坏、接口故障、信号衰减等
数据链路层故障	主要涉及数据帧传输过程中的问题，如广播风暴、VLAN 配置错误、以太网交换机故障等
网络层故障	主要涉及 IP 地址分配和路由选择的问题，如 IP 地址冲突、子网掩码错误、路由器协议配置错误等
传输层故障	主要涉及端到端数据传输过程中的问题，如端口关闭、TCP/UDP 协议错误、窗口大小配置不当等
会话层故障	主要涉及会话建立、维护和终止过程中的问题，如会话建立失败、认证失败、会话超时等
表示层故障	主要涉及数据格式转换、加密解密等过程中的问题，如字符集转换错误、加密算法错误、数据压缩解压缩失败等
应用层故障	主要涉及应用程序之间的交互问题，如应用程序故障、协议错误（HTTP、DNS、FTP）、服务器响应慢等

6.1.2 网络故障检测

分析故障现象，初步推测故障原因之后，就要着手对故障进行具体的检测，以准确判断故障原因，定位故障位置。

工欲善其事，必先利其器。在故障检测时合理利用一些工具，有助于快速准确地判断故障原因。常用的故障检测工具有软件工具和硬件工具。

6.1.2.1 网络故障检测硬件工具

1. 网络线缆测试仪

网络线缆测试仪是一种用于检测网络线缆性能和故障的便携式设备。它可以帮助网络工程师和技术人员快速定位线缆问题，提高网络维护效率。最常见的网络线缆测试仪如图 6-1 所示。该设备主要用于测试网络线缆的连通性、线序、长度、交叉配线等参数。它还可以检测线缆中的断线、短路、错线等故障，以及测试线缆的性能，如传输速率、信号衰减等。使用网络线缆测试仪时，通常需要将测试仪的主机和远端连接器分别连接到线缆的两端。然后选择相应的测试功能，测试仪会自动进行测试并显示结果。根据测试结果，可以判断线缆是否存在问题，以及问题的具体位置。

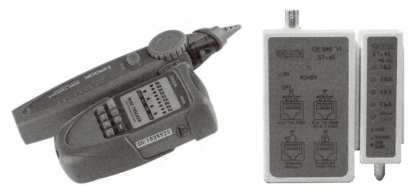

图 6-1　常见的网络线缆测试仪

2. Fluke One-Touch Series Ⅱ 网络分析仪

　　Fluke One-Touch Series Ⅱ 网络分析仪是一款由 Fluke 公司生产的高性能网络测试和诊断设备，主要用于以太网检测，如图 6-2 所示。它集成了多种网络测试功能，主要包括线缆测试、网络连接测试、网络服务测试、数据包捕获和分析等。通过这些功能，可以帮助网络工程师和技术人员轻松地检查网络设备的连通性、诊断网络故障、分析网络性能等。使用 Fluke One-Touch Series Ⅱ 网络分析仪时，通常需要将分析仪连接到被测网络中。然后选择相应的测试项目，分析仪会自动进行测试并显示结果。根据测试结果，可以判断网络状况是否正常，以及可能存在的问题。

图 6-2　One-Touch Series Ⅱ

3. Fluke Net Tool 多功能网络测试仪

　　图 6-3 展示的是 Fluke 公司的多功能网络测试仪 Net Tool，也称网络万用表，它将电缆测试、网络测试及计算机配置测试集成在一个手掌大小的盒子中，功能完善、携带使用方便，主要用于测试 PC 与网络的连通性。其特有的在线测试功能，能够在计算机开始访问网络资源时，实时报告计算机与网络的对话，显示计算机中有关网络协议的相关参数，从而帮助网络管理员快速识别网络问题，并提供详细的诊断信息以便进行故障排除和修复。Net Tool 的使用方法与 One-Touch Series Ⅱ 类似，将被测网络连接到测试接口上，接下来选择适当的测试项目，测试仪将自动执行测试并展示结果。

图 6-3　Net Tool

6.1.2.2　网络监视软件工具

1. Windows 自带的测试工具

Windows 自带了一些常用的网络测试命令，可以用于网络连通性测试、配置参数测试、协议配置测试和路由跟踪测试等。常用的命令有 ping、ipconfig、tracert、arp、pathping、netstat 等。这些命令一般在命令提示符下执行，如果要查看它们的帮助信息，可以在命令提示符下直接输入该命令加上问号。

1）ping 命令

ping 命令是在网络中使用最频繁的测试工具，它主要用来测试设备的三层连通性，同时它还可诊断一些其他故障。ping 命令使用 ICMP 协议向目标主机发送 ICMP 请求数据包，如果目标主机能够收到这个请求，则会进行回复，ping 命令便可利用 ICMP 回复数据包记录的信息，统计网络的时延、抖动和丢包率。这有助于评估网络连接的可用性和质量。

2）ipconfig 命令

ipconfig 命令是在网络中常用的参数测试工具，用于显示本地计算机的 TCP/IP 配置信息。如本机主机名和各网卡的 IP 地址、子网掩码、MAC 地址、默认网关、DHCP 和 DNS 服务器。当主机的 IP 地址设置为 DHCP 方式时，利用 ipconfig 命令可以让用户方便地了本机 IP 地址的实际获取情况。

3）tracert 命令

tracert 命令是一个网络诊断工具，用于确定数据包在源主机和目标主机之间经过的路由路径，判断网络中断节点。它通过批量发送带有递增生存时间（Time to Live，TTL）的 ICMP 请求数据包来实现。每当数据包到达一个路由器，TTL 值减 1，当 TTL 值变为 0 时，路由器返回一个 ICMP 超时消息。通过这种方式，tracert 可以显示数据包经过的所有路由器的 IP 地址，并计算每一跳（hop）的往返时间（RTT）。

4）pathping 命令

pathping 命令结合了 tracert 和 ping 命令的功能。它不仅可以显示数据包在源主机和目标主机之间经过的路由路径，还能收集每一跳（hop）的丢包率和延迟信息。与 tracert 相比，pathping 提供了更详细的网络质量统计信息，更有利于定位出现问题的网络节点。

5）netstat 命令

netstat 命令是一个用于显示网络连接、路由表和网络接口统计信息的命令工具。它可以帮助你了解当前系统上的网络状态，包括 TCP 和 UDP 连接、监听端口、已建立的连接等。netstat 命令还可以显示网络接口的协议统计信息，如发送和接收的 IP、ICMP、TCP、UDP 数量。通过使用不同的选项和参数，可以定制 netstat 命令的输出，以过滤特定的网络信息。

6）arp 命令

arp 命令用于显示和修改 IP 地址到物理地址（MAC 地址）的映射。arp 命令用于将 IP 地址与网卡物理地址绑定，可以解决因网关地址被篡改而导致不能使用网络的问题，但该命令仅对局域网的代理服务器或网关路由器有用，而且只适用于采用静态 IP 地址分配策略的局域网络。

2. 其他网络监视软件

网络监视软件是一种用于实时监控、分析和管理计算机网络的工具。它可以帮助网络管理员检测网络中的问题、提高网络性能和可靠性，以及确保网络资源的有效利用。网络监视软件不仅能提供网络利用率、数据流量方面的一般性参数，还能够捕获网络数据帧，并对这些数据帧进行筛选、解释、分析。常用的网络监视软件有 Wireshark 和 NetXRay。

1）Wireshark

Wireshark 是一款开源的网络协议分析器，原名 Ethereal。它可以实时捕获和分析网络数据包，支持多种协议，包括 TCP、IP、HTTP、SMTP 等。Wireshark 具有强大的过滤功能，可以根据协议、地址、端口等条件筛选数据包。此外，Wireshark 还提供了丰富的统计功能，可以生成网络流量、会话、错误等方面的报表。Wireshark 更适合对网络协议和数据包进行深入研究的专业人员。

2）NetXRay

NetXRay 是一款商业网络分析工具，专为企业级网络设计。它提供了实时网络监控、故障诊断和性能分析功能。NetXRay 的优势在于其全面的网络管理功能，可以帮助网络管理员发现和解决网络问题。此外，NetXRay 还提供了报表和图形化界面，方便用户查看网络状况。NetXRay 更适合需要网络管理解决方案的企业用户。

微课：故障分析与检测

课后思考题

网络故障根据其性质一般分为哪几类？简述这几类故障的产生原因。

任务 6.2   故障诊断与排除

任务简介

　　前面的任务介绍了网络故障的分析方法与检测手段，那么我们如何排除网络故障呢？本任务介绍了网络故障的排除思路和典型故障的排除方法，以及铁路数据网的维护标准。学完本任务，读者能够了解铁路数据网的维护标准，掌握排除网络故障的基本方法。

任务目标

　　合理制定排障策略并实施。

6.2.1   一般网络故障的解决思路

　　在如今复杂的网络环境中，要确保网络的稳定运行，并在故障发生时能够快速、准确地定位和解决问题，就要求网络管理员对网络协议和技术有深入的了解，并建立一套系统的故障排除方法，将复杂问题拆分，以缩小排查范围，从而迅速找到问题根源，解决网络故障。图 6-4 给出了一般网络故障的处理流程。首先观察故障现象并收集故障信息，包括设备型号、配置、网络拓扑、故障时间等。然后根据现有信息和经验，初步判断故障原因，并分析可能导致故障的原因，如硬件故障、配置故障、网络层故障等。针对每个可能的故障原因，制定相应的检测方案，以定位故障。最后针对具体故障制定排错方案，如更换硬件、修改配置、优化网络参数等。在执行排错方案的过程中，记录每个步骤的操作和结果，以便于后续复查和总结。

　　以上是网络运维人员所能够采用的排障模型中的一种，我们也可以根据自己的经验和实践总结另外的排障模型。

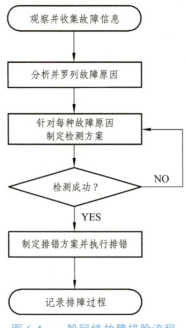

图 6-4   一般网络故障排除流程

6.2.2 分类排障法

前面介绍过，按照网络故障的性质，可以将网络故障划分成连通性故障、协议故障和配置故障。可以针对不同性质（类型）的故障，总结并归纳相应的排除方法。

6.2.2.1 连通性故障诊断与排除

针对连通性故障，首先应检查物理连接，确保网络设备之间的连接线缆完好无损、接口清洁并连接牢固，同时使用专业的线缆检测工具测试传输介质的连通性、误码率、损耗、断点位置等，如有问题可以修复或更换传输线缆。

其次检查网卡硬件和驱动程序，确认网卡是否正常工作以及驱动程序是否正确安装，如有问题，可重新安装或更新驱动程序。接下来，应检查交换机、路由器等网络设备的运行状态，确认设备电源模块是否正常运行以及接口是否正常工作。若发现故障，可尝试重启设备，同时，检查路由表和转发规则，若发现问题，及时更新路由表和转发规则。

防火墙和安全策略也是可能导致连通性故障的原因，检查防火墙规则和安全策略，确保它们不会阻止正常的网络通信，如有误拦截，修改相应规则和策略以放行正常流量。若经过以上步骤，故障仍未解决，可以更换可能存在故障的网络设备，在替换设备后，重新进行故障检测，确保问题已得到解决。

总之，针对连通性故障的排除，需要从物理连接、网卡硬件和驱动程序、网络设备状态、接口状态、路由表和转发规则、防火墙和安全策略等方面进行全面检查和调整，以解决故障。

6.2.2.2 协议故障诊断与排除

当网络设备出现协议故障时，应当按照以下步骤进行故障的排除。首先，要确定故障的影响范围，通过查看设备日志、网络拓扑图以及设备配置文件，获取故障信息。其次，要对故障现象进行分析和定位，可以使用网络监视软件（如 Wireshark）来捕获和分析网络数据包，从而了解协议的运行状况以及问题。

在故障定位后，需要针对具体问题进行解决。例如，如果发现是 TCP/IP 协议栈未安装，可以重新安装或修复协议栈；如果是路由协议参数不兼容，可以检查并调整设备之间的路由协议配置，确保它们能够正确地交换路由信息；如果是 IP 地址冲突，可以重新分配 IP 地址或者使用 DHCP 服务器来动态分配 IP 地址，避免冲突。

在解决问题后，可以使用网络检测工具，如 ping、tracert 等，检查网络是否恢复正常。同时，还应该查看设备日志信息，确保网络设备和协议正常工作，没有出现新的故障或性能瓶颈。

协议类故障还可以考虑优化网络架构、设备配置和管理策略，如使用三层架构取代大二层架构、确保设备之间的协议版本一致、定期对设备进行软件升级等，以降低故障的发生概率。

6.2.2.3 配置故障诊断与排除

在进行此类故障排除时，建议使用网络设备自带的测试工具和日志分析工具收集和分析设备的配置信息，以便更快地定位问题。同时，确保设备固件和操作系统保持最新，以避免因已知的软件缺陷和漏洞影响故障定位。

对于 IP 地址的配置故障，需要检查 DHCP 服务器的配置，确保地址池范围、租期和排除列表是否设置正确。在客户端设备上，检查 IP 地址设置是否为自动获取或手动指定的正确地址。如果有静态 IP 地址分配，确保全局无 IP 地址冲突。使用诊断工具（如 ipconfig /all）检查 IP 地址配置信息。

针对路由配置故障，首先检查路由器或三层交换机的路由表，确保路由表项中包含正确的目的网络和下一跳地址。对于动态路由协议（如 RIP、OSPF 或 BGP）的配置，需要检查协商参数配置和邻居关系。确认网络设备之间的接口 IP 地址和子网掩码设置正确。使用诊断工具（如 tracert 和 display ip routing-table）验证路由路径和路由表。

对于访问控制列表（ACL）设置错误，需要检查网络设备上的 ACL 规则，确保允许和拒绝条目正确配置。同时验证 ACL 应用于正确的接口和方向。检查与 ACL 相关的日志和计数器，以确定是否有被匹配的数据包。如有需要，根据实际需求调整 ACL 规则和优先级。

对于 VPN 参数配置错误，可以检查 VPN 设备上的加密、认证和隧道参数，确保与对端设备匹配。验证预共享密钥、证书和身份验证信息的正确性。检查 VPN 隧道的路由和 NAT 配置，以确保正确的数据流。使用诊断工具（如 display ike sa 和 debugging ipsec all）分析 VPN 连接状态和错误信息。

6.2.3 分层排障法

分层排障法的基本思想就是按照 OSI 七层模型从低层向高层逐层排查。首先检查物理层，然后检查数据链路层，依次类推，设法确定通信失败的故障点，直到系统通信正常为止。

1. 物理层故障诊断与排除

物理层故障主要涉及硬件设备、接口、线缆和信号传输。在排查时，首先检查网络设备的电源、运行指示灯以及设备之间的连接是否正常；其次检查线缆是否损坏、接触不良或超出最大传输距离；然后使用网络测试工具如光功率计、网线测试仪等，检测信号传输质量；最后利用设备自带的管理工具（如 display interface brief）检查设备接口状态。如有故障，及时更换有问题的设备、接口或线缆。

2. 数据链路层故障诊断与排除

数据链路层故障主要涉及 MAC 地址、帧传输和错误校验等。排查时，检查交换机的 VLAN 配置是否正确；使用网络监控工具（如 Wireshark）捕获数据包，分析是否出现异常帧或异常广播；使用设备自带的管理工具（如 display mac-address、display arp），检查设备的 MAC 地址表、ARP 表是否正常。如有故障，修改配置或重启设备以恢复正常。

3. 网络层故障诊断与排除

网络层故障主要涉及 IP 编址、路由选择等。排查时，使用 ipconfig、display ip

interface brief 命令检查设备的 IP 地址、子网掩码、默认网关等配置；使用 ping、tracert 等命令测试网络的三层连通性；使用 display ip routing-table、display current-configuration configuration rip/ospf/bgp 命令查看路由表、路由协议配置，确认路由选择是否正确。如有故障，修改配置或调整路由策略以解决问题。

4. 传输层故障诊断与排除

检查端口号和传输协议（TCP/UDP）配置。使用网络诊断工具（如 netstat 和 Wireshark）分析连接状态和数据流。在终端的操作系统内调整 TCP 窗口大小和重传机制以优化性能。

5. 会话层故障诊断与排除

分析应用程序日志和状态信息，识别会话连接问题。检查并更新应用程序和操作系统的补丁。在应用程序或操作系统内调整会话超时和连接限制等参数。

6. 表示层故障诊断与排除

检查数据编码和解码过程，确保正确的字符集和数据格式。使用调试工具分析应用程序接口（API）调用的执行过程和数据传输过程。验证数据压缩和加密算法的正确性。

7. 应用层故障诊断与排除

分析应用程序日志和错误报告，识别软件 BUG 和配置问题。使用性能监控工具（如 APM）评估应用程序响应时间和资源利用率。根据需求调整应用程序的参数。

6.2.4 网络设备常见故障处理

前面介绍的分类排障法和分层排障法有一个共同点，就是首先要确定故障的位置，然后再对产生故障的设备进行故障分析和排除。如果将常用网络设备可能出现的故障、故障产生的原因和故障的解决办法归纳出来，无疑可以大大提高故障排除的效率。在解决网络故障的时候，我们可以通过分类法和分层法先定位产生故障的设备，然后再参照网络设备常见故障处理来分析解决。

6.2.4.1 终端设备常见故障处理

1. windows 主机共享上网异常

1）故障现象

局域网主机采用 Windows 的 ICS 共享方式上网，ICS 主机能正常访问 Web 网站，但局域网中的其他计算机却不行。ICS 主机装有第三方杀毒软件及防火墙，同时 Windows 自带防火墙也处于开启状态，ICS 主机 IP 为 192.168.0.1/24，其余机器为 192.168.0.X/24，工作组相同为 MSHOME。

2）原因及解决方法

（1）ICS 主机上，只能启用一款网络防火墙，不能同时启用第三方防火墙和 Windows 自带防火墙。尝试关闭 Windows 自带防火墙。

（2）局域网客户机不能启用任何防火墙，否则将导致资源共享和 Internet 连接共享失败。尝试关闭局域网其他客户机的防火墙。

2. 局域网"网上邻居"显示异常

1）故障现象

在"网上邻居"中可以看到自己，却看不到其他连网计算机。

2）原因及解决方法

（1）检查网络中是否只有一台计算机存在这种问题，如果只有个别计算机存在这种问题，则可以确定故障原因基本上与其他计算机无关，只与本机软件配置和物理连接有关。

（2）先排除自身的软件配置问题：检查本机 IP 地址配置是否与其他主机在同一网段；检查 TCP/IP 设置中是否开启了"文件和打印机共享"选项；检查计算机是否启动了"计算机浏览器服务（Computer Browser Service）"。

（3）如果软件配置没有问题，则需要进一步确认物理连接情况。使用网线测试仪检查传输介质的连接状态；观察网卡数据指示灯的闪烁情况等，排查物理连接问题。

3. 局域网主机上网延迟高

1）故障现象

办公室的 20 台主机通过局域网内的一台服务器的 ICS 服务实现共享上网，现发现其他主机在访问互联网时延迟过大，有时连网页都打不开，局域网连接正常。该服务器运行 Windows 2000 Server，启用了 DHCP、DNS、IIS、SQL Server 服务。

2）原因及解决方法

（1）如果将 DHCP 等网络服务及 SQL 数据库服务全部集中部署在同一台代理服务器上，将造成系统负担过大，从而使 ICS 共享服务的效率大打折扣，导致 Internet 连接速率大幅下降。建议关闭不必要的服务，或者将对系统资源要求高的服务配置到其他机器上。

（2）Windows 2000 Server 自带的 ICS 功能共享效率并不是很高，只适应于小范围的场合，如果机器数量比较多，推荐使用路由器来接入 Internet。

（3）尝试在代理服务器上测试 Internet 的连接速度。如果代理服务器上连接速度也非常慢，则需要联系运营商处理。

4. 网卡 IP 设置异常

1）故障现象

在更换网卡硬件之后，对这块新网卡设置 IP 地址时，弹出提示"您为这个网络适配器输入的 IP 地址已经分配给另一个适配器"。

2）原因及解决方法

（1）原来在拆掉老网卡的时候，并没有把这块网卡从"设备管理器"中"卸载"，导致更换新网卡后系统未弹出"发现新硬件"的提示。打开"设备管理器"找到并双击"网络适配器"类别，在网络适配器列表中，找到要卸载的旧网卡，右键单击它，然后选择"卸载设备"。

（2）重新启动计算机并安装新网卡驱动程序，安装完成后点击任务栏上的网络图标，查看网络连接状态，确保新网卡工作正常。

6.2.4.2 交换机、路由器设备常见故障处理（以华为园区网交换机、城域网路由器为例）

1. console 方式登录设备时认证异常

1）故障现象

由于忘记 console 密码或误操作导致设备无法管理。

2）原因及解决方法

解决因密码遗忘导致无法登录设备可以通过进入设备的 Ctrl+B 菜单清除 Console 密码来进行恢复。

（1）如果 console 密码忘记，通过 Console 口连接设备，然后将设备断电，重启设备。

（2）设备启动过程中，观察在 shell 终端窗口中出现的设备启动信息，在出现"Press Ctrl+B to enter Main Menu..."提示信息后，于 3 s 内按下<Ctrl+B>以进入 boot 主菜单。

（3）根据设备系统版本不同，可能需要输入 boot 主菜单密码，对于 V800R011C10 及其之前版本，boot 主菜单的默认密码为 Admin@huawei.com。

（4）进入 boot 主菜单后，在主菜单选择"Clear password for console user"选项清除串口密码，当提示"Clear password for console user successfully"则表示清除成功。

（5）最后选择"Reboot"选项重启设备，使配置文件生效。当出现"Please Press ENTER"表明系统已经启动成功，敲击回车按键"Enter"后，设置新的 console 口登录密码，然后就可以登录到设备上了。设置的新密码需要符合密码复杂度规则：大写、小写、数字、特殊字符中至少有 3 种，并且长度不能小于 6 位。

注意：对于使用双主控的设备，需要在重启后使用网线连接另一个主控板的 Console 口，并重复执行以上操作。

2. 接口状态异常

1）故障现象

在任意视图下，使用 display interface [接口编号]命令检查有故障的接口，接口的状态为"DOWN"，或者在应该有流量的情况下，接口的收发报文数一段时间内无变化，或者是接口收到了大量 CRC 错误报文。另一种故障现象就是接口指示灯显示异常，例如接口的 LINK 灯不亮。

2）原因及解决方法

接口故障的原因多见于线缆和光模块问题，线缆的断裂和光模块的损坏，会造成接口"DOWN"；接口线缆和光模块使用的时间过长，可能造成信号衰减过大，此时接口虽然为 UP 状态，但仍会有大量丢包存在。所以首先可尝试为故障接口更换新的线缆和光模块，如果问题依旧存在，再按照以下方法查找原因。

（1）手工启动接口。在故障接口视图下执行 display this 命令，查看接口的配置情况。如果发现接口被配置了 shutdown，可以在接口视图下执行 undo shutdown 命令手工开启接口。

（2）检查修复链路。在检查链路之前，首先观察接口的 LINK 灯是否点亮。如果点亮，表明接口完好，需要检查接口协商参数、光功率信息等，发现问题后及时调整接口设置或尝试更换光模块。

如果接口的 LINK 灯未点亮，可以对本设备采取物理环回测试，经换回测试后，若 LINK 灯点亮，表明故障点不在接口本身，需要检查光纤或电缆是否断损、中继线路是否正常，此时通常需要通告相邻局点协同检查；若故障接口的 LINK 灯依然未点亮，可初步判断接口硬件出现故障，可以尝试更换光模块或暂时将故障接口的业务割接到其他的正常接口上。

（3）进行对内环回测试。如果接口状态是 UP，但是接口在长时间内收发报文数无变化，则表示接口既收不到报文，也发不出报文。此时可以在接口上使用 loopback internal 命令进行对内环回测试，然后在该接口视图下执行命令 display this interface，并查看回显信息中的 Loopback 字段，观察收发报文数的变化。

（4）检查修改数据链路层或上层协议配置。如果对内环回测试时，发现接口依然无法收发报文，请检查数据链路层或上层协议配置。例如 PPP、HDLC 协议的配置是否和对端保持一致，路由协议是否正常等。

（5）复位接口。在以上方法均无效后，可尝试复位接口来解决问题。复位接口可通过先在接口视图下使用 shutdown 命令关闭接口，再使用 undo shutdown 命令打开接口来完成。

3. 二层环路故障

1）故障现象

网络中出现大量的广播风暴，消耗链路带宽和设备 CPU 资源，影响正常业务的转发；二层环路会导致协议状态不稳定，造成协议报文丢失或重复，影响网络的收敛。

2）故障原因及解决办法

二层环路的原因可能是物理上的组网错误，也可能是逻辑上的配置错误或协议异常。解决办法需要根据具体的场景和现象进行分析和定位。一般来说，可以通过以下几种方法来判断和排除二层环路。

（1）检查接口流量情况，使用 display interface brief 查看接口吞吐量，如果发现某些接口的流量远大于正常业务流量，并且出入方向都很高，就可能存在环路。可以通过 shutdown 端口或退出 VLAN 来断开链路，然后观察流量是否恢复正常。

（2）查看 MAC 地址漂移情况，在系统视图下或 VLAN 视图下使用 loop-detect eth-loop alarm-only 命令打开 MAC 地址漂移检测，然后通过执行 display trapbuffer 查看 MAC 地址漂移告警，如果发现某些 MAC 地址在不同的接口或 VLAN 之间频繁变化，则表示可能存在环路，需要根据漂移端口进行排查。

（3）部署环路检测功能，在系统视图使用 loopback-detect enable、loopback-detect packet vlan [vlanID]，开启 Loopback Detection 功能。然后通过执行 display loopback-detect 命令来查看环路检测结果，如果发现检测报文从发出去的接口接收到，则认为该接口发生自环或该接口下挂的网络或设备中存在环路；如果发现检测报文被本设备上的其他接口接收到，则认为该接口所在的网络发生环路或设备发生自环。

（4）查看 CPU 占用率。判断是否为环路故障时，还可以在任意视图执行命令 display cpu-usage，查看设备 CPU 占用率的统计信息，如果发现回显信息中的 PPI 任务 CPU 占用率较高，则产生环路的可能性很大。如果 PPI 任务模块 CPU 占用率正常，则需要执行命令 display cpu-defend statistics，查看相关协议报文的丢包情况，如果有则可能存在环路；否则需要排查除环路以外的故障原因。

4. 硬件部件状态异常

1）故障现象

硬件部件是指包括单板，电源，风扇在内的硬件模块。硬件部件状态异常通常表现为以下现象。在任意视图下，使用 display device 命令查看存在业务故障的硬件部件信息，硬件部件的状态（Status）为"Abnormal"，或者硬件部件的注册情况（Register）为"Unregistered"；另一种则是相关硬件部件单板的 RUN 或 STATUS 灯快闪或不亮，或者硬件部件单板的 ALM 灯点亮；第三种就是存在业务故障的硬件部件单板反复重启。

2）故障原因及解决办法

若用户业务未中断，则只需将故障信息收集后反馈给相关部门即可，导出设备故障信息的具体步骤如下。使用 SSH 登录设备，开启 shell 终端的会话记录功能，在任意视图下执行 display diagnostic-information 命令获取设备的诊断信息，等待回显结束后关闭 shell 终端的会话记录以导出诊断信息。若用户业务已经中断，则需要按照以下步骤操作：

（1）排查电源模块。如果发现所有单板的指示灯都不亮，并且所有风扇都不转，或者电源模块的 ALM 灯点亮，则有可能是设备的供电系统出现故障，需要检修。首先检查电源模块的开关是否已经打开，如果有多个电源模块，请确保至少一个电源模块正常供电。然后检查电源模块 PWR IN 的指示灯是否正常点亮，如果未点亮，表明电源模块输入异常，可通过万用表等工具依次检查机房/机架/机柜的供电是否正常，如果不正常，可联系动力专业检修线路，恢复供电。同时检查电源模块 PWR OUT 的指示灯是否正常点亮，如果未点亮，表明电源模块输出异常，可尝试通过更换电源模块解决。最后检查电源模块的 ALM 灯是否点亮，如果点亮，表明电源模块有异常，可尝试通过更换电源模块解决。

（2）复位单板。电源模块排查后，若发现单板仍处于异常状态，在情况紧急的现场，建议采用复位单板的方式进行解决，复位单板可以在用户视图下采用 reset slot [槽位号]命令进行复位，或按下面板上的 RESET 按钮复位，尽量不要采用拔插的方式进行复位，以免对单板造成损坏。

（3）更换单板。以更换城域路由器（华为 NE80E 路由器）的主控板 MPU 为例。

需要注意在设备运行的情况下，只能更换备用主控板。如果需要更换主用主控板，要先进行主备倒换，将主用板倒换为备用板。然后确保新主控板中的数据版本和配置文件与待更换主控板一致。具体更换单板操作步骤如下：

更换前确认单板的版本信息。准备一块新的主控板，检查单板插头是否有倒针。然后将主控板上的线缆拔出，并做好标签。接着按下单板面板上的 OFL 按钮 6 s，直到面板上的 offline 指示灯点亮，将单板下电后拔出。最后将主控板安装后，再次进行主备倒换，待单板运行正常后完毕。

6.2.5　铁路数据网维护标准

6.2.5.1　铁路数据网编号规则

1. 路由设备名称及编号规则

数据网中路由设备名称按骨干网络和区域网络两层结构分层编号，编号均采用 A-Bmm-Cnn-D 格式：

A：设备所处层级

Bmm：设备安装地点

Cnn：设备的功能属性及序号

D：设备型号

2. 路由器设备端口编号格式

端口类型+槽位/子卡位号/端口号（没有子卡时为"槽位/端口号"）

3. 业务系统接入设备名称及编号规则

业务系统接入设备（CE）指业务系统与数据网直连的路由设备。采用 A-Bmm-Cn-D 格式：

A：设备所处层级

Bmm：设备安装地点

Cn：采用 CE+同一地点设置的接入设备的序号，从 1 开始顺排

D：设备型号

6.2.5.2　铁路数据通信系统维护

1. 一般规定

铁路数据通信网由骨干网络和区域网络构成。数据网设备包括网络设备、网管设备和配套设备。其中网络设备由路由器、交换机、域名系统、网络安全设备、DSLAM 等组成。配套设备包含光纤配线架（ODF）、以太网配线架（EDF）、数字配线架（DDF）等附属设备。数据网网管按两级设置，铁路总公司（通信中心）设置总公司网管，铁路局设置局网管，通信段可根据需要在车间或数据网汇聚节点处设置复示终端。

2. 网络管理

网络管理采用"集中管理、集中监控、分级维护"的方式。

3. 设备管理

（1）数据通信专业与其他通信专业的维护分界如下：

① 与传输专业分界：以传输机房（或传输设备所在机房）的配线架上的连接器为界，连接器（不含）至数据通信设备由数据通信专业负责；

② 与通信其他专业分界：以数据设备连接的配线架上的连接器为界，连接器（含）至数据通信设备由数据通信专业负责维护。

（2）数据通信专业与非通信专业分界

以数据设备连接的配线架上的连接器为界，连接器（含）至数据通信设备由通信专业负责维护。

4. 设备及网络维护

数据网的维护工作要严格执行维护工作计划，按照设备的维护操作手册进行维护，发现问题及时处理并详细记录。检修内容如表 6-2 所示。

表 6-2　铁路数据网检修内容

类别	检修项目	周期	负责单位
日常检修	设备运行状态巡视	日	网管
	设备告警监测	实时	网管，其中对路由器、交换机、网络安全设备的 CPU 和内存占用率采样间隔设为 5 min
	设备表面清扫、状态检查	季	现场，机房环境未达标时，适当增加频次
	附属设备及线缆、标签检查		现场
	防尘滤网的清洁		现场，有施工、人员进出频繁或未达标的机房要适当增加防尘网清洁次数
集中检修	风扇的清洁	半年	现场
	设备主控板倒换功能检测	年	网管、现场

5. 质量标准

1）路由器、交换机、网络安全设备指标

CPU 利用率<50%；

内存利用率<70%。

2）端到端主要性能指标

骨干网端到端的包时延≤50 ms；

骨干网端到端的丢包率≤0.5×10^{-3}；

骨干网端到端的包时延变化≤25 ms；

铁路局域网络端到端的包时延≤50 ms；

铁路局域网络端到端的丢包率≤0.5×10^{-3}；

铁路局域网络端到端的包时延变化≤25 ms。

简述一般网络故障的处理流程。

任务 6.3　网络安全基础认知

任务简介

　　安全问题是数据通信网络的一个主要薄弱环节，网络安全性已经成为影响网络可用性的重要因素之一，因此在设计和部署网络时，需要充分考虑安全性问题，采取相应的安全措施来保护网络的安全和稳定。本任务介绍了网络安全的基本知识、网络安全设备防火墙的基本功能。学完本任务，读者能够了解网络安全技术和网络安全设备的基本知识。

任务目标

　　（1）描述典型的网络安全技术。
　　（2）描述防火墙的基本功能。

6.3.1　网络安全概述

　　安全问题是数据通信网络的一个主要薄弱环节，网络安全性已经成为影响网络可用性的主要因素之一，如何有效确保网络的安全已经成了网络设计者、网络管理者以及网络用户共同关注的问题。

6.3.1.1　网络存在的威胁

目前网络存在的威胁主要表现在以下几点：

1. 非授权访问

　　非授权访问是指未经授权的人员或程序访问计算机系统或网络资源。攻击者可能会利用漏洞或弱密码等方式获取访问权限。例如，黑客可能会利用弱密码猜测用户的账户密码，然后获取访问权限。另外，攻击者还可能利用社交工程等方式获取访问权限。非授权访问的表现形式主要包括：未经授权的人员或程序访问计算机系统或网络资源、未经授权的人员或程序更改、删除或破坏数据、未经授权的人员或程序对系统进行配置或更改等。

2. 信息泄漏或丢失

　　信息泄漏指敏感数据被窃取、监听或者丢失。它通常包括信息在传输中丢失或泄漏、信息在存储介质中丢失或泄漏、信息被他人窃听或盗取。如黑客利用网络监听、电磁泄漏或搭线窃听等方式截获机密信息（用户口令、账号等），或通过对信息流向、流量、通信频度和长度等参数的分析，推测出有用信息。信息泄漏或丢失的表现形式包括：个人隐私泄露、账户被盗、财产损失等。

3. 破坏数据完整性

破坏数据完整性是指未经授权的人员或程序更改、删除或破坏数据，以干扰用户的正常使用。攻击者可能会利用恶意软件、网络钓鱼等方式更改、删除或破坏数据。例如，黑客通过恶意软件更改用户的数据，导致数据丢失或系统崩溃。破坏数据完整性的表现形式包括：数据篡改、数据丢失等。

4. 拒绝服务攻击

拒绝服务攻击是指攻击者通过向目标计算机系统或网络资源发送大量请求，改变其正常的作业流程，使系统响应减慢甚至瘫痪，影响正常用户的使用，使合法用户被排斥而不能进入计算机网络系统或不能得到相应的服务。例如，黑客利用 DDoS 攻击使目标网站无法正常工作。拒绝服务攻击的表现形式包括但不限于：系统崩溃、服务中断等。

5. 利用网络传播病毒

利用网络传播病毒是指攻击者通过网络传播恶意软件，以侵入目标计算机系统对网络资源进行窃取，其破坏性大大高于单机系统，而且用户很难防范。例如，黑客通过电子邮件附件传播恶意软件，以侵入用户计算机系统并窃取敏感信息。利用网络传播病毒的表现形式主要包括：个人数据泄露、财务损失、系统崩溃等。

6.3.1.2　网络安全技术简介

1. 入侵检测技术

入侵检测技术是为保证计算机系统的安全运行而设计与配置的一种能够及时发现并报告系统中未授权访问或异常行为的技术。它通过监控计算机网络或计算机系统中的若干关键点，收集并分析网络信息，从中发现网络或系统中是否有违反安全策略的行为和被攻击的迹象，并提供实时报警。

侵检测技术可以分为基于主机的入侵检测和基于网络的入侵检测两种类型。基于主机的入侵检测主要关注特定计算机系统或主机的内部活动。监视和分析系统日志，检查是否存在恶意活动或违规操作；基于网络的入侵检测主要监视网络流量。它检查通过网络传输的数据包，寻找恶意活动的迹象，可以用于保护网络中的所有设备，而不仅仅是特定的主机或服务器。

进行入侵检测的软件与硬件的组合便是入侵检测系统（Intrusion Detection System，IDS）。与其他安全产品不同的是，入侵检测系统需要更多的智能化处理手段。它不仅要实时扫描和检测有关的网络活动，监视和记录相应的网络流量，还要提供详尽的分析报告，帮助管理员了解网络安全状况并制定相应的防御策略。一个合格的入侵检测系统可以大幅度简化管理员的工作，保证网络的安全运行。通常，入侵检测系统处于防火墙之后，被认为是防火墙之后的第二道安全闸门，它与防火墙配合工作，可以有效地提供对内部攻击和对外部攻击的实时保护，确保在网络系统受到危害之前拦截威胁和响应入侵。

2. 防火墙技术

防火墙技术是一种用来加强网络间的访问控制，防止外部网络用户以非法手段进入内部网络访问网络资源，保护内部网络环境的网络安全技术。它对两个或多个网络之间传输的数据包按照一定的安全策略实施检查，以决定网络之间的通信是否被允许，并监视网络运行状态。防火墙是目前保护内部网络和服务免遭黑客袭击的有效手段之一。

由于防火墙技术属于被动防御手段，它主要依赖预设的网络边界和服务规则进行保护。然而，在应对内部非法访问方面，防火墙的控制能力相对有限。

3. 网络加密和认证技术

网络信息加密的主要目的是确保网络内部的数据、文件、凭据和控制信息得到保护，同时保障网络数据在网络传输过程中的安全。网络加密常用的方法有链路加密、端点加密和节点加密三种。其中，链路加密是对在两个网络节点间的某一条通信链路实施加密，仅保护数据在单个链路上传输时的安全，当数据经过多个节点传输时，每个节点都需要对数据进行解密和重新加密，可能存在潜在的安全风险；节点加密主要针对源节点至目的节点之间的传输链路进行加密保护，可以保护数据在多个节点之间传输时的安全，中间节点无需执行解密和重新加密操作；而端点加密是在源节点和目的节点内对传送的协议数据单元进行加密和解密，报文的安全性不会因中间节点的不可靠而受到影响。

4. 网络防病毒技术

在网络环境中，计算机病毒具有极大的威胁和破坏力。例如，CIH 病毒和冲击波病毒事件已经证明，如果忽视计算机网络防病毒，可能会给社会带来灾难性的后果。因此，网络防病毒技术已经成为网络安全技术的重要组成部分。网络防病毒技术主要包括预防、检测和消除病毒。

网络防病毒措施主要包括以下几点：

（1）加强网络用户的安全意识，提高对计算机病毒和其他恶意软件的识别能力。

（2）定期更新防病毒软件和操作系统补丁，预防新型病毒的攻击。

（3）实施网络隔离策略，将重要数据和关键系统与其他网络隔离，以降低病毒传播的风险。

（4）建立定期备份机制，确保关键数据和系统能够在受到病毒攻击后迅速恢复。

（5）为网络中的关键目录及文件设置访问权限，以降低病毒在系统内传播的速度和范围。

（6）在网络关键节点部署硬件级的防病毒设备（IDS、IPS），以提高整体网络安全水平。

5. 网络备份技术

网络备份技术是一种将数据复制并存储在一个或多个远程网络位置的方法，以防数据丢失或损坏。

备份的主要目的是在尽可能短的时间内，全面恢复数据和系统。根据系统安全需求，可选择以下几种备份机制：① 场地内的数据存储、备份与恢复；② 场地外的数据存储、备份和恢复；③ 对系统硬件的备份。备份不仅在网络系统硬件故障或人为操作失误时发挥保护作用，同时也在遭受非授权访问、网络攻击及数据完整性破坏时提供保障。此外，备份也是实现系统容灾的关键要素之一。

综上所述，网络安全技术至关重要。无论是在局域网（LAN）还是广域网（WAN）环境中，综合应用多种网络安全策略，如访问控制、防火墙、入侵检测与防御系统、加密技术、安全策略、漏洞管理和备份容灾等，能够全面应对各种潜在的网络威胁，确保网络正常运转。

6.3.2　防火墙基础

广义上的防火墙是一种网络安全技术，通过实现一系列安全协议和策略，以及应用各种加密技术，为网络提供了一道坚实的安全屏障。其基本思想是在内网（可信的）和外网（不可信的，如 Internet）之间构造一个保护层，然后强制所有的访问或连接都必须经过这一保护层，并在此设置相应的访问策略，阻止非法流量，从而加强两个网络之间的访问控制，达到保护内部网络资源免受外部入侵的目的。

狭义上的防火墙是指一种网络安全硬件或软件，其主要功能是流量监控和访问控制。它通过对硬件、软件设置及配置，来实施预定的访问控制策略，允许或拒绝特定的网络连接，有效阻止未经授权的访问和潜在的网络攻击。硬件防火墙通常以物理设备的形式存在，位于网络的出口，如图 6-5 所示。软件防火墙则安装在计算机或服务器上，对单个设备提供保护。狭义上的防火墙主要分为：包过滤防火墙、状态检测防火墙、应用层防火墙和下一代防火墙（NGFW）。不同类型的防火墙在处理网络流量和安全策略方面有所不同，但它们共同的目标是确保网络安全和数据安全。

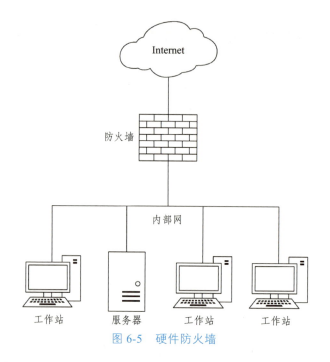

图 6-5　硬件防火墙

通常防火墙具有以下 3 个功能。

1. 数据包过滤

数据包过滤是一种工作在网络层与传输层边界的安全机制，它能够根据预先设定的安全策略，对经过防火墙的数据包进行检查并决定是否允许其通过。当数据包到达硬件防火墙时，防火墙会对其进行深度检查，判断数据包是否符合安全策略。若数据包符合规则，防火墙将放行该数据包，允许其通过；反之，防火墙将拦截并丢弃该数据包，阻止其进入内部网络。数据包过滤可以更精细地控制网络流量，有效防止未经授权的访问和恶意攻击。然而，它也存在一定的局限性，如无法识别应用层的攻击行为、对加密数据包的处理能力有限等。

2. 网络地址翻译

前面的任务中曾提及，网络地址翻译（Network Address Translation，NAT）是一种用让使用私有地址的主机访问 Internet 的技术。提供 NAT 功能的设备一般运行在末节网络的边界上，于是位于网络边界的防火墙设备就成了一种理想的 NAT 设备。提供了 NAT 功能的防火墙设备不仅可以将私有地址转换为可在公网上被路由的公网 IP 地址，还可以通过隐藏内部网络的地址结构增强网络的安全性。因为涉及地址及端口的转换，网络地址翻译也是一种工作在网络层与传输层边界的安全机制。

3. 代理服务

代理（proxy）服务是运行在防火墙设备上的应用程序，它能够在客户机与服务器之间充当中介，处理并转发网络请求。若客户机需要使用防火墙的代理服务连接 Internet，它首先将网络请求发给防火墙，防火墙中的代理服务程序接收这个请求后，会按照相应的安全策略转发这个请求至目标服务器，然后目标服务器将响应返回给防火墙，最后由防火墙的代理服务程序再将这个响应转发给客户机，完成整个通信。实际上，代理就是一个在应用层提供替代连接的网关。由于这个原因，代理服务也被称为应用级网关。代理服务具有应用相关性，需要按照应用类型的不同，选择相应的代理服务。

课后思考题

1. 常用的网络安全技术有哪些？
2. 网络防火墙的主要功能是什么？

[1] 郑毛祥，苏雪. 数据通信技术[M]. 北京：中国铁道出版社，2015.

[2] 李享梅，秦智，吕云山，何林波. 交换与路由技术[M]. 西安：西安电子科技大学出版社，2017.

[3] 谢希仁. 计算机网络[M]. 8 版. 北京：电子工业出版社，2021.

[4] 黄治国，李颖. 中小企业网络管理员工作实践[M]. 北京：中国铁道出版社，2020.

[5] 陈彦彬. 数据通信与计算机网络[M]. 西安：西安电子科技大学出版社，2018.

[6] 华为技术有限公司. HCNP 路由交换学习指南[M]. 北京：人民邮电出版社，2017.

[7] 华为技术有限公司. HCNP 路由交换实验指南[M]. 北京：高等教育出版社，2020.

[8] 马春光，郭方方. 防火墙、入侵检测与 VPN[M]. 北京：北京邮电学院出版社，2008.

[9] William Stallings. 数据通信与计算机通信[M]. 5 版. 北京：清华大学出版社，1997.

[10] 铁道部劳动和卫生司，铁道部运输局. 高速铁路通信网管岗位[M]. 北京：中国铁道出版社，2012.